数 控 技 术 丛 书

数 控 机 床

第 3 版

全国数控培训网络天津分中心　组编
天津机电职业技术学院　编

机 械 工 业 出 版 社

全书共七章。分别介绍了数控机床的组成与分类、应用及发展趋势；数控机床典型结构的功用、特点及工作原理；数控车床的布局、分类及典型数控车床的传动与结构，车削中心的 *C* 轴功能和自驱动刀具的典型结构；数控铣床的布局、分类及典型数控铣床的传动与结构；加工中心的布局、分类及典型立式和卧式加工中心的传动与结构；数控磨床的特点和分类，数控端面外圆磨床、数控坐标磨床、数控强力成形磨床的特点、用途及部件结构；数控机床的安装、验收、维护与故障排除等。

本书可以作为高职高专数控技术应用、机电一体化技术、模具设计与制造等专业的教材，也可以作为继续教育数控培训教材，还可以作为从事加工制造业的工程技术人员或操作者的参考书。

本书配有免费电子课件，欢迎选用本书作教材的老师登录 www. cmpedu. com 注册下载。

图书在版编目（CIP）数据

数控机床/全国数控培训网络天津分中心组编．—3 版．—北京：机械工业出版社，2012. 3（2025. 1 重印）
（数控技术丛书）
ISBN 978-7-111-37344-5

Ⅰ.①数…　Ⅱ.①全…　Ⅲ.①数控机床　Ⅳ.①TG659

中国版本图书馆 CIP 数据核字（2012）第 015908 号

机械工业出版社（北京市百万庄大街 22 号　邮政编码 100037）
策划编辑：贡克勤　责任编辑：贡克勤　卢若薇　王玉鑫
版式设计：石　冉　责任校对：张　媛
封面设计：赵颖喆　责任印制：张　博
北京建宏印刷有限公司印刷
2025 年 1 月第 3 版第 9 次印刷
184mm×260mm · 15 印张 · 370 千字
标准书号：ISBN 978-7-111-37344-5
定价：39. 80 元

电话服务　　　　　　　　　网络服务
客服电话：010-88361066　机　工　官　网：www. cmpbook. com
　　　　　010-88379833　机　工　官　博：weibo. com/cmp1952
　　　　　010-68326294　金　　书　　网：www. golden-book. com
封底无防伪标均为盗版　机工教育服务网：www. cmpedu. com

数控技术丛书编委会

第3版前言

《数控机床　第2版》自2006年7月与读者见面以来，至今已有六年的时间，期间多次重印，深受广大读者欢迎。

伴随着数控技术的不断发展和数控机床在我国的日渐普及，作者在广泛征求读者意见的基础上，为更好地适应高职教育注重培养应用型、技能型人才的发展方向，特对第2版的内容做了较大的修改，现将《数控机床　第3版》奉献给尊敬的读者。

本次修订沿用了原有的体系模式，对第一、二、三、七章的内容进行了补充与完善。考虑到目前数控技术应用、模具设计与制造等专业的教学计划中均设置了“数控特种加工技术”课程，故删除了“第五章数控电加工机床”。鉴于数控磨床发展速度不断加快、品种迅速增多和在市场所占的份额不断增长，本书增编了“第六章数控磨床”。考虑到数控铣床的特点和应用的广泛性，将原有数控铣床的内容充实、扩展后独立编写为第四章。

《数控机床　第3版》各章内容编排深入浅出，详略得当，图文并茂，突出实用性。文字论述简明扼要，通俗易懂。可作为高职高专数控技术应用、机电一体化技术、模具设计与制造等专业的教材。也适合中、高级数控技术人员的技术培训。为方便学生自学和为教师备课提供参考，本书在每章的复习思考题前面增加了本章教学重点和难点的内容。

全书共七章，第一章和第三章由娄锐编写，第二章由赵学东编写。第四章由纪红编写，第五章和第七章由梁宇栋编写，第六章由郑鸣编写。娄锐任主编并负责统稿。

在编写本书过程中参阅了同行专家学者的教材、资料和文献，参阅了北京第一机床厂、济南第一机床厂、上海机床厂有限公司、杭州机床厂、陕西秦川机床工具集团、哈挺(中国)有限公司、日本WAIDA株式会社和井田制作所、宝鸡机床厂、沈阳机床集团、南京数控机床公司、德国DMG公司、大和胜杰工业公司、哈斯自动数控机械公司、西班牙DANOBAT公司等制造商的产品样本，在此谨致谢意。

由于作者水平所限，书中难免存在不足和错误之处，诚望读者批评指正。

编　者

第2版前言

数控技术丛书自1997年3月出版发行以来，因其简明扼要，实用性和操作性强，深受广大读者欢迎，至今重印多达十余次，畅销不衰。鉴于目前计算机技术、微电子技术、自动检测和精密加工等高新技术发展迅猛，原丛书部分内容已陈旧，故急需对原书进行修订。

本次修订，保持了原书简明扼要、实用性强的特色，删去了落后陈旧部分，增加了近年科研、生产新成果及典型应用实例，对原书内容作进一步的完善与补充，以满足应用型与技能型人才培养对教材的需求。

本丛书的内容编排深入浅出、详略得当。既注重数控技术的先进性，又注重实用性；既有理论，又有实例，特别是将作者教学、科研和生产的实践经验、典型应用及兄弟院校使用教材的反馈意见，均选编入册。本丛书的文字论述通俗易懂，图文并茂，每一章最后增加了复习思考题。本书主要适合中、高级数控技术人员的技术培训。同时，在内容编排上也适合高等职业技术教育的教学特点，可作为高职院校教学用书。

本书修订由全国数控培训网络天津分中心组编，天津机电职业技术学院编写。

天津大学张世昌教授、梅江平博士和天津第一机床总厂胡广曦教授级工程师审阅了本书，并提出了许多宝贵意见，在此表示衷心的感谢。

修订版的《数控机床》全书共分六章。其中，第一、三章由娄锐编写；第二章由赵学东编写；第四、六章由梁宇栋编写；第五章由罗学科、娄锐编写。本书由娄锐任主编并负责统稿。

本书在编写过程中参阅了同行专家学者的教材、资料和文献，参阅了济南一机床集团公司、大和胜杰工业公司、德国DMG公司、福裕事业公司、哈斯自动数控机械公司、西班牙DANOBAT公司、宝鸡机床厂、苏州市宝玛数控公司等制造商的产品样本，在此谨致谢意。

由于作者水平所限，书中难免存在不足和错误之处，诚望读者批评指正。

编　者

第 1 版前言

数控机床是综合应用计算机、自动控制、自动检测及精密机械等高新技术的产物，是典型的机电一体化产品。它的出现及所带来的巨大效益，引起世界各国科技界和工业界的普遍重视。发展数控机床是当前我国机械制造业技术改造的必由之路，是未来工厂自动化的基础。

随着数控机床的大量使用，急需培养大批能熟练掌握现代数控机床编程、操作、维修的人员和工程技术人员。为了适应初、中级数控技术人员培训和学习的需要，并供大中专、职校、技校学生学习现代加工技术之用，全国数控培训网络天津分中心组织编写了“数控技术丛书”，由数控原理、数控编程及数控机床三册组成。各册内容简明扼要、图文并茂、通俗易懂，所采用的实例翔实可靠。

在组织编写过程中，得到天津市人事局、天津市机电一体化办公室、天津市机电工业总公司的大力支持和帮助，天津大学杜君文教授、赵忠堂教授、邓广敏教授及天津理工学院刘树琪教授、吴建华教授等为丛书提出了宝贵的意见并提供了资料，天津分中心陈卫平、刘淑丽、王丽、魏颖、徐士军、回健永等同志对丛书的文稿、图稿进行了打印和绘制，在此一并致以衷心的感谢。

由于我们水平有限，经验不足，加之资料不全，书中难免存在错误疏漏之处，希读者给予指正。

数控技术丛书编委会

1996 年 8 月

目　　录

第一章　数控机床概述

第一节　数控机床简介

一、数控机床的产生

数字控制是利用数字化信息对机械运动及加工过程进行控制的一种方法，简称数控（Numerical Control，NC）。数控机床是指采用了数控技术进行控制的机床，或者说是装备了数控系统的机床，也称作 NC 机床。由于现代数控系统是通过计算机进行控制的，因此，将数控机床又称为 CNC 机床。

数控机床的产生，是机械制造业发展的必然。世界上第一台数控机床是为了满足航空工业制造复杂工件的需要而产生的。1948 年，美国 PARSONS 公司在研制加工飞机叶片轮廓检验样板的机床时，首先提出了应用电子计算机控制机床来加工复杂曲线样板的设想，并与麻省理工学院伺服机构研究所合作从事研制工作，1952 年第一台由专用电子计算机控制的三坐标立式数控铣床研制成功。之后，又经过改进和完善，于 1955 年进入实用阶段，标志着制造业和控制领域一个崭新时代的到来。

随着科学技术的不断发展，对机械产品的质量和生产率提出了越来越高的要求。特别是近年来，制造业的全球化竞争日趋激烈，生产厂家不仅要为用户提供高质量的产品，同时还要为满足市场上不断变化的需要进行频繁的改型和开发设计新品，以提高产品的性能价格比，提高市场竞争力。统计资料表明，在机械制造工业中单件小批量生产占据机械加工总量的 80% 左右。其中，航空航天、船舶、机床、食品包装机械及重型机械等产品，具有加工批量小，加工零件的形状比较复杂，加工精度要求高的特点。数控机床的问世，恰好解决了制造业所面临的这些问题，数控机床取代普通机床可以完成许多在普通机床上无法完成的工艺内容，使得产品质量大幅度提高，新产品开发周期明显缩短，极大地促进了制造业的技术进步和行业发展。如今，数控机床已经广泛应用于宇航、汽车、船舶、机床、轻工、纺织、电子、通用机械、工程机械等几乎所有的制造行业。

经过数十年的努力，伴随着电子技术及计算机技术的发展，数控机床不断地更新换代，飞速向前发展。可以说，数控机床的发展将自动控制理论与技术的发展提升到一个更高的水平，带动了精密测量技术和先进制造技术的发展，促进了全球的技术进步和经济发展。

二、数控机床的工作过程

数控机床工作过程如图 1-1 所示。

第 1 步：编制加工程序

根据被加工零件的图样进行工艺方案分析与设计，用手工编程或自动编程方法，将

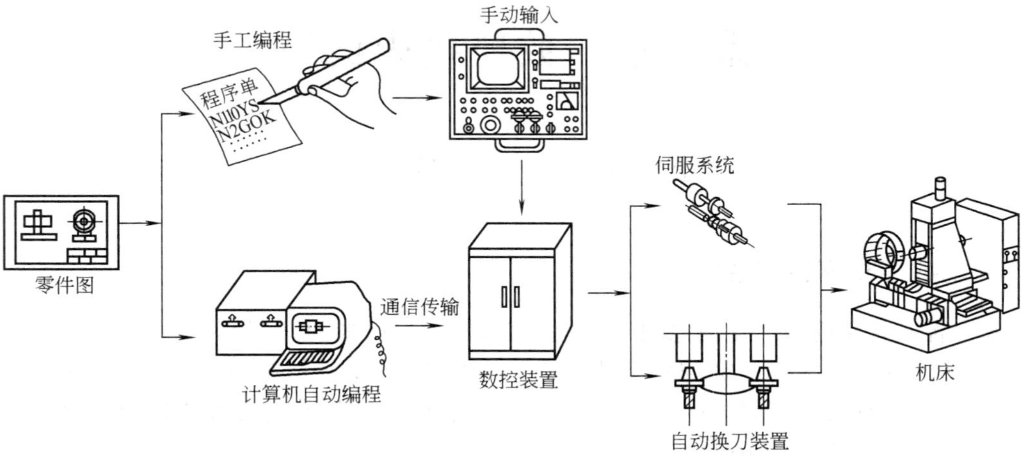

图 1-1　数控机床工作过程示意图

加工零件所需的机床各种动作及工艺参数等编写成数控系统能够识别的信息代码，即加工程序。

第 2 步：加工程序的输入

可以通过手动输入方式或用计算机和数控机床的接口直接进行通信等方法，将所编写的零件加工程序输入到数控装置。

第 3 步：预调刀具和夹具

根据零件的工艺设计方案中所确定的刀具方案和夹具方案，在机床加工之前，需要分别安装、调整刀具和夹具。

第 4 步：数控装置对加工程序进行译码和运算处理

进入数控装置的信息代码经一系列的处理和运算转变成脉冲信号，控制切削加工的脉冲信号被送到机床的伺服系统，经传动机构驱动机床相关部件，完成对零件的切削加工；而控制辅助加工的脉冲信号被送到可编程序控制器中，按顺序控制机床的其他辅助部件，完成工件夹紧、松开、冷却液的开闭、刀具的自动更换等辅助加工动作。

第 5 步：加工过程的在线检测

机床在执行加工程序的过程中，数控系统需要随时检测机床的坐标轴位置、行程开关的状态等，并与程序的要求相比较，以决定下一步动作，直到加工出合格的零件。

三、数控机床的组成

数控机床是典型的机电一体化产品，主要由人机交互装置、数控装置、伺服系统和机床本体等 4 部分组成，如图 1-2 所示。

1. 人机交互装置

数控机床的操作人员要通过人机交互装置对数控系统进行操作和控制。键盘和显示器是数控系统不可缺少的人机交互设备，现代数控机床，可以利用机床上的显示屏及键盘以手动方式输入加工程序，或是对输入的加工程序进行编辑、修改和调试；也可以通

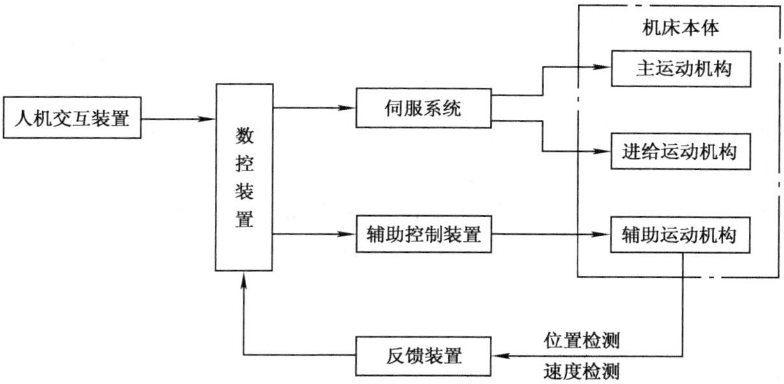

图 1-2　数控机床的组成框图

过计算机用通信方式将自动编程产生的加工程序传送到数控装置。数控系统通过显示器显示机床运行状态、机床参数以及坐标轴位置等，高档的显示器还具备显示加工轨迹图形的功能。

2. 数控装置

数控装置是数控机床最重要的组成部分。主要由输入/输出接口电路、控制器、运算器和存储器等组成。数控装置的作用是将人机交互装置输入的信息，通过内部的逻辑电路或系统的控制软件进行译码、存储、运算和处理，将加工程序转换成控制机床运动的信号和指令，以控制机床的各部件完成加工程序中规定的动作。

3. 伺服系统

伺服系统是由伺服控制电路、功率放大电路和伺服电动机组成的数控机床执行机构。其作用是接受数控装置发出的指令信息并经功率放大后，带动机床移动部件作精确定位或按规定的轨迹和速度运动。伺服系统作为数控机床的最后控制环节，其控制精度和动态响应特性，对机床的工作性能、加工精度和加工效率有直接的影响。

4. 机床本体

机床本体是数控机床的主体，从布局到结构都充分考虑适应数控加工的特点，它是用于完成各种切削加工的执行部件。与传统机床相比，数控机床具有传动结构简单、运动部件的运动精度高、结构刚性好、可靠性高、传动效率高等特点。

四、数控机床的特点

数控机床作为一种高自动化、高柔性、高精度、高效率的机械加工设备，具有以下优点：

1. 适应范围广

数控机床通过执行已经编制好的加工程序来控制机床执行机构，对零件进行自动加工。当加工对象的尺寸或局部形状变化时，只需对该零件加工程序进行修改；当改变加工对象时，只需重新编制一个数控加工程序，因此数控机床可以适应多种不同零件的加工。

2. 生产准备周期短

在数控机床上加工新的零件，大部分准备工作是针对零件的工艺分析和编制数控加工程序，而不是去准备钻模、镗模及其他的专用工、夹具等工艺装备，这样大大缩短了生产准备时间。因此应用数控机床，十分有利于企业产品的升级换代和新产品的研制。

3. 工序高度集中

为了体现高自动化、高柔性、高精度的特点，数控机床在结构和功能的设计上，充分考虑了工序的集中，既保证机床粗加工时有足够的刚度，又保证精加工时又有可靠的精度。在数控机床上加工，特别是在带有自动换刀系统的数控机床上加工，往往是工件一次装夹后，完成尽可能多的加工内容。这样就可以减少机床、夹具的数量和因重复装夹定位造成的误差，同时还能够缩短转序、等待和装夹等辅助加工时间。

4. 生产效率和加工精度高

在结构设计上，对数控机床的高速、高精度和高刚度要求进行针对性的设计，数控机床加工时可以采用较大的切削用量。特别是一些重切数控机床，其切削用量可以是普通金属切削机床常用量的十几倍。加上自动换刀等辅助动作的自动化，使得数控机床的生产效率比普通机床有大幅度提高。同时，数控机床还具有相当高的加工精度和质量稳定性。首先是在结构上应用了滚珠丝杠、滚动导轨等滚动摩擦传动副和机械传动消隙结构等，使机械传动的误差尽可能小；其次是采用了软件精度补偿技术，对机械传动误差进行补偿，提高了传动精度；最后是用程序控制加工，减少了人为因素对加工精度的影响。这些措施不仅保证了数控机床较高的加工精度，同时还保证了加工质量的稳定性。

5. 能完成复杂型面的加工

数控系统不仅可以控制机床多个轴的运动，而且能够驱动多个轴联动，使刀具在三维空间中能实现任意轨迹的运动，使得许多在普通机床上无法完成的复杂型面的加工成为可能。

6. 有利于生产管理的现代化

在数控机床上加工零件，由于工序高度集中，节省了工装夹具、简化了中间检验工序、减少了半成品的管理环节，并能准确地计算加工工时和费用，因此有利于实施现代化的生产管理模式。同时，数控机床使用了数字信息控制，为计算机辅助设计、制造及实现生产过程的计算机管理与控制奠定了良好的基础。

由于数控机床与普通机床相比，价格昂贵，养护与维修费用较高，如果使用和管理不善，容易造成浪费并直接影响经济效益。因此，要求设备操作人员和管理者有较高的素质，严格遵守操作规程和履行管理制度，以利于降低生产成本，提高企业的经济效益和市场竞争力。

第二节　数控机床的分类与应用范围

数控机床有多种分类方法，最常用的分类方法是按工艺用途、按运动方式和按伺服驱动的控制方式分类。

一、按工艺用途分类

数控机床是在通用机床的基础上发展起来的，它们和传统的通用机床工艺用途相似。因此，按工艺用途对数控机床进行分类，是最基本的分类方法。

1. 切削类

（1）普通型数控机床　最常用的数控机床有数控车床、数控铣床、数控钻床、数控镗床、数控磨床和数控齿轮加工机床等金属切削类机床。

1）典型的数控车床如图 1-3 所示，从布局上看，刀架的结构与普通车床相比变化较大，工件装夹在主轴前端，随主轴旋转；刀具安装在回转刀架上，刀架作纵向和横向两个坐标轴的移动。在数控车床上除了能够完成普通车床上的工艺内容外，还能完成各种复杂的内外回转表面的加工，例如加工如图 1-4 所示的手把零件。

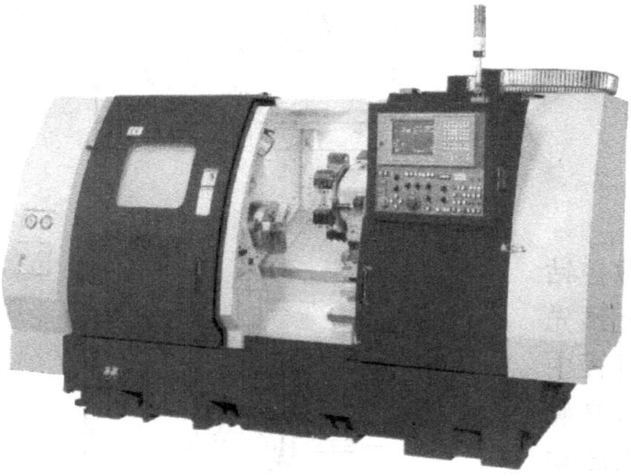

图 1-3　典型的数控车床

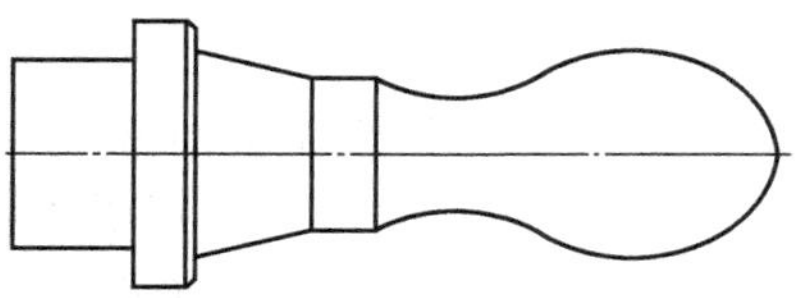

图 1-4　手把零件

2）典型的数控铣床如图 1-5 所示，其布局和结构与普通立式铣床相同，主轴带动刀具旋转，升降工作台可以作纵向、横向和垂直方向三个坐标轴的移动。普通铣床所能完成的工艺内容，数控铣床都能完成。除此之外，由于数控系统通过伺服进给机构可以同时控制两个或三个坐标轴的运动，所以数控铣床还可以加工如图 1-6 所示的具有曲线轮廓

图 1-5　典型的数控铣床

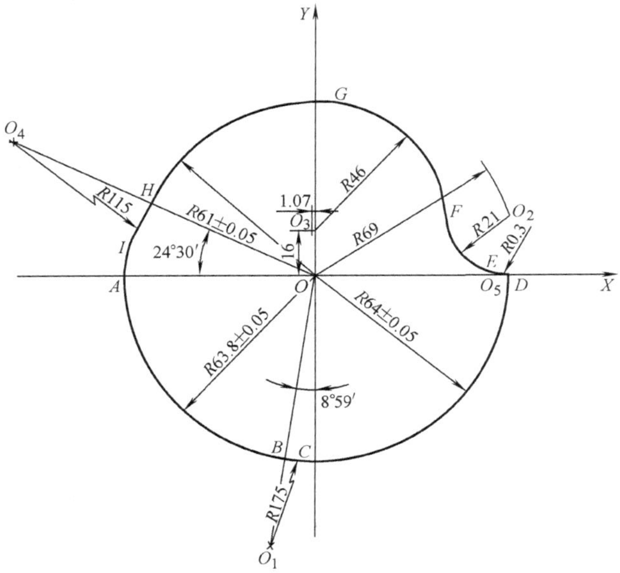

图 1-6　凸轮零件

的平面凸轮零件和如图 1-7 所示的复杂三维曲面类零件。数控铣床主轴前端的结构与普通铣床不同，可以分别安装铣刀、钻头和镗刀，因此还具有数控钻床和数控镗床的加工功能。图 1-8 所示为利用数控铣床加工的连接板零件。

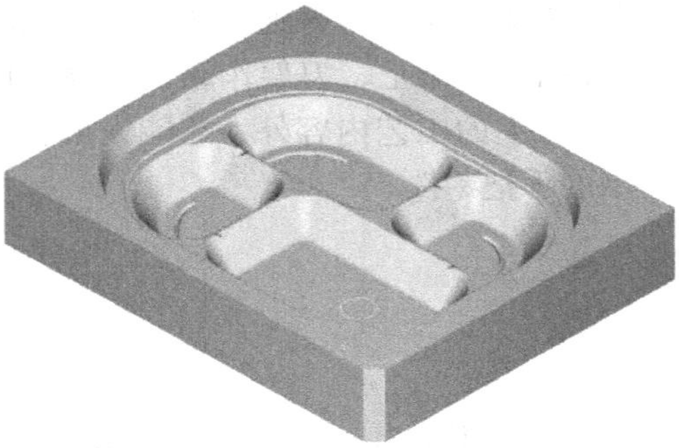

图 1-7　三维曲面凹模

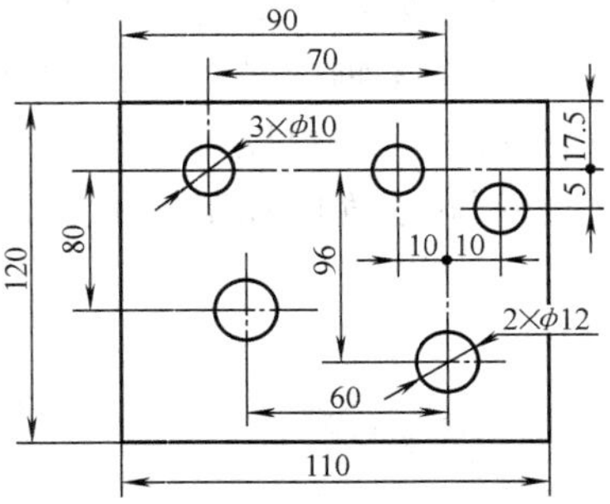

图 1-8　连接板零件

3）图 1-9 所示为带有转塔主轴头的数控钻床，转塔上安装有多个主轴头，主轴头上预先安装有各工序所需要的旋转刀具，加工过程中各主轴头依次地转到加工位置，并带动刀具旋转，此时处于非加工位置的主轴头均与主运动脱开。数控钻床主要完成钻孔、扩孔、铰孔、锪孔和攻螺纹等工艺内容，还可以完成简单的铣削功能。

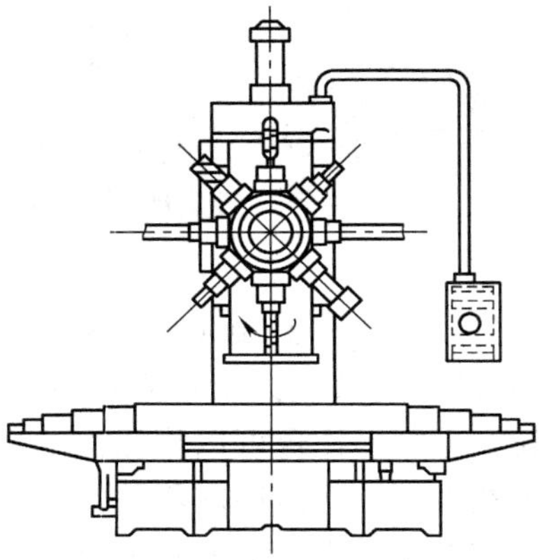

图 1-9　带有转塔主轴头的数控钻床

4）图 1-10 所示为数控平面磨床的外观图，主要用于高硬度、高精度零件的平面加工。随着砂轮自动补偿和自动修正技术的发展，数控磨床的加工功能越来越强。

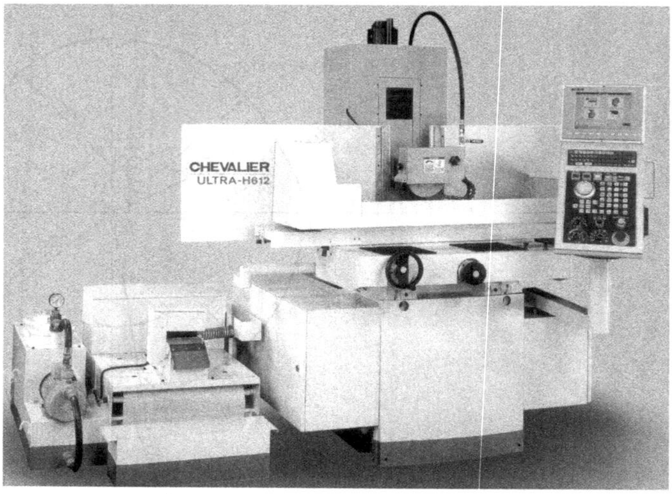

图 1-10　数控平面磨床的外观图

5）数控齿轮加工机床主要有数控滚齿机、数控插齿机、数控铣齿机、数控磨齿机等。图 1-11 所示为 YK5120 型数控插齿机的外观图，主要用于加工直齿圆柱齿轮及各种形状的直齿非圆柱齿轮和平板形凸轮。

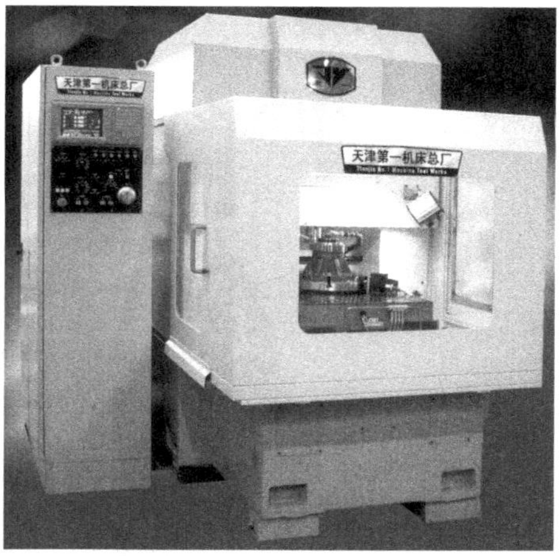

图 1-11　YK5120 型数控插齿机的外观图

（2）加工中心　普通数控机床一般只能完成一种到两种工艺的加工，适用于单件、小批量和多品种的零件加工。在普通数控机床上加装刀库和自动换刀装置，构成一种带自动换刀系统的数控机床，称为加工中心。以镗铣加工中心为例，它将数控铣床、数控钻床和数控镗床的功能组合在一起，工件在一次装夹后，可以对零件的大部分加工表面进行铣削、镗削、钻孔、扩孔、铰孔和攻螺纹等多种加工。图 1-12 所示为立式加工中心，刀库安装在机床的侧面；图 1-13 所示为卧式加工中心，刀库 1 安装在机床侧面，主轴 2 可以垂直移动；工作台 4 可以作纵向和横向移动；卧式加工中心上一般都配置有回转工作台，其中分度回转工作台用于完成工件分度，数控回转工作台用于完成圆周进给运动。如图 1-14 所示的发动机机体，需要一次安装后加工多个面，每个面上又有许多加工要求，很适合在卧式加工中心上加工。

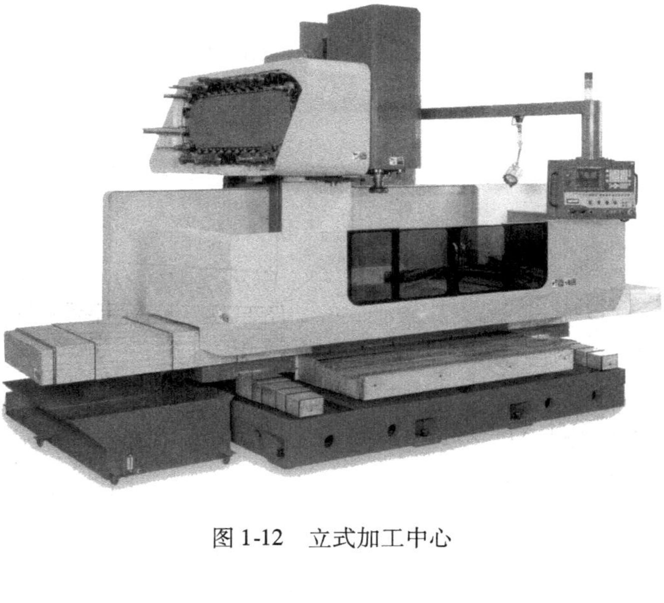

图 1-12　立式加工中心

2. 成形类

成形类数控机床是指采用挤、冲、压、拉等成形工艺方法加工零件的数控机床，常见的有数控液压机、数控折弯机、数控弯管机、数控旋压机等。

图 1-15 所示为 WC67K 系列数控折弯机，该机床主要由床身 1、滑块 4、凸模 3、凹模 7、工作台（凹模固定在工作台上）、前托料架 2、挡块机构 5 及悬挂式操作台 6 等组成。8 是电器箱，9 是脚踏开关。折弯机的加工方式是利用通用或专业模具，在冷态下将板材

图 1-13 卧式加工中心

1—刀库 2—主轴 3—操作面板 4—工作台

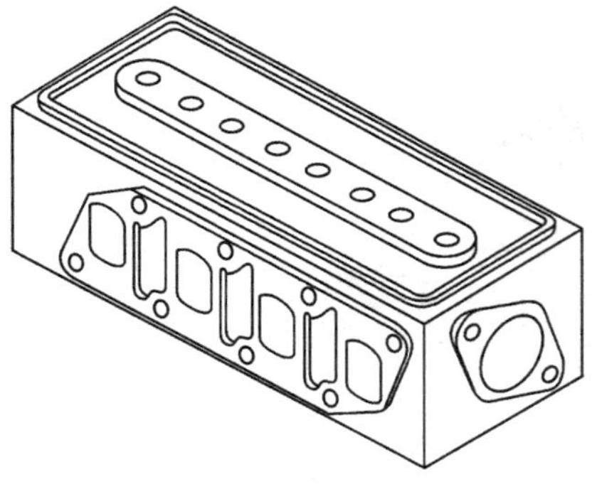

图 1-14 发动机机体

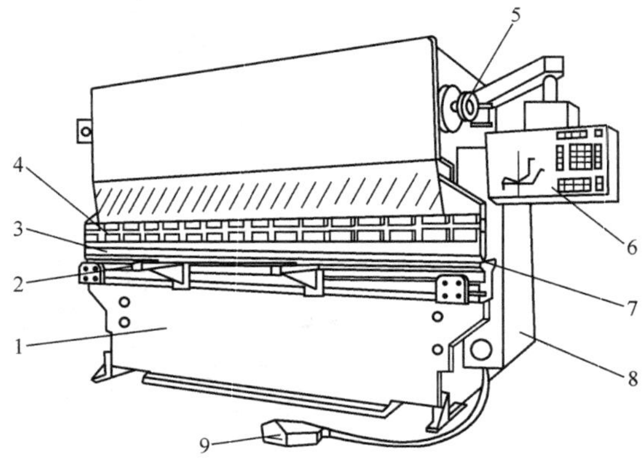

图 1-15 WC67K 系列数控折弯机

1—床身 2—前托料架 3—凸模 4—滑块 5—挡块机构 6—悬挂式操作台 7—凹模 8—电器箱 9—脚踏开关

折弯成各种几何截面形状的工件。如图 1-16 所示，折弯机工作时先将板材放到前托料架 5 上，再推入凸模 3 和凹模 4 之间，当板材碰到后挡料器 7 的挡块时，踩下脚踏开关，滑块 1（凸模用压板 2 固定在滑块上）带动凸模下移，板材便在凹、凸模之间被弯曲成要求的角度。6 是工作台。

3. 电加工类

电加工类数控机床是指采用电加工技术加工零件的数控机床，常见的有数控电火花成形机、数控电火花线切割机、数控火焰切割机、数控激光加工机等。

电火花成形机床加工原理是基于工具和工件（正、负电极）之间脉冲性火花放电时的电腐蚀现象来蚀除多余的金属，以达到对零件的尺寸、形状及表面质量的加工要求。适合于加工难切削的材料，甚至超硬材料，特殊及复杂形状的零件。图 1-17 所示为数控电火花成形机床。

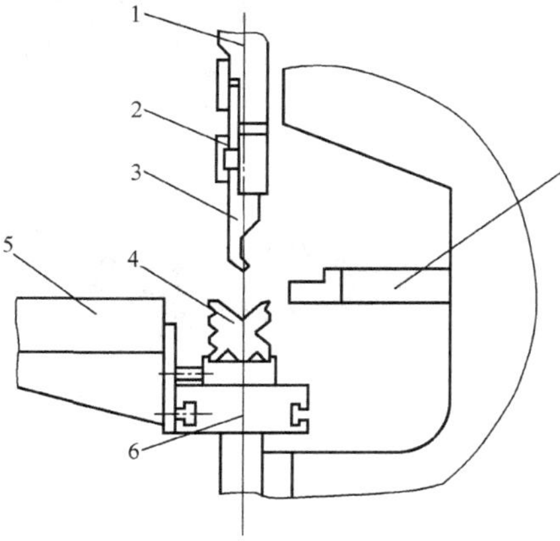

图 1-16　数控折弯机工作部位简图
1—滑块　2—压板　3—凸模　4—凹模
5—前托料架　6—工作台　7—后挡料器

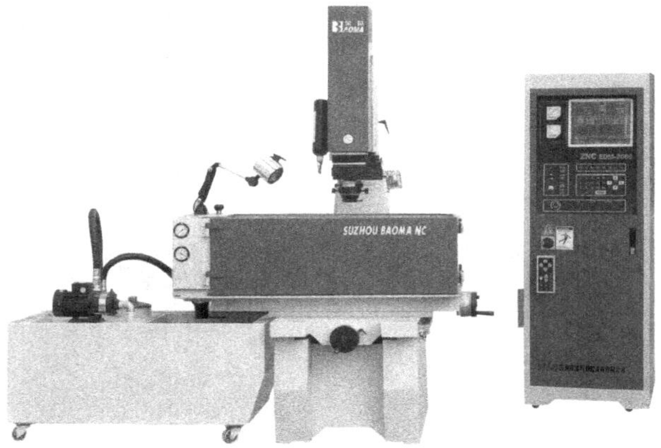

图 1-17　数控电火花成形机床

电火花线切割加工的基本原理是利用移动的细金属丝（铜丝或钼丝）作为工具电极，对工件进行脉冲火花放电、切割成形。电火花线切割机床常用来加工淬火钢和硬质合金等材料的零件。根据电极丝的运行速度，电火花线切割机床通常分为两大类：一类是高速走丝电火花线切割机床，这类机床的电极丝做高速往复运动，一般走丝速度为 8 ~ 12 m/s，这是我国生产和使用的主要机种，也是我国独创的电火花线切割加工模式；另一类是低速走丝电火花线切割机床，这类机床的电极丝做低速单向运动，一般走丝速度为 0.2 m/s，这是国外生产和使用的主要机种。图 1-18a 所示为高速走丝数控电火花线切割机床，图 1-18b 所示为低速走丝数控电火花线切割机床。

4. 测量、绘图类

主要有三坐标测量机、数控对刀仪、数控绘图机等。

图 1-19 所示为三坐标测量机的外观图，它是利用测量技术、计算机测控技术和动态测量系统进行工件表面点的采集和数据处理。三坐标测量机主要用于机械、汽车、模具、航空等行业对齿轮、凸轮、蜗轮、蜗杆、机架、箱体、叶轮、叶片及其他零件上的曲线或曲面的测量。

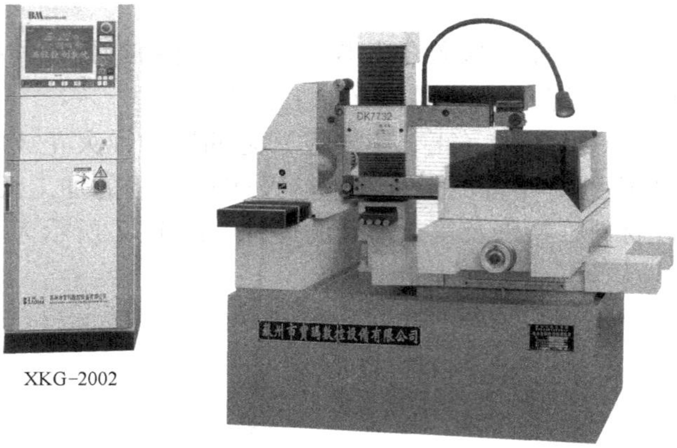

a)

b)

图 1-18　数控电火花线切割机床

a）高速走丝数控电火花线切割机床　b）低速走丝数控电火花线切割机床

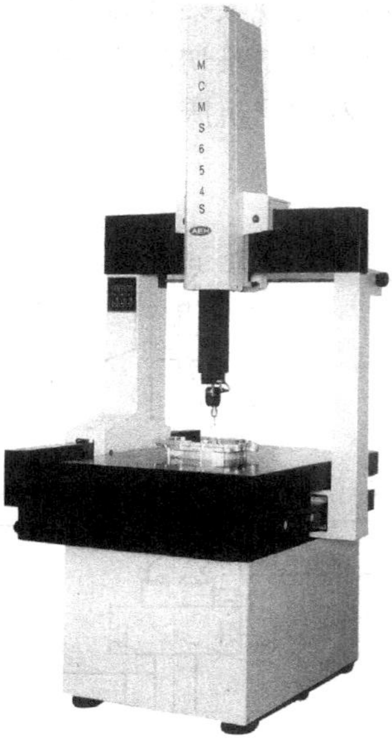

图1-19　三坐标测量机的外观图

二、按运动方式分类

1. 点位控制数控机床

点位控制数控机床只控制刀具从一点向另一点的准确定位，在移动的过程中不产生切削的控制方式。为了减少运动部件的运动和定位时间，一般运动部件先以快速运动至终点坐标附近，然后以低速准确运动到终点位置，以保证稳定的定位精度。数控钻床、数控坐标镗床、数控冲床、数控点焊机、数控弯管机和数控测量机等均采用点位控制方式。图 1-20 所示为典型的点位控制数控钻床加工示意图。使用数控钻床或数控坐标镗床加工零件不仅可以节省钻模板、镗模等工装

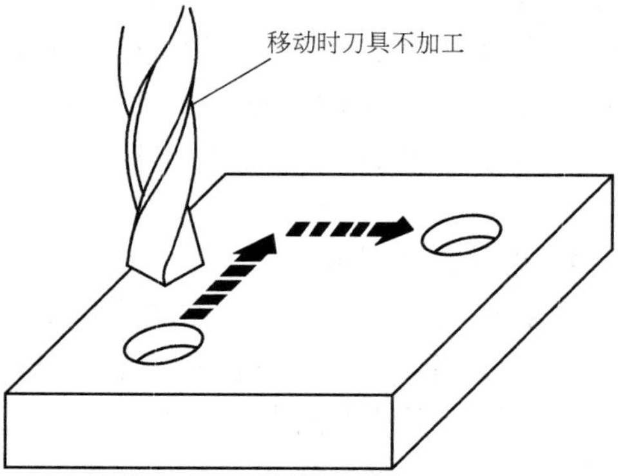

图 1-20　数控钻床加工示意图

的费用，而且能达到较高的孔距精度。

2. 点位直线控制数控机床

点位直线控制的数控机床可控制刀具相对于工作台以适当的进给速度，沿着平行于某一坐标轴方向或与坐标轴成45°的斜线方向作直线轨迹的加工。这种方式可以只控制某一坐标轴运动，也可以同时控制两坐标轴以相同的速度运动以形成45°斜线。典型的点位直线控制数控机床有早年的数控车床、数控铣床和数控镗床。图 1-21a 所示为数控车床加工阶梯轴的示意图；图 1-21b 所示为数控铣床加工的示意图。由于点位直线控制只能作简单的直线运动，因此不能实现任意的轮廓轨迹加工。

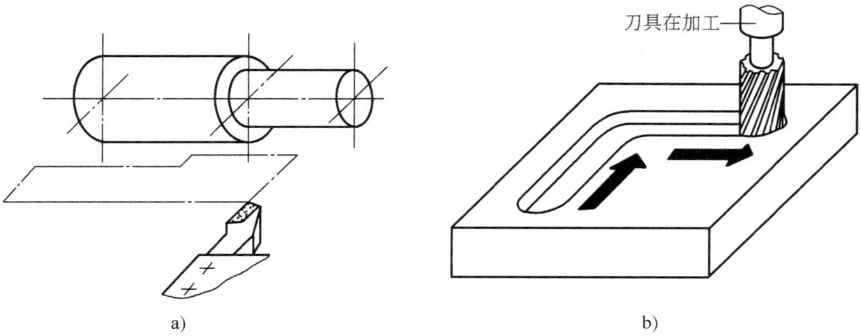

图 1-21　点位直线控制数控机床加工示意图

a）数控车床加工阶梯轴的示意图　b）数控铣床加工的示意图

3. 轮廓控制数控机床

轮廓控制又称为连续轨迹控制。数控机床大多数具有轮廓控制功能，其特点是能够同时控制两个或两个以上的坐标轴，不仅要控制机床运动部件的起点与终点坐标值，而且要控制整个加工过程每一点的速度和位移量。在运动过程中，刀具对工件进行连续切削，可加工出任意形状的曲线或曲面。数控车床、数控铣床、数控磨床、数控齿轮加工机床和各类数控切割机床均采用轮廓控制方式，它们可以取代各种类型的仿形加工，同时提高了加工精度和加工效率。图 1-22a 所示为轮廓控制数控机床加工内轮廓表面的示意图，图 1-22b 所示为加工外轮廓表面的示意图，图 1-22c 所示为加工空间曲面的示意图。

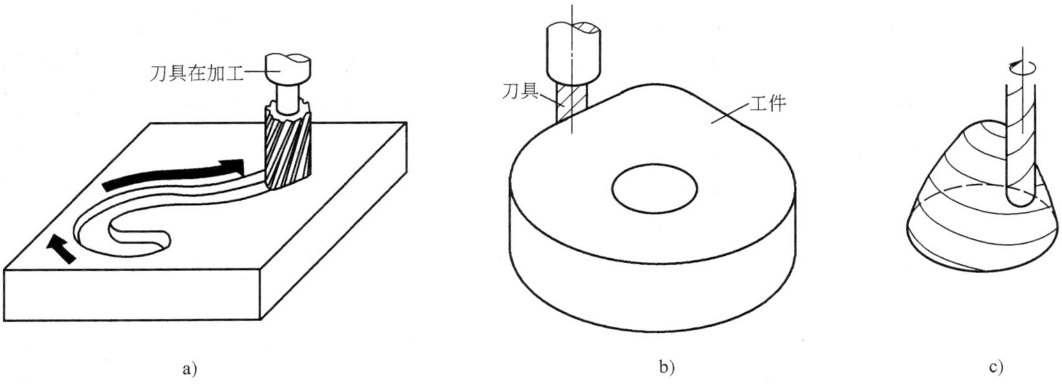

图 1-22　轮廓控制数控机床加工示意图

a）加工内轮廓表面　b）加工外轮廓表面　c）加工空间曲面

三、按伺服驱动的控制方式分类

数控机床按照对伺服驱动被控量有无检测反馈装置可分为开环控制和闭环控制两种，在闭环系统中，根据测量装置安装的部位不同又分为全闭环控制和半闭环控制两种。

1. 开环控制数控机床

开环控制是指不带位置反馈装置的控制系统。图 1-23 所示为开环控制系统框图。开环控制系统的数控机床，采用步进电动机作为伺服驱动执行元件，数控装置输出的脉冲，经过步进驱动器的环形分配器和功率放大电路，最终控制相应坐标轴的步进电动机的角位移，再经过机械传动链，实现运动部件的直线位移。

开环控制系统具有结构简单、可靠性高、维修方便和价格低廉等优点。但是开环控制的数控机床，其加工精度不高。

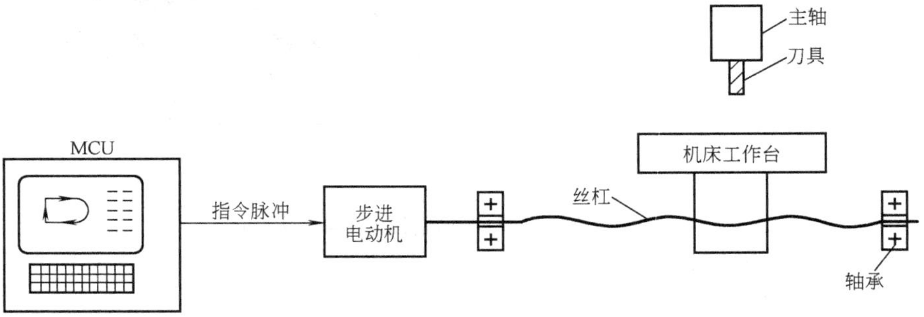

图 1-23　开环控制系统框图

2. 闭环控制数控机床

闭环控制是在机床移动部件上直接安装直线位移检测装置，将直接测量到的位移量反馈到数控装置的比较器中，与输入指令进行比较，用差值对运动部件进行控制，使运动部件严格按实际需要的位移量运动。图 1-24 所示为闭环控制系统框图。

闭环控制系统将机械传动链的全部环节都包括在闭环之内，其控制精度高。从理论上说，闭环控制的运动精度仅取决于检测装置的精度，而与机械传动的误差无关。但实际上机床传动链的刚度、间隙、导轨的低速运动特性及系统的抗振性等非线性因素将直接影响系统的稳定性，严重时甚至使伺服系统产生振荡。因此闭环控制系统对机床的结构刚性、传动部件的间隙及导轨移动的灵敏性等都提出了更高的要求。闭环控制系统具有位移精度高，调试、维修较复杂，成本较高的特点。一般用于要求高速、高精度的数控机床，如镗铣床、超精车床、超精磨床及大型数控机床等。

闭环控制数控机床的伺服机构采用直流伺服电动机或交流伺服电动机驱动。

3. 半闭环控制数控机床

目前，大多数数控机床采用半闭环控制系统，其位置反馈采用角位移检测装置（如光电脉冲编码器等），安装在电动机或滚珠丝杠的端头，通过检测伺服电动机或丝杠的转角，间接地检测出运动部件的位移。图 1-25 所示为半闭环控制系统框图。该控制方式只对伺服电动机或滚珠丝杠的角位移进行反馈控制，而直线移动部件还在控制环节之外，

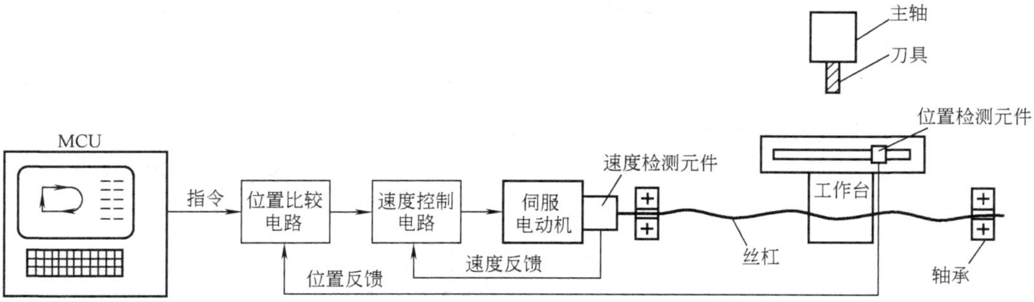

图 1-24　闭环控制系统框图

故称为半闭环控制。

采用半闭环控制的数控机床，电气控制与机械传动装置之间有明显的分界，因此调试维修方便；惯性较大的机床运动部件不包括在该闭环之内，使控制系统具有良好的稳定性，且制造成本低。可以将伺服电动机与脉冲编码器做成一体，使系统变得更加紧凑，加之滚珠丝杠螺母机构均设计有可靠的消除间隙的结构，机床的精度、速度完全可以满足绝大多数用户的需要。因此在一般情况下，半闭环控制系统作为数控机床的首选控制方式。

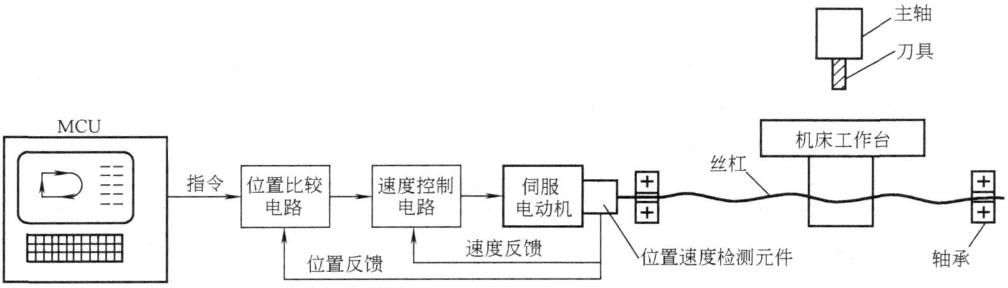

图 1-25　半闭环控制系统框图

目前采用直线电动机作为伺服驱动执行元件的数控机床，取消了传动系统中将旋转运动变为直线运动的环节，实现了“零传动”。该传动方式从根本上消除了机械传动环节对精度、刚度、快速性及稳定性的影响，使机床获得更高的定位精度、进给速度和加速度。

第三节　数控机床的主要性能指标

一、数控机床的精度

数控机床的精度主要是指加工精度、定位精度和重复定位精度。精度是数控机床的重要技术指标之一。

1. 定位精度和重复定位精度

定位精度是指实际位置与数控指令位置的一致程度。不一致量表现为误差。定位误差包括伺服系统、进给系统和检测系统的误差，还包括移动部件导轨的几何误差等。

重复定位精度是指在同一台数控机床上，应用相同程序、相同代码加工一批零件，所得到的连续结果的一致程度。重复定位精度受伺服系统特性、进给系统的间隙、刚度以及摩擦特性等因素的影响。一般情况下，重复定位误差是成正态分布的偶然性误差，它影响一批零件加工的一致性，是一项非常重要的性能指标。

表 1-1 所示为 GB/T 16462—1996《数控卧式车床　精度检验》中规定的数控车床位置精度指标。

表 1-1　数控车床位置精度指标

精度项目	位置精度允差/mm						
	Z 轴（对应不同的顶尖距 DC）						*X* 轴
	DC	≤500	>500～1000	>1000～1500	>1500～2000	>2000	
定位精度	A	0.020	0.025	0.032	0.040	DC 每增加 1000，允差值增加 0.010	0.016
重复定位精度	R	0.008	0.010	0.013	0.016	0.020	0.007
具有铣削、钻削功能的车削中心 *C* 轴分度定位精度							
C 轴：仅能作间歇分度定位的工件主轴				*C* 轴：能够作驱动进给的工件主轴			
定位精度 A	5′	重复定位精度 R	2′	定位精度 A	72″	重复定位精度 R	36″

2. 分度精度

分度精度是指分度工作台在分度时，指令要求回转的角度值和实际回转的角度值的差值。分度精度既影响零件加工部位在空间的角度位置，也影响孔系加工的同轴度等。

表 1-2 所示为几种立式和卧式加工中心的精度指标。

表 1-2　加工中心的精度指标

机床型号及名称	定位精度/mm	重复定位精度/($\text{mm}\cdot\text{mm}^{-1}$)	回转轴定位精度/(″)	回转轴重复定位精度/(″)
JCS—018 立式加工中心	±0.012/300	±0.006		
PMC600 高速立式加工中心	±0.003	±0.001		
BW60HS/1 卧式加工中心	±0.004	±0.003	*B* 轴　±3.6	*B* 轴　±2
NJ-5HMC40 五轴联动加工中心	±0.002	±0.001	*B* 轴　±5 *C* 轴　±2.5	*B* 轴　±3 *C* 轴　±1.5
Haas EC-400 卧式加工中心	±0.0051	±0.0025	*B* 轴　±5	*B* 轴　±3

3. 分辨率与脉冲当量

分辨率是指两个相邻的分散细节之间可以分辨的最小间隔。对测量系统而言，分辨度是可以测量的最小增量；对控制系统而言，分辨率是可以控制的最小位移增量或角位移增量，即数控装置每发出一个脉冲信号，反映到数控机床各运动部件的位移量或角位移量，一般又称为脉冲当量。脉冲当量是设计数控机床的原始数据之一，其数值的大小决定数控机床的加工精度和表面质量。目前经济型数控机床的脉冲当量一般采用 0.01mm；普通数控机床的脉冲当量一般采用 0.001mm；精密型数控机床的脉冲当量一般小于 0.0001mm；最精密的数控系统的分辨率已达到 0.001μm。一般情况下，脉冲当量越小，数控机床的加工精度和加工表面质量越高。

4. 加工精度

近年来,伴随着数控机床的发展和机床结构特性的提高,数控机床的性能与质量都有了大幅度的提高。中等规格的加工中心,其定位精度普通级从 ±0.012mm/300mm 提高到 ±(0.005 ~ ±0.008) mm /300mm,精密级从 ±0.005mm/全程提高到 ±0.001 ~ ±0.003mm/全程;普通级加工中心的加工精度从 ±5μm 提高到 ±1.5μm,超精密级数控车床的加工圆度已经达到 0.1μm,表面粗糙度为 R_a0.3μm 。

二、机床数控系统的可控轴数与联动轴数

由于数控机床是以数字的形式给出相应的脉冲指令控制运动部件进行加工的，因此数控机床控制的轴数与普通机床中的主轴及传动轴的概念截然不同。图 1-26 所示为五轴控制的数控机床，其中工作台可以作 *X*、*Y* 两个方向的直线运动和绕 *C* 方向的转动；主轴箱可以作 *Z* 方向的直线运动和绕 *B* 方向的摆动；主轴带动刀具旋转。主轴的旋转是工件表面成形运动中的主运动，其他 5 种运动是工件表面成形运动中的进给运动，而且都有各自的伺服驱动控制单元，数控装置发出的控制信息，通过伺服驱动控制单元转换成坐标轴的运动。可见数控机床的可控轴数（或称坐标数）是指机床数控装置能够控制的坐标数目。五轴控制的数控机床包含了三个移动坐标轴和两个转动坐标轴。数控机床完成的运动越多，控制轴数就越多，对应的功能就越强，同时机床结构的复杂程度与技术含量也就越高。

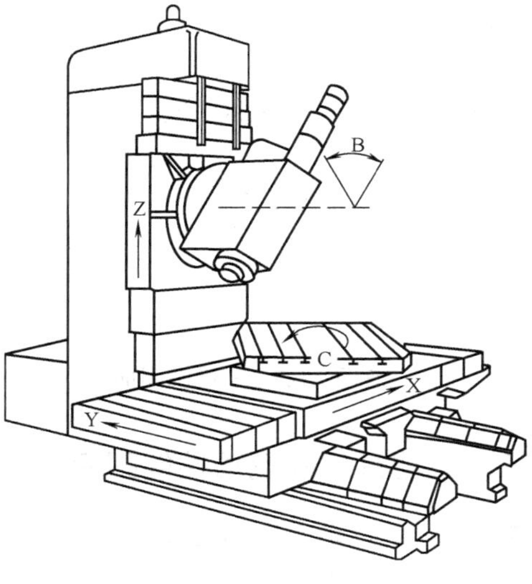

图 1-26　五轴控制的数控机床

数控机床实现了对多个坐标轴的控制，并不等于就可以加工出任何形状的零件。点位直线控制的数控机床和轮廓控制的数控机床，需要对两个或两个以上的运动同时、协调的进行控制，才能满足零件的加工要求。将机床数控装置控制各坐标轴协调动作的坐标轴数目称为联动轴数。目前有两轴联动、两轴半联动、三轴联动、四轴联动、五轴联动等。当然，数控机床联动轴数越多，控制系统就越复杂，加工能力就越强。通常两轴联动用于数控车床加工回转曲面或数控铣床加工如图 1-27 所示的曲面；两轴半联动是三个坐标轴中有两个轴联动，另外一个坐标轴只作周期性的进给，加工如图 1-28 所示的三维空间曲面时，*X*、*Z* 两坐标轴联动，*Y* 轴控制每次进给量 ΔY；三轴联动数控机床可以使用球头铣刀加工如图 1-29 所示的三维空间曲面；四轴联动、五轴联动数控机床可以加工宇航叶轮、螺旋桨等零件。图 1-30 所示为采用德国 DMG 集团生产的五轴联动加工中心加工叶轮的实例，加工用刀具为球头铣刀，得到叶轮轮廓需要 *X* 、*Y* 和 *Z* 轴进给、数控回转工作台做圆周进给及 *B* 轴的摆动，而且是五轴联动。

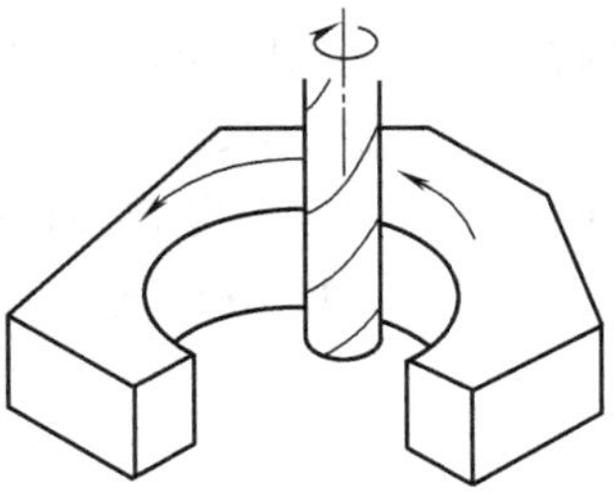

图 1-27　两轴联动加工曲面

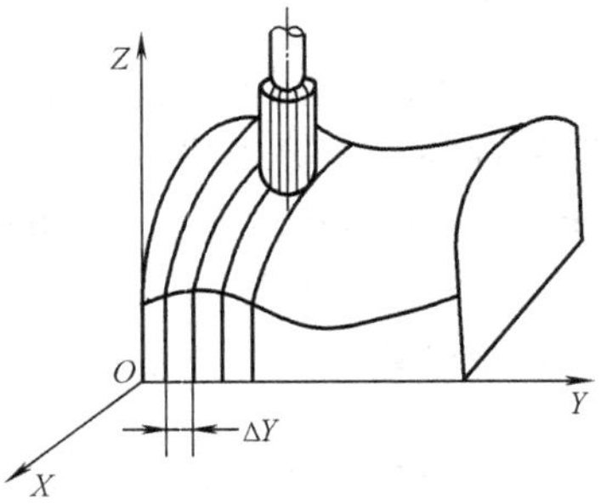

图 1-28　两轴半联动加工空间曲面

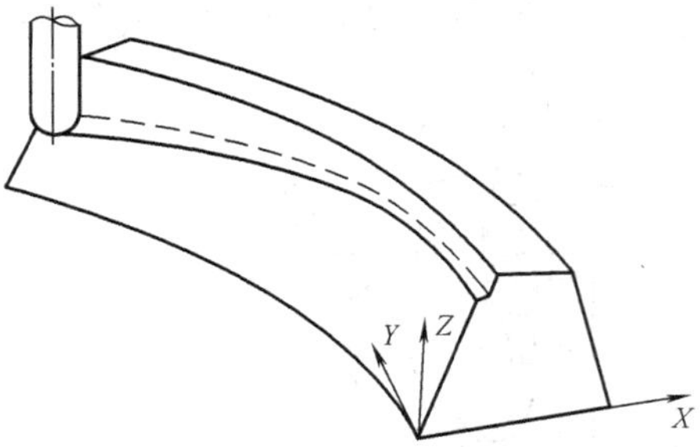

图 1-29　三轴联动加工三维空间曲面

图 1-30　五轴联动加工中心加工叶轮

三、数控机床的运动性能指标

数控机床的运动性能指标主要包括主轴转速、进给速度、坐标行程、回转轴的转角范围、刀库容量及换刀时间等。

1. 主轴转速

数控机床的主轴驱动，在早期多采用直流主轴驱动系统，20 世纪 70 年代末、80 年代初开始采用交流主轴驱动系统，保证主轴具有较大的输出功率和宽的调速范围。随着刀具、轴承、冷却、润滑及数控系统等相关技术的发展，使中等规格的数控机床的主轴转速，数控车床从过去的 1000 ~ 2000r/min 提高到 4000 ~ 6000r/min，加工中心从过去的 2000 ~ 3000r/min 提高到现在的 10000r/min 以上。在高速加工的数控机床上，通常采用电动机转子和主轴一体的电主轴，可以使主轴达到每分钟数万转。

2. 进给速度和加速度

数控机床的进给速度和切削速度一样，是影响零件加工质量、加工效率和刀具寿命的主要因素。进给速度的提高受数控装置的运算速度、机床的动特性及工艺系统刚度等因素的限制。据统计资料表明，数控机床的快速进给速度已从过去的 8 ~ 12m/min 提高到 20 ~ 30m/min ，有的达到了 60m/min 。

进给加速度是反映进给速度提速能力的性能指标，也是反映机床加工效率的重要指标。国外厂家生产的加工中心加速度可达 $2g$ 。

3. 行程

行程是指移动坐标轴可控制的运动区间。数控机床移动坐标轴 X、Y、Z 行程的大小，决定了数控机床允许的空间加工范围，因此说各坐标轴的行程是体现机床加工能力的性能参数指标。在选择机床时，应注意工件的加工尺寸要在机床坐标轴行程允许的范围内。

4. 回转轴的转角范围

转角范围是指回转坐标轴可控制的摆角区间。对于具有回转坐标轴的数控机床，其转角的大小将直接影响加工零件空间部位的能力。

5. 刀库容量和换刀时间

刀库容量和换刀时间会影响数控机床的加工效率。刀库容量是指刀库内所能存放刀具的数量。大容量的刀库相对于小容量的刀库，在选刀时占用的时间长。一般中小型加工中心的刀库容量在 16 ~ 60 把之间，大型加工中心的刀库容量达到 100 把以上。

换刀时间是指具备自动换刀系统的数控机床，刀具交换机构将主轴上的刀具与刀库中下一个工步需用的刀具进行交换所用的时间。目前国内加工中心的换刀时间，由原来的 10 ~ 20s 缩短为 1 ~ 5s。

第四节　数控机床的发展

一、数控机床的发展历程

自 1952 年美国研制出世界上第一台数控升降台铣床起，在世界上开创了数控机床发展的先河。紧随其后，德国、日本、前苏联等国于 1956 年分别研制出本国第一台数控机床。1958 年由清华大学和北京第一机床厂联合研制出了我国第一台数控铣床。20 世纪 50 年代末期，美国的数控机床已进入了商品化生产。

20 世纪 60 年代，日本、德国和英国等国的数控机床也进入了商品化生产。但是，由于 60 年代前期数控系统还处于电子管、晶体管时代，系统设备庞大复杂、成本高、可靠性低。所以，数控机床发展速度相对缓慢，只有美国的生产批量较大。到 60 年代末期，美国年产数控机床达到 2900 多台，占去了当时世界总产量的一半。这个时期的数控机床主要以点位控制的为主，据 1966 年的统计资料记载，当时全世界实际使用的 6000 台数控机床中，有 85% 是点位控制的数控钻床、数控冲床等。日本在 1964 年以前生产的数控机床，其中有 90% 是数控钻床。

20 世纪 70 年代初期，出现了大规模集成电路和小型计算机，特别是到了 70 年代中期，世界上第一台微处理器研制成功，实现了控制系统体积小、运算速度快、可靠性能高、价格低廉的目标，由此给数控机床的发展注入了新的活力。许多制造厂家投入大量的技术人员，对提高数控机床的主机结构特性、减少热变形、完善配套件质量等重要关键技术进行研究和改进，使数控机床总体性能和质量有了很大提高。这一时期数控机床发展得较快，全世界数控机床的产量从 1970 年的 6700 台到 1980 年达到 49000 台，平均年增长率为 22% 。日本、德国、美国等平均年增长率分别达到 29.6% 、20% 和 18.1% 。

20 世纪 80 年代以后，数控机床的发展进入了成熟和普及期。数控系统的微处理器由

16 位向 32 位机过渡，加快了运算速度，功能不断完善，可靠性进一步提高。同时监控、检测、换刀等配套技术及外围设备得到广泛应用，数控机床得到全面发展。不仅效率、精度、柔性有进一步的提高，而且门类扩展齐全，品种规格形成系列化，除发展较早的数控铣床、数控钻床、数控车床和加工中心外，起步较晚的数控磨床、数控齿轮加工机床、数控电加工机床、数控锻压机床和数控重型机床等领域也得到了较快的发展。这一时期，柔性制造单元（FMC）、柔性制造系统（FMS）也得到较快发展。进入 90 年代，世界范围内以发展数控单机为基础，并加快了向 FMC、FMS 及 CIMS（计算机集成制造系统）全面发展的步伐。

我国数控机床的开发与日本、德国、前苏联等国基本同步，但由于相关工业基础较差，尤其是作为数控系统的支撑领域——电子工业的薄弱，致使数控机床发展速度缓慢。直到 1970 年北京第一机床厂生产的 XK5040 型数控升降台铣床才作为商品推向市场，1975 年沈阳第一机床厂的 CSK6163 型数控车床刚刚进入商品化。1974 ~ 1976 年间，国内制造厂家先后开发了加工中心、数控镗床、数控磨床和数控钻床等，但是没有实现商品化。在 80 年代前期，引进了日本的 FUNAC 数控系统技术，大多采用 FUNAC-3M、3T 系统，使我国的数控机床达到了国际上 20 世纪 70 年代的水平，并且真正进入小批量生产的商品化时代。

自改革开放以来，国家对机床工具行业的发展给予很大的支持，特别扶植数控机床的科技攻关和产业化，由此推动了我国数控机床的快速发展，而且产品的水平有了很大的改善与提高。统计资料表明，数控机床品种由 1993 年的 500 种增加到 2001 年的 1500 种左右，20 世纪 90 年代我国数控金属切削机床的年产量以年均 20% 的速度增长。进入 21 世纪由于经济发展使市场需求旺盛，数控机床年产量从 1.7 万台增至 12.2 万台，增加 6.9 倍；加工中心产量从 447 台增至 8000 余台，增加 18 倍。

二、数控机床的发展趋势

数控机床综合了当今世界上许多领域最新的技术成果，主要包括精密机械、计算机及信息处理、自动控制及伺服驱动、精密检测及传感、网络通信等技术。数控机床制造业是关系到国家战略地位和体现国家综合国力的基础产业，其技术水平的高低和拥有量的多少是衡量一个国家工业化的重要标志。近年来，数控机床被广泛地用于我国的制造业，在国内工业发达的地区已经得到普及，由此对社会生产力的提高起着巨大的推动作用。随着社会的多样化需求及其相关技术的不断进步，数控机床也向着更广的领域和更深的层次发展。当前，数控机床的发展主要呈现出如下趋势：

1. 高速度与高精度化

速度和精度是数控机床的两个重要指标，它直接关系到加工效率和产品质量。高速数控加工源起 20 世纪 90 年代初，以电主轴和直线电动机的应用为特征，电主轴的发展实现了主轴高转速；直线电动机的发展实现了坐标轴的高速移动。高速数控加工的应用领域首先是汽车和其他大批量生产的工业，目的是用单主轴的高主轴转速和高速直线进给运动的加工中心，来替代虽为多主轴但难以实现高主轴转速和高速进给的组合机床。其思路是：尽管在主轴的数量上不及可实现同时加工的多主轴的组合机床，但是，高速加工中心进给速度可达 60 ~ 80m/min，甚至更高，是组合机床的进给速度的数倍甚至十倍以上，加上空行程的速度可以高达100m/min左右，所以单主轴多次高速往复运动所消耗时间有可能少于多主轴一次往复运动所需时间。从而，在大批量生产中，用高速加工中心替代组合机床，既得到高度的柔性，有利于产品快速的更新换代，而又不降低生产效率。

高速加工应用的另一领域是用立方氮化硼（CBN）刀具对淬硬钢进行高速铣削和车削，又称为“硬切削”，它可以用来代替电火花加工或磨削加工，这对模具制造业极为有利。以往，对于型腔复杂的淬硬模具，唯一可采用的加工手段是电加工。但是，电火花放电烧蚀的切屑极为微小，因而加工效率极低，加工时间一般需要几小时甚至十几小时。采用高速硬铣削后，粗、精加工一次完成，大大提高了加工效率。但是，对于模具型腔内深而窄的槽、小半径圆角等加工要求，仍然要采用电加工。可见，高速硬铣削不可能全部替代电加工。

在超高速切削和超精密加工技术中，对机床各坐标轴的位移速度和定位精度提出了更高的要求，但是速度和精度这两项技术指标是相互制约的，当位移速度要求越高时，定位精度就越难提高。现代数控机床配备的高性能数控系统及伺服系统，其位移分辨率与进给速度的对应关系是：一般的分辨率为1μm，进给速度可以达到100~240m/min；分辨率为0.1μm，进给速度可以达到24m/min；分辨率为0.01μm，进给速度可以达到400~800mm/min。提高主轴转速是提高切削速度的最直接、最有效的方法。近二十年来主轴转速已经翻了几番，80年代中期，中等规格的加工中心主轴最高转速普遍为4000~6000r/min，到了80年代后期达到8000~12000r/min，90年代初期相继出现了15000r/min、20000r/min、30000r/min、50000r/min，目前国外用于加工中心的电主轴转速已达到或超过75000 r/min。切削速度和进给速度之所以能大幅度提高，是由于数控系统、伺服驱动系统、位置检测装置、计算机数控系统的补偿功能、刀具、轴承等相关技术的突破及机床本身基础技术的进步。

2. 高柔性化

柔性是指机床适应加工对象变化的能力。即当加工对象变化时，只需要通过修改而无须更换或只做极少量快速调整即可满足加工要求的能力。数控机床对满足加工对象变换有很强的适应能力。提高数控机床柔性化正朝着两个方向努力，一方面是提高数控机床的单机柔性化，另一方面向单元柔性化和系统柔性化发展。例如在数控机床软硬件的基础上，增加不同容量的刀库和自动换刀机械手，增加第二主轴，增加交换工作台装置，或配以工业机器人和自动运输小车，以组成新的加工中心、柔性加工单元或柔性制造系统。

实践证明，采用柔性自动化设备或系统，是提高加工效率、缩短生产和供货周期，并能对市场变化需求做出快速反应和提高竞争能力的有效手段。

3. 复合化

复合化包含工序复合化和功能复合化。数控机床复合化发展的趋势是尽可能将零件所有工序集中在一台机床上，实现全部加工。一是提升工件的加工精度；二是减少机床和夹具数量，免去工序间的搬运和储存，达到缩短零件加工周期、节约作业面积、降低成本的目的。

目前，复合机床的主流是以车床为基础和以加工中心为基础的两种设计模式。以车床为基础的复合机床，主要用于加工圆柱形工件；以加工中心为基础的复合机床，主要用于加工复杂曲面或箱体形的工件。大连机床集团生产的CHD-25九轴五联动车铣复合中心如图 1-31 所示，机床配置有双主轴和双刀架。第一主轴 1（C1）和第二主轴 3（C2）的分辨率均为 0.001°，第二主轴沿工件轴向移动 *Z*3 轴；上刀架 2 带 *Y* 轴和 30 把刀具的刀库 6，其刀轴回转为 *B* 轴，上刀架的移动为 *X*1 、*Z*1 轴；下刀架 4 带动力刀具，下刀架的移动为 *X*2、*Z*2 轴。5 是床身。图 b 所示该机床加工一根长轴零件。

a)

b)

图 1-31　CHD-25 车铣复合中心

a）机床布局　b）机床加工区域

德马吉（DMG）公司生产的 douBLOCK 系列五轴铣车复合加工中心，将铣削和车削加工技术集成到一台机床上。机床上带有数控 *B* 轴的摆动铣头，具备五面加工和五轴联动加工能力，工件一次安装可以实现完全加工。该系列机床突出的特点是采用直接驱动技术，控制大功率和高转速的回转工作台，扩展了机床铣削与车削的复合加工功能。图 1-32a 所示为机床在进行五轴联动加工曲面零件；图 1-32b 所示为回转体工件一次装夹机床对其件进行车削加工；图 1 -32c 所示为回转体工件一次装夹，机床对其件进行铣削加工。

a)

b)

c)

图 1-32　五轴铣车复合加工中心的应用

a）五轴联动加工　b）工件一次装夹进行车削加工　c）工件一次装夹进行铣削加工

复合加工的另一领域是与非刀具切削的复合。当前，主要是与激光加工技术的复合。德国 DMG 集团的 DMU 60L 数控机床，将立式铣削与激光复合用于精细型面模具的三维加工。其加工方式是凡是可以用小直径立铣刀加工的型面采用高速铣削，对于特别精细的型面采用激光加工，并用控制激光束功率密度的方法控制激光“切削”的深度。另外，在板材加工中将冲压与激光切割复合，对于板材上形状简单和小尺寸的孔，用模具冲压的方法加工，而形状复杂和大尺寸的孔，用激光切割的方法加工，既提高了加工效率，又提高了加工质量。

4. 多功能化

现代数控系统由于采用了多 CPU 结构和分级中断控制方式，因此在一台数控机床上可以同时进行零件加工和程序编制，即操作者在机床进入自动循环加工的同时可以利用键盘和 CRT 进行零件程序的编制，并可利用 CRT 进行动态图形模拟功能，显示所编程序的加工轨迹，或是编辑和修改加工程序。也称该工作方式为“前台加工，后台编辑”。由此缩短了数控机床更换不同种类加工零件的待机时间，充分提高了机床的利用率。

为了适应 FMC、FMS 以及进一步联网组成 CIMS 的要求，现代数控机床除了有 RS-232 串行通信接口外，还有 RS-422、RS-485 等串行通信接口，通过总线技术或网卡联成局域网，可以实现多台数控机床之间的数据通信，也可以直接对多台数控机床进行控制。

5. 智能化

智能加工是一种基于知识处理理论和技术的加工方式，以满足人们所要求的高效率、低成本、操作简便为基本特征。发展智能加工的目的是要解决加工过程中众多不确定性的、要求人工干预才能解决的问题。它的最终目标是要由计算机取代或延伸加工过程中人的部分脑力劳动，实现加工过程中监测、决策与控制的自动化。

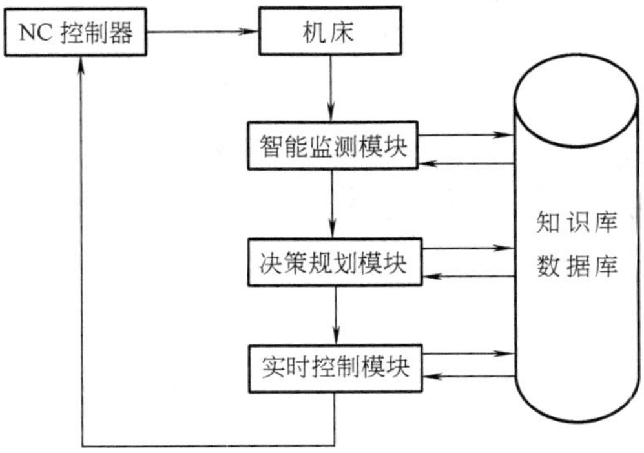

图 1-33　智能加工系统结构框图

目前常用的智能加工系统的基本结构模式如图 1-33 所示，由智能监测模块、决策规划模块和实时控制模块三个基本模块组成。其中，智能监测模块的功能是利用传感技术，对加工过程中影响加工效果的切削力、振动、温度和压力等变量实现在强干扰、多因素、非线性环境下的智能检测，并将多传感器信号加以集成。决策规划模块的功能是依据智能监测模块提供的信息，利用知识库和数据库对加工过程中的各种状态进行分析、判断和决策，并对原控制操作做适当的修正，确保该数控机床处于最佳的工作状态。实时控制模块的功能是依据决策规划的结果确定合理的控制方式，并将该控制信息通过 NC 控制器作用于机床的加工过程，以达到最优控制。

6. 造型宜人化

随着人们对生活质量的逐步重视，对劳动条件和工作环境也提出了更高的要求。用户不只是满足于加工设备的基本性能和内在质量，还要求设计结构紧凑流畅、造型美观协调、操作舒适安全、色泽明快宜人，使人处在舒适优美的环境中工作，从而激发操作者的工作情绪，达到提高工作效率的目的。

造型宜人化是一种新的设计思想和观点。是将功能设计、人机工程学与工业美学有机地结合起来，是技术与经济、文化、艺术的协调统一，其核心是使产品变为更具魅力、更适销对路的商品，引导人们进入一种新的工作环境。该设计理念在工业发达国家早已广泛用于各种产品的设计中，是其经济腾飞、提高市场竞争能力的重要手段。日本由于重视这项技术，很快摆脱了机床产品“仿制”阶段，并创出自己工业产品的“轻巧精美”的独特风格。

目前，国外机床生产厂家为了能在方案设计阶段就知道其产品的外观造型、色彩配置的效果，普遍采用计算机辅助工业造型设计（CAID）技术，相继开发了商品化的 CAID 软件系统，致使国际市场上的数控机床的品类、结构、造型、色彩发生了日新月异的变化。使用户在操作安全、使用方便、性能可靠的同时，还能体会一种享受感、舒服感、欣赏感，令操作者心情愉快地完成工作任务。

近年来，国内数控机床生产厂家也将造型宜人化的设计理念引入自己的产品设计中，使国产数控机床在外形结构、颜色、外观质量等方面较过去有了明显的改进和提高。

7. 绿色生态机床

目前，环境问题已经日益成为影响社会经济发展的一个关键因素，对于制造业来说，如何减少资源消耗和环境污染是21世纪所面临的重大问题。金属切削机床是将毛坯转化成零件的工作母机，一般机床的工作年限都在三四十年以上，属于长寿命产品，在其工作过程中不仅消耗能源，还会产生固体、液体和气体废弃物，对工作环境和自然环境造成直接或间接的污染。因此，研发节省能源、绿色环保的新型金属切削机床成为当前研究的热点。

绿色生态机床应该具备以下特征：

1）机床主要零部件由再生材料制造。

2）机床的重量和体积减少50%以上。

3）通过减轻移动部件重量、降低空运转功率等措施使功率消耗减少30%～40%。

4）机床工作过程中产生的各种废弃物减少50%～60%，保证基本没有污染的工作环境。

5）机床报废后的材料可以实现100%的回收。

实现机床绿色化的主要途径是：采用新结构和新材料，减轻移动部件重量，达到节能目的；采用干切削和微量润滑（MQI）实现减排，并且注意排屑路径通畅，热移除迅速，保证不由于采用干切削和微量润滑而造成机床热变形，影响加工精度。

第五节　柔性制造与计算机集成制造简介

制造自动化是当今制造技术的最显著的特征，制造自动化技术经历了刚性自动化、数控加工、柔性制造和计算机集成制造等多个发展阶段。其中柔性制造主要包含柔性制造单元和柔性制造系统等，特别适用于多品种、中小批量生产；计算机集成制造是强调制造全过程的系统性和集成性，所涉及的学科技术非常广泛，主要包括现代制造技术、管理技术、计算机技术、信息技术、自动化技术及系统工程技术等。

一、柔性制造单元

1967年英国的Molins公司研制了世界上第一个柔性制造系统（FMS）。在FMS诞生8年之后，出现了柔性制造单元（FMC）。尽管FMC可以作为组成FMS的基本单元，但由于FMC本身具备了FMS绝大部分的特性和功能，因此FMC可以看做是独立的最小规模的FMS，是FMS向廉价化、小型化，以及实用化方向发展的一种产物。FMC具有非常好的应用前景。

1. FMC的组成

FMC通常由1～2台数控加工中心、工业机器人、工件交换系统（AMC），以及物料运输存储设备构成。它具有独立的自动加工功能、部分具有工件自动传送和监控管理的功能，以适应于加工多品种、中小批量产品的生产，是实现单机柔性化和自动化的理想手段。通常FMC有两种组成形式：托盘交换式和工业机器人搬运式。图1-34所示为托盘交换式FMC示意图。它由卧式镗铣加工中心4、环形交换工作台1、工件托盘3及托盘交换装置5组成。托盘是固定工件的器具，通常在加工之前由操作者将相同或不同的工件分别安装在若干个托盘上。托盘交换式FMC适用于非回转体零件或箱体零件的加工。

2. FMC 的特点

FMC 作为柔性制造单元，可以在整个系统中执行自动化的加工过程，具备以下的特点：

(1) 有比较完善的自动检测功能　FMC 的自动检测系统可以自动检测刀尖位置；可以将传感器检测到的工件数据与系统的检验信息进行比较，作出判断，以修正加工信息；对于检验合格的工件，由工业机器人放入合格的台架上，不合格品自动淘汰。

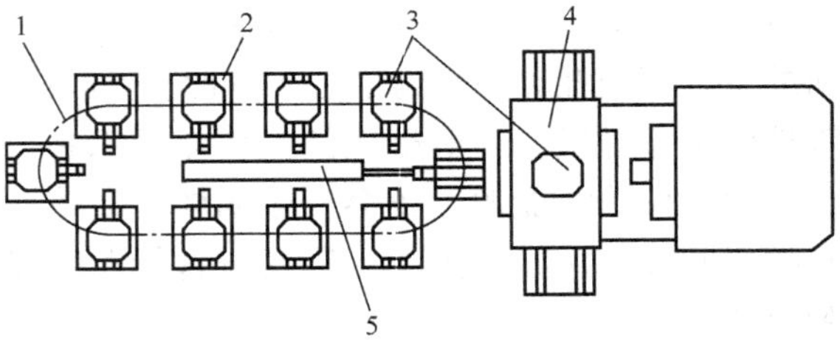

图 1-34　托盘交换式 FMC
1—环形交换工作台　2—托盘座　3—工件托盘
4—卧式镗铣加工中心　5—托盘交换装置

(2) 有比较可靠的自动监控功能　FMC 的自动监控系统可以对切削状态进行监视和控制，例如对工件安装错误、刀具的寿命和破损、主轴的热变性及过载等进行监控，发现故障会立即停车。

(3) 实现对工件的自动装卸和计数管理　柔性制造单元中的数控加工中心、工业机器人和工件台架能协调配合，实现工件的自动装卸和计数管理。

二、柔性制造系统

柔性制造系统（FMS）是由多台单机组成的、由计算机控制和管理的加工系统，它没有固定的加工顺序和节拍，在加工一定批量的某种工件后能在不停机的条件下，自动转换为加工另一种工件。FMS 是高柔性和高自动化程度的制造系统，它可以使劳动生产率大幅度提高，并大大降低劳动强度和改善劳动条件。

1. FMS 的组成

FMS 主要由加工、物流和信息流三个子系统构成自动化制造系统。它能根据制造任务或生产环境变化迅速进行调整，适用于多品种和中、小批量生产。FMS 的组成框图如图 1-35 所示。

(1) 加工系统　它由两台以上的镗铣加工中心、车削中心或 FMC 以及其他辅助加工设备所组成。

(2) 物流系统　包含有仓库、自动上下料装置，如传送带、自动小车、机器人、上下料托盘、交换工作台等，能对刀具、夹具、工件等物料进行自动装卸和储运。

(3) 控制系统　包括过程控制和过程监控两个子系统，能够实现对 FMS 的运行控制、刀具管理、质量控制以及在线状态数据自动采集和处理、网络通信等。

除了上述的三个主要组成部分之外，FMS 还包含冷却系统、排屑系统、刀具监控和管理等附属系统。

2. FMS 的特点

柔性制造系统是在成组技术、数控技术、计算机技术和自动检测与控制技术迅速发展的基础上产生的综合技术产物。该制造系统通过计算机管理和控制实现生产过程的实时调度，最大限度地发挥设备潜力，减少工件搬运过程的等待时间损失，使多品种、中小批量生产的经济效益接近大批量生产的水平。FMS 的特点主要体现在以下几个方面：

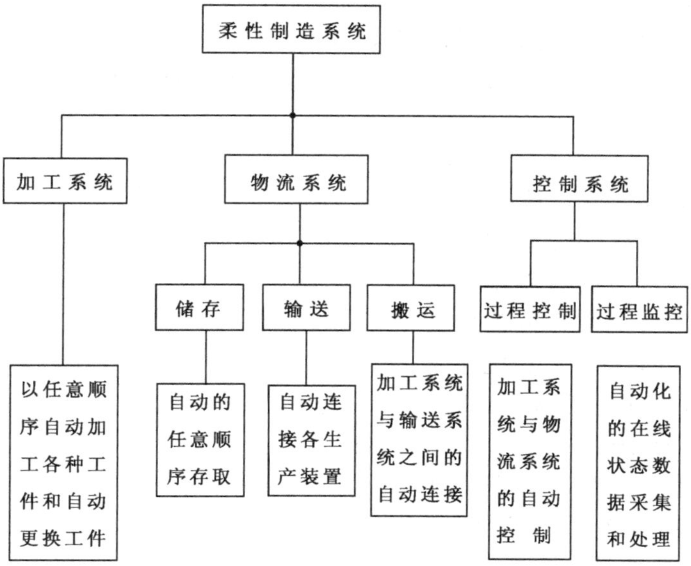

图 1-35　FMS 的组成框图

（1）减少操作人员，提高劳动生产率　FMS 除了少数操作如装卸、维修和调整由人工实施外，机床的工作过程是由计算机自动控制的。因此，FMS 可以实施 24h 工作制，将所有靠人力完成的操作集中安排在白班进行，晚班除留一人看管之外，系统完全处于无人操作状态下工作，直接生产工人大为减少，劳动生产率提高。

（2）大大地缩短了生产周期　由于 FMS 备有较多的刀具、夹具以及数控加工程序，因而能接受各种不同的零件加工，柔性度很高，大大地缩短了产品的生产周期，有利于新产品的开发和小批量、多品种生产。

（3）提高产品质量　由于 FMS 的自动化水平高，工件装夹次数和要经过的机床数减少，操作者主要负责机床和零件的调整，有助于零件加工质量的提高。

（4）提高了机床利用率　在 FMS 中，工件是安装在托盘上输送的，并通过托盘能够快速地在机床上进行定位与夹紧，节省了工件装夹时间。此外，由于借助计算机管理，使加工不同零件时的准备时间大为减少，有很多准备工作可以与机床工作时间同步进行。因而，零件在加工过程中的等待时间大大减少，使机床的利用率提高到 75% ~90% 。

（5）降低生产成本　机床利用率的提高使得每台机床的生产率提高，相应地可以减少设备数量，降低生产成本。据美国通用电气公司的资料表明，一条具有 9 台机床的 FMS 代替了原来 29 台机床，还使加工能力提高了 38% ，占地面积减少了 25% 。

（6）减少在制品数量和库存数量　由于 FMS 具有高柔性、高生产率以及准备时间短等特点，能够对市场的变化作出较快的反应，没有必要保持较大的在制品和成品库存量。按日本 MAZAK 公司报道，使用 FMS 可使库存量减少 75% ，可缩短 90% 的制造周期。

三、计算机集成制造系统

计算机集成制造系统（CIMS）是在自动化技术、信息技术和制造技术的基础上，通过计算机及其软件，将制造工厂生产活动所需的各种分散的自动化系统有机地集成起来，是适合于多品种、中小批量生产的总体高效益、高柔性的制造系统。CIMS 的最基本内涵是用集成的观点组织生产经营，即用全局的、系统的观点处理企业的经营与生产。

1. CIMS 的组成

CIMS 是以计算机为工具，以集成为主要特征的制造自动化系统。CIMS 的组成如图 1-36 所示，其中管理信息分系统、工程设计自动化分系统、制造自动化分系统和质量保证分系统是 CIMS 的 4 个应用分系统；计算机通信网络分系统和数据库分系统是 CIMS 的两个信息支持分系统。

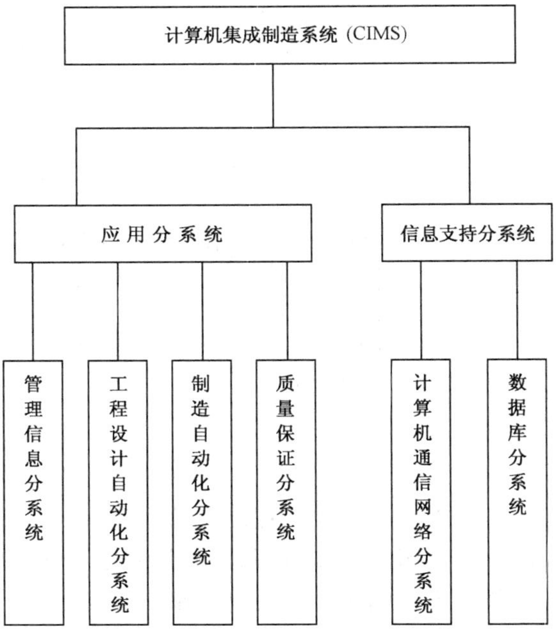

图 1-36　CIMS 的组成框图

（1）管理信息分系统　管理信息系统包括对企业制造全过程的经营决策管理、生产计划管理、物料管理、人力资源管理、财务管理、客户关系管理等。通过信息集成，达到缩短产品生产周期、减少占用的流动资金、提高企业的应变能力的目标。

（2）工程设计自动化分系统　工程设计自动化分系统是在产品开发过程中，引入计算机技术而形成的系统，其主要功能是进行工程设计和分析等，主要的功能模块有计算机辅助设计（CAD）、计算机辅助工程（CAE）、计算机辅助工艺规程设计（CAPP）、计算机辅助数控程序编制（NCP）等。工程设计自动化分系统的应用使得产品的开发更加优质、高效，同时通过与 CIMS 的其他分系统进行信息交换，实现整个制造系统的信息集成。

（3）制造自动化分系统　制造自动化分系统是 CIMS 最终产生经济效益的聚集地，包括 MC、FMC、FMS、工业机器人、自动装配（AA）等。该系统根据产品的工程技术信息、车间层的加工指令，完成对工件毛坯加工的作业调度、制造等工作，使产品制造活动优化、周期短、成本低、柔性高。

（4）质量保证分系统　质量保证分系统主要是采集、存储、评价与处理存在于产品设计和产品制造过程中与质量有关的信息，从而进行一系列的质量决策与控制，有效地保证质量并促进质量的提高。系统保证从产品设计、制造、检验到售后服务的整个过程的控制。

（5）计算机网络分系统　计算机网络分系统是支持 CIMS 各个分系统的开放型网络通信系统，采用国际标准和工业标准规定的网络协议进行互联，以分布方式，满足各应用分系统对网络支持服务的不同需求，支持资源共享、分布处理、分布数据库和实时控制。

（6）数据库分系统　数据库分系统是指支持 CIMS 各分系统的数据库，以实现企业数据的共享和信息集成。开发与实施 CIMS 的核心是将各子系统通过集成、综合及一体化等手段，融合成一个高效、统一的有机整体。集成的发展大体可划分为信息集成、过程集成和企业集成 3 个阶段。目前，CIMS 的集成已经从原先的企业内部的信息集成和功能集成，发展到当前的以并行工程为代表的过程集成，并正在向以敏捷制造为代表的企业间集成发展。

2. CIMS 的特点

CIMS 是一个复杂的制造自动化系统，它包含人员、经营和技术三要素。CIMS 不同于企业的一般自动化系统，它从形式到内容、从广度到深度、从工作模式到追求目标，表现出以下特点：

（1）CIMS 是人、经营、技术三要素统一协调的系统　具体地说是以经营过程为对象，以人为主导，以技术为手段，三者之间协调一致，该系统涉及的范围比一般自动化系统广泛得多。

（2）CIMS 是以集成为基础追求全局优化的系统　是以计算机为工具，以物流集成和信息集成为主要特征，以整个企业的生产经营活动为对象，追求企业经营、管理、运行的全局与全过程的优化，目的是要降低成本，提高质量，缩短产品交货期，获得全局效益。

（3）CIMS 是一个具有高度柔性的系统　人是该系统中的关键要素，信息集成为企业管理者灵活组织生产提供了有效的帮助。系统能根据市场和环境的变化，快速组织生产，使企业具有应变能力和市场竞争能力。

（4）CIMS 是一个具有现代化生产模式的制造系统　它是以信息集成为基础，通过信息自动采集、加工、转换、处理、资源分配和调度等手段来组织生产和进行相关的经营活动，确保企业在现代化、科学化的生产模式下进行各类生产经营活动。

3. CIMS 的发展

CIMS 随着企业类型的不同或生产方式的不同等，具有不同的模式。CIMS 是一个复杂的制造系统工程，必须在总体规划的基础上，根据企业的实际情况、具备的条件进行决策，分步实施，重点突破，确保系统的实应性和有效性。

由于 CIMS 技术属于多种学科和多种专业的高度综合，因此技术复杂、难度极大，加之对人力资源的要求非常高，投资强度也远远大于其他规模经济的制造模式，因而投资风险很大。从目前来看，各国的 CIMS 尽管发展较快，但成熟的、实用的系统仍属于少数。预计 CIMS 的成功运用依然需要相当长的时间和制造业不懈的努力。

本章教学重点和难点

1. 数控机床的组成。
2. 数控机床的特点。
3. 按工艺用途对数控机床进行分类：切削类、成型类、电加工类、测量及绘图类等。
4. 数控机床的精度指标；数控机床的可控轴数与联动轴数。
5. 数控机床发展的主要趋势。

复习思考题

1. 简述数控机床的组成和工作过程。
2. 简述数控机床的特点。
3. 数控机床的主要精度指标有哪几项？
4. 数控机床的发展趋势主要有哪几个方向？你对未来数控机床实现绿色生态化有何看法？
5. 简述柔性制造单元的组成和特点。
6. 简述计算机集成制造系统的特点。

第二章　数控机床的典型结构

主轴部件、滚珠丝杠副和滚动导轨副、自动换刀装置、数控回转刀架和回转工作台、辅助装置（液压、气动、润滑、冷却、防护、排屑）等作为数控机床的典型结构，是机床的重要组成部分，也称为数控机床的功能部件，而且功能部件的性能已成为整机性能的决定性因素。

近年来，我国数控机床的快速发展，带动了功能部件技术水平和产品档次的提高。目前，在一些工业发达国家，主机厂主要从事产品的设计与装配，机床的功能部件则面向专业化生产厂家择优选购，以这种两头在内（产品设计与装配厂内完成）、中间在外（各功能部件等外购）的方式组织生产，不仅大大缩短了新产品的开发周期，而且保证了数控机床具有良好的品质和性能。

作为数控机床的使用者，了解机床的典型结构，对于使用和调整数控机床是十分必要的。

第一节　数控机床的主传动系统

一、数控机床主传动的特点

数控机床与普通机床主传动系统比较具有以下特点：

1）转速高，功率大，可以进行大功率切削和高速切削，实现高效率加工。

2）主轴转数的变换迅速可靠，并能自动无级变速，使切削工作始终在最佳状态下进行。

3）为实现刀具的快速或自动装卸，主轴上还必须设计有刀具自动装卸、夹紧、主轴定向停止和主轴孔内的切屑清除装置。

二、数控机床主轴的变速方式

数控机床的主传动系统要求有较大的调速范围，以保证加工时能选用合理的切削用量，从而获得最佳的生产率和加工质量。数控机床主传动系统主要有如图 2-1 所示的四种配置方式。

（一）带有变速齿轮的主传动

如图 2-1a 所示，这种配置方式在大、中型数控机床采用较多。如图 2-2 所示，主轴电动机的转动通过少数几对齿轮实现降速，使之成为分段无级变速，确保低速时的转矩，以满足主轴输出转矩特性的要求。但有一部分小型数控机床也采用这种传动方式，目的是获得强力切削时所需要的转矩。滑移齿轮的移位大都采用液压拨叉或直接由液压缸带动齿轮来实现。

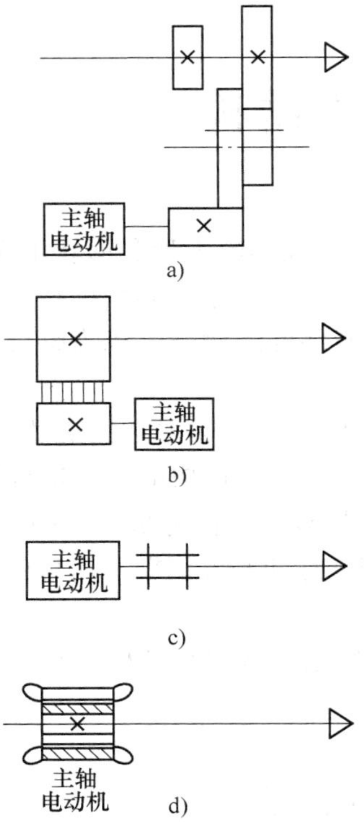

图 2-1　数控机床主传动的配置方式

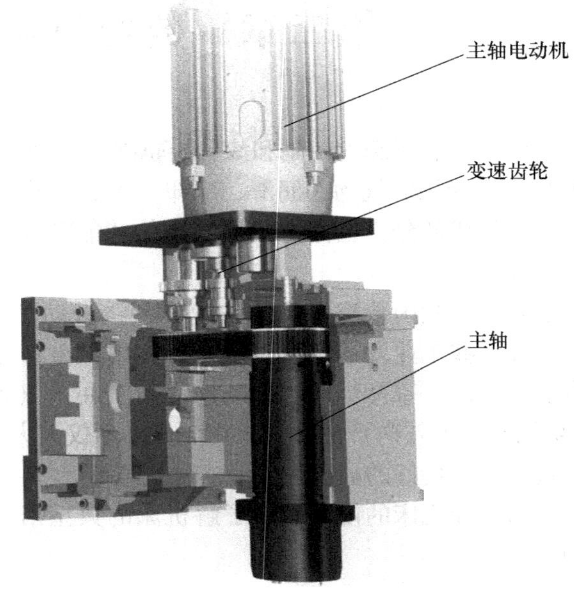

图 2-2　变速齿轮传动的结构图

（二）同步带传动的主传动

如图 2-1b 所示的同步带传动，是数控机床上应用较多的一种传动结构，可以避免齿轮传动时引起的振动和噪声。

同步带传动是一种综合了带传动和链传动优点的传动方式。同步带的结构与传动如图 2-3 所示，同步带的工作面及带轮外圆上均制成齿形，工作时，带齿与带轮的轮槽相啮合，是一种啮合传动。带内采用了承载后无弹性伸长的材料作强力层，以保持带的节距不变，使主、从动带轮可作无相对滑动的同步传动。与一般带传动相比，同步带传动具有如下优点：

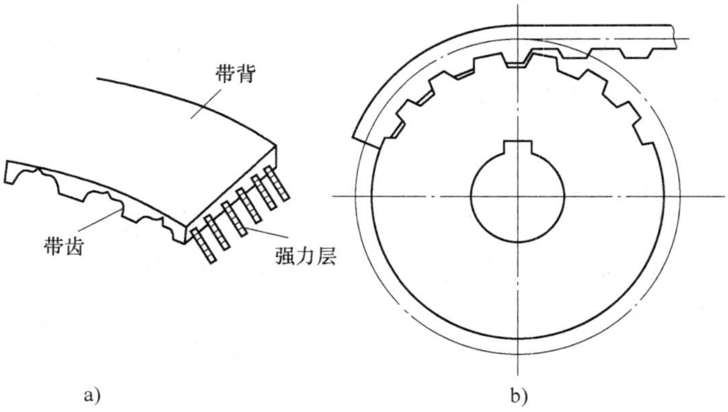

图 2-3　同步带的结构与传动

1）齿啮合传动无相对滑动，传动比准确。

2）传动效率高，可达98%以上。

3）传动平稳，噪声小。

4）使用范围较广，传递功率由几瓦至数十千瓦。

5）维修保养方便，不需要润滑。

图2-4所示为同步带传动的结构图。

（三）主轴电动机直接驱动的主传动

图2-1c所示是主轴电动机经联轴器直接驱动主轴的传动方式。图2-5所示为主轴电动机直接驱动主轴的传动结构，与前两种主传动方式相比，大大简化了主轴箱的结构，有效地提高了主轴部件的刚度。其优点是主轴部件结构紧凑、重量轻、惯性小，提高了主轴起、停的响应特性。缺点是主轴输出扭矩小，电动机发热对主轴的精度影响较大。

图2-4　同步带传动的结构图

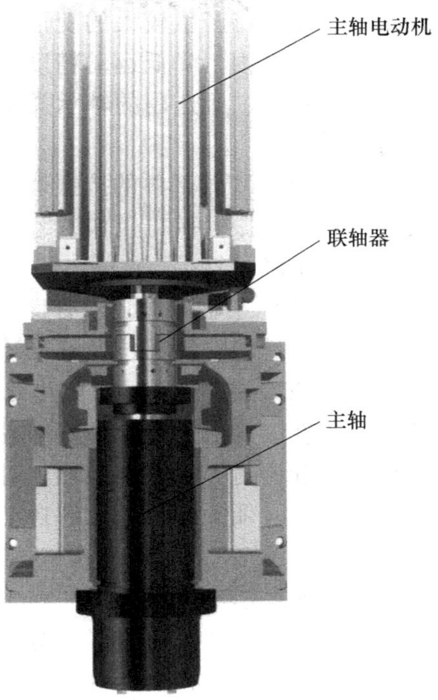

图2-5　电动机直接驱动主轴的传动结构

（四）内置电动机主轴的主传动

图2-1d所示为内置电动机主轴的传动方式，是将主轴电动机的定子、转子直接装入主轴单元内部，称之为电主轴。具有大功率、宽调速范围的特性，能满足数控机床实现高速、高效、高精度加工的要求。但是，温度控制和冷却是内置电动机主轴的关键问题。

三、主轴部件

机床的主轴部件是机床重要部件之一，它带动工件或刀具按照系统指令，执行机床的切削运动，因此数控机床主轴部件的精度、抗振性和热变形对加工质量有直接的影响。由于数控机床在加工过程中不进行人工调整，这些影响就更为严重。主轴直接承受切削力，转速范围又很大，对主轴部件性能的基本要求是具有高的回转精度和刚度，抗振性好，耐磨性强。

（1）回转精度　主轴部件的回转精度，是指主轴的回转精度。当主轴作回转运动时，主轴回转中心线的空间位置在理想状况下应该是固定不变的。而实际上，由于受主轴组件中各种因素的影响，回转中心线的空间位置在每一瞬间都是变化的，瞬时回转中心线相对于理论回转中心线在空间的位置距离，就是主轴的回转误差，回转误差的范围就是主轴的回转精度。主轴回转误差分为径向跳动和端面跳动。

（2）刚度　主轴部件的刚度，是指受到外力作用时，主轴部件抵抗变形的能力。主轴部件的刚度越大，主轴受力的变形越小。当主轴部件的刚性不足时，在切削力和其他力的作用下，主轴将产生较大的变形，这样不仅会影响工件的加工质量，还会加速轴承和其他传动件的磨损，降低运动精度，破坏正常工作条件。主轴部件的刚度与主轴的结构尺寸、支承跨距、所选用的轴承类型及配置形式、轴承间隙的调整、主轴上传动元件的位置等有关。

（3）抗振性　主轴部件的抗振性是指切削加工时，主轴保持平稳运转而不发生振动的能力。主轴的抗振性差，工作时容易产生振动，不仅会降低工件的加工质量，还会使刀具的耐用度下降。

（4）耐磨性　主轴部件必须有良好的耐磨性，以便长期保持精度。主轴上易磨损的部件是刀柄或工件的安装部位及移动式主轴的工作部位。为了提高主轴的耐磨性，上述易磨损部位应该淬硬，或者经过氮化处理，以提高其硬度增加耐磨性。

主轴部件在结构上还要处理好卡盘或刀具的装卡、主轴轴承的定位和间隙调整、主轴部件的润滑和密封等一系列问题。对于数控镗铣床的主轴，为实现刀具的快速或自动装卸，主轴上还必须设计有刀具的自动装卸、主轴定向停止和主轴孔内的切屑清除等装置。

（一）主轴及主轴前端结构

主轴是主轴部件的重要组成部分，其结构尺寸和形状、制造精度、材料及热处理对主轴部件的工作性能都有很大的影响。

主轴的直径越大，刚度越高，但同时要求轴上的其他零件和轴承的尺寸相应增大，保证主轴的回转精度就会越困难，同时主轴的最高转速也会受到制约。

主轴内孔是用于通过棒料或刀具夹紧装置的，孔径越大，可通过的棒料直径越大，主轴的重量越轻，但是主轴的刚度就会越差。

主轴的轴端用于安装刀具或夹具，例如数控车床的主轴端部通常是安装三爪卡盘或顶尖，一般采用短圆锥法兰盘结构，具有很高的定心精度、主轴的悬伸长度短、刚度好的优点。表 2-1 所示为几种类型的数控机床的主轴轴端结构。

表 2-1 数控机床的主轴轴端结构

序号	主轴轴端形状	应　用	序号	主轴轴端形状	应　用
1	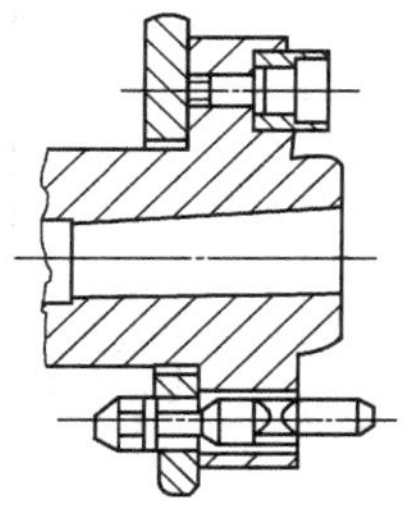	数控车床	3	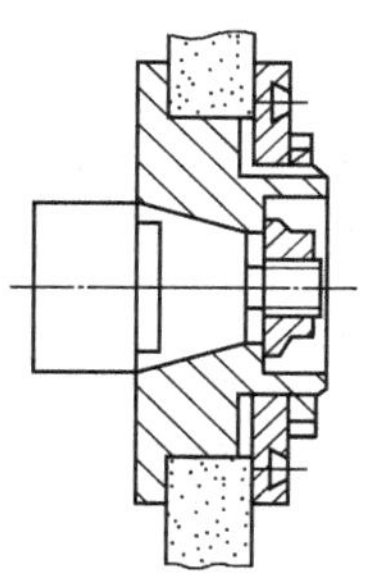	外圆磨床、平面磨床、无心磨床等的砂轮主轴
2	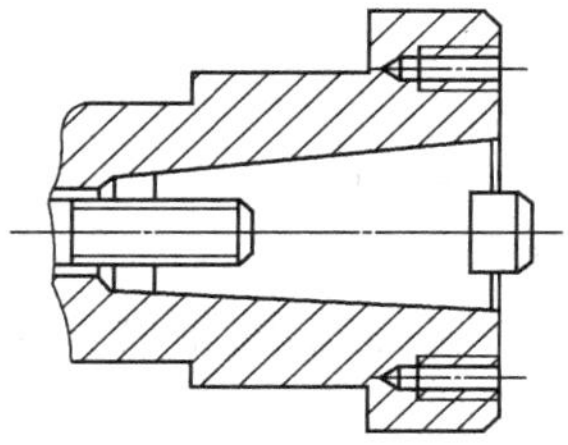	数控镗铣床和加工中心	4	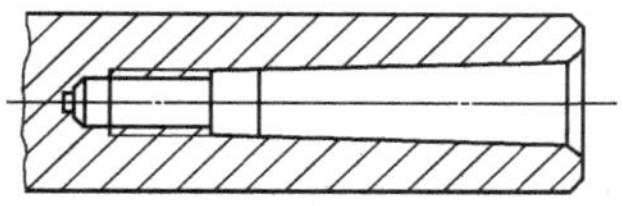	内圆磨床砂轮主轴

（二）主轴的支承结构

1. 主轴常用轴承类型

数控机床的主轴轴承的类型、结构、精度、配置、安装、润滑都直接影响主轴部件的工作性能。滚动轴承的摩擦力小，预紧方便，润滑维护简单，可以在一定转速范围和载荷变动范围内稳定的工作。中小型数控机床上普遍采用的是滚动轴承。对于重型数控机床，主轴轴承一般采用静压轴承。

数控机床主轴常用滚动轴承类型，如图 2-6 所示。

图 2-6a 所示为双列圆柱滚子轴承，其内孔为 1∶12 的锥孔，当轴承内圈沿锥形轴颈轴向移动时，内圈向外膨胀，以调整滚道间隙。该轴承的两列滚子交错排列，承载能力大、支承刚性好、允许的极限转速高。

图 2-6b 所示为双向推力角接触球轴承，接触角为 60°，能承受双向轴向载荷。修磨中间隔套可以调整轴承间隙或加预紧。该轴承轴向刚度较高，允许的极限转速高，一般与双列短圆柱滚子轴承配套使用。

图 2-6c 所示为角接触球轴承，能同时承受径向和轴向载荷，结构简单，调整方便，允许的极限转速高，承载能力较低。一般是在一个支承中采用多个角接触球轴承，以提高支承刚性。

图 2-6d 所示为双列圆锥滚子轴承，能同时承受径向和轴向载荷，允许的极限转速低。轴承外圈的凸肩可以在箱体上进行轴向定位，修磨中间隔套可以调整轴承间隙或加预紧。该轴承的两列滚子数目相差一个，可使振动频率不一致，改善轴承的动态特性。

图 2-6e 所示的空心圆锥滚子轴承，结构上与图 2-6d 轴承相似，但滚子是空心的，保持架为整体结构，采用油润滑。润滑和冷却效果好、发热少，允许的极限转速高。

2. 主轴支承的典型结构

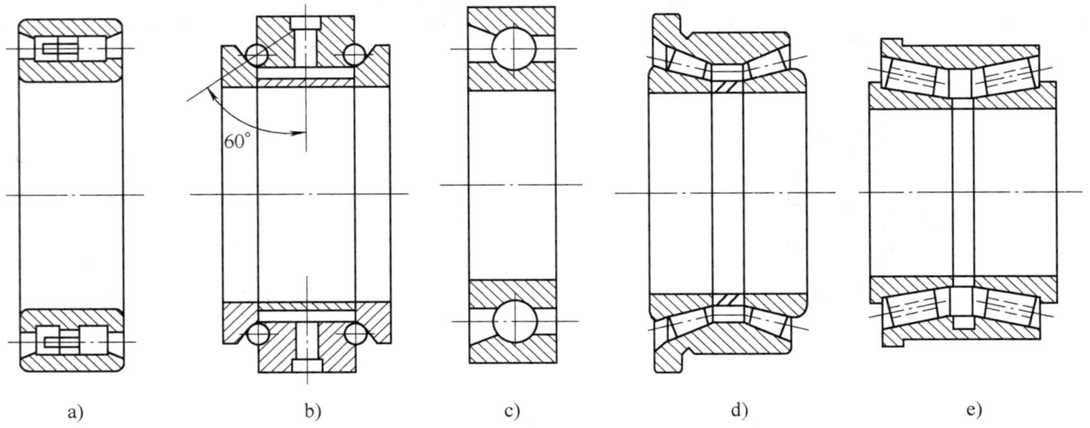

图 2-6 数控机床主轴常用滚动轴承类型

a）双列圆柱滚子轴承 b）双向推力角接触球轴承 c）角接触球轴承

d）双列圆锥滚子轴承 e）空心圆锥滚子轴承

主轴承受的切削力分为径向力和轴向力，在使用时，应根据主轴的精度、刚度和转速来选择轴承。下面介绍几种常见的数控机床主轴轴承配置形式。

（1）适于高速主轴的轴承配置形式 如图 2-7 所示为适于高速主轴的轴承配置形式。前支承采用三个超精密级角接触球轴承组合，可以是图示的一对角接触球轴承和一个角接触球轴承的组合方式，也可以是三个角接触球轴承都靠在一起的结构方式。主轴的后支承结构，图 2-7a 所示采用两个角接触球轴承组合；图 2-7b 所示采用双列短圆柱滚子轴承。主轴后支承没有施加预紧力，当主轴运转发热膨胀时，可以向后移动，而主轴前端的精度不受影响。因此适用于高速、轻载和精密的数控机床主轴。

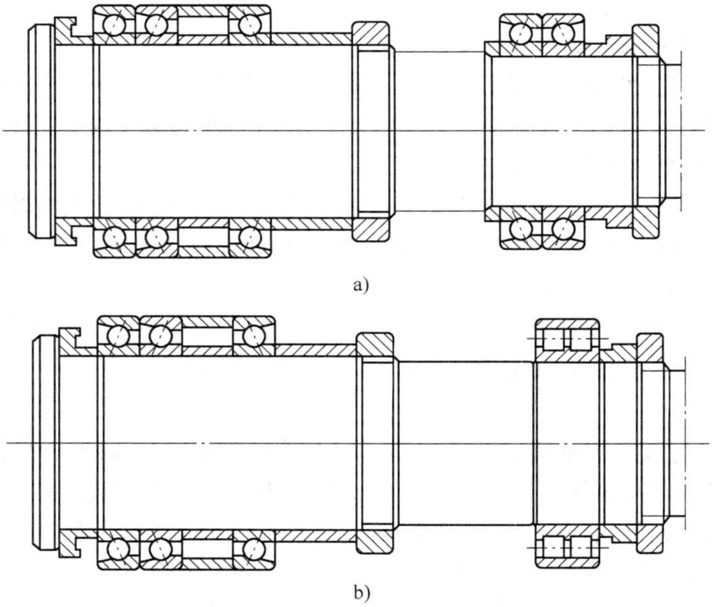

图 2-7 适于高速主轴的轴承配置形式

（2）适于高刚度主轴的轴承配置形式　一般主轴前支承采用双列圆柱滚子轴承和60°接触角的双向推力角接触球轴承组合，主轴后支承采用双列圆柱滚子轴承。这种配置形式使主轴的综合刚度得到大幅度提高，可以满足强力切削的要求。主要适用于大中型数控车床、卧式加工中心主轴和强力切削机床主轴。图2-8所示为数控车床主轴的轴承配置形式。

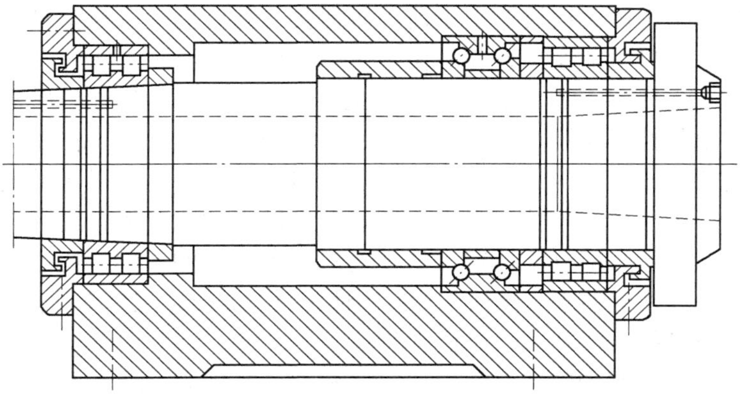

图2-8　数控车床主轴的轴承配置形式

（3）适于低速、重载主轴的轴承配置形式　主轴前轴承采用双列圆锥滚子轴承，后支承采用单列圆锥滚子轴承。由于圆锥滚子轴承径向和轴向刚度高，能承受重载荷，尤其能承受较大的动载荷，安装与调整性能好，所以适用于中等精度、低速与重载的数控机床主轴。图2-9所示为卧式镗铣床主轴的轴承配置形式。

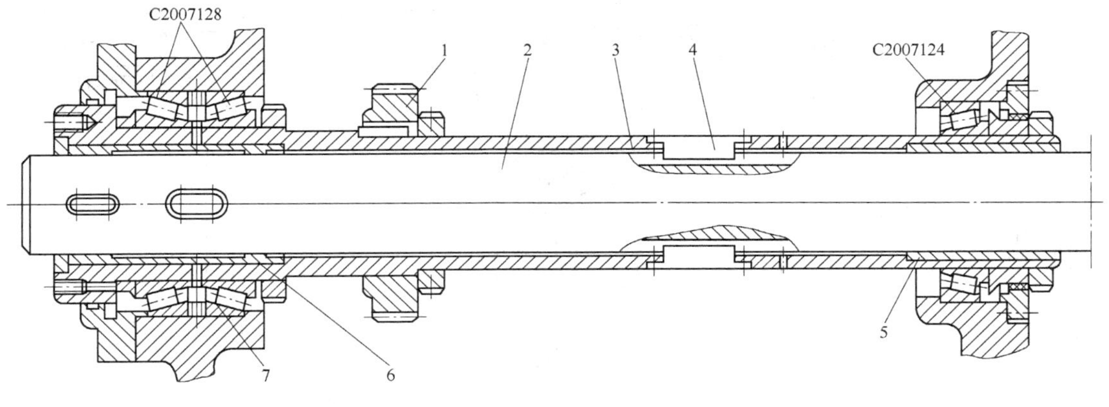

图2-9　卧式镗铣床主轴的轴承配置形式

1—齿轮　2—镗主轴　3—铣主轴　4—双键　5、6—镗主轴套　7—前轴承

3. 主轴支承的预紧

滚动轴承在主轴上安装后存在间隙，当主轴回转时载荷将集中在用于受力方向上的少数滚动体上，使得轴承刚度和承载能力下降，且回转精度降低。因此，主轴部件必须具备轴承间隙调整机构，通过对滚动轴承进行适当的预紧，使滚动体与内外圈滚道在接触处产生一定量预变形，则滚动体受力趋向均匀，从而提高轴承承载能力和刚度，有利于减少主轴回转轴线的漂移，提高回转精度。但过盈量不宜太大，否则轴承的摩擦磨损

加剧，承载能力将显著下降。通常主轴轴承所需的预紧量，随轴承类型、公差等级和工作条件件的不同而有所不同。

（三）主轴的定向停止

在自动换刀的数控机床上，为实现自动装卸刀具，要求主轴每次都能停在一个固定位置上，即保证使刀柄上的键槽对准主轴的端面键，这就要求主轴必须具备定向控制功能。传统的做法是采用机械挡块等来定向。而现代的数控机床一般都采用电气式主轴定向，只要数控系统发出主轴停转的指令信号，主轴就可以准确的定向。

如图 2-10 所示，主轴的准停装置设置在主轴的尾端，采用磁性传感器作为主轴定位的检测元件，由电气控制准停。交流调速电动机 11 通过 V 形带 9、带轮 10 和 5 带动主轴旋转。当主轴需要停车换刀时，系统发出降速信号，主轴电动机以低转速回转。时间继电器延时数秒后，系统发出准停信号，立即切断主轴电动机电源，脱开与主轴的传动联系，以排除传动系统中大部分回转零件的惯性对主轴准停的影响，使主轴作低速惯性空转。当安装在带轮 5 左侧的永久磁铁 4 对准磁性传感器 3 时，主轴准确停止。同时发出主轴已停转信号，自动换刀装置可以开始动作。

电气式主轴定向控制的特点是：定向时间短，可靠性高，精度和刚度高，不需要机械部件，只需要简单的强电顺序控制。

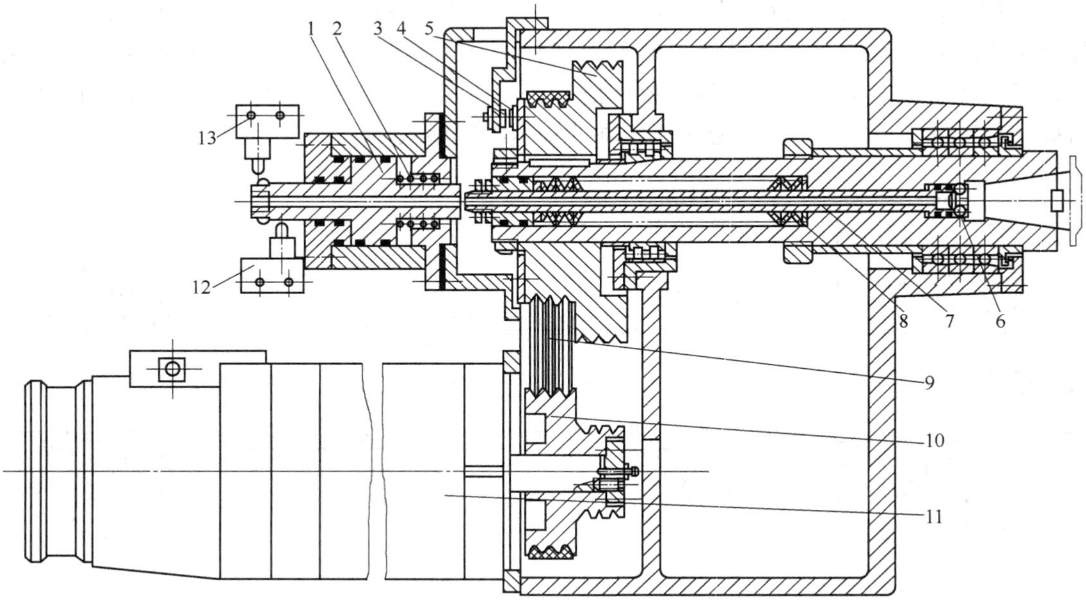

图 2-10　自动换刀铣床主轴的准停、夹紧机构

1—活塞　2—弹簧　3—传感器　4—永久磁铁　5、10—带轮　6—钢球　7—拉杆

8—蝶形弹簧　9—V 形带　11—交流调速电动机　12、13—行程开关

（四）主轴内的刀具自动夹紧和清除切屑装置

在自动换刀的数控机床中，为了实现刀具在主轴内的自动装卸，其主轴必须设计有刀具的自动夹紧机构，如图 2-10 所示。刀杆采用 7∶24 的大锥度锥柄，采用大锥度的锥柄既有利于定心，也为刀具夹紧和松开带来了方便。装夹刀具时，锥柄的尾端轴颈被拉紧，

同时通过锥柄的定心和摩擦作用将刀杆夹紧于主轴的端部。在蝶形弹簧8的作用下，拉杆7始终保持约1000N的拉力，并通过拉杆右端的钢球6将刀杆的尾部轴颈拉紧。换刀时，首先将压力油通入主轴尾部液压缸的左腔，活塞1推动拉杆7向右移动，将刀柄松开，同时蝶形弹簧8被压紧。拉杆7的右移使其右端的钢球6位于套筒的喇叭口处，消除了刀杆上的拉力。当拉杆继续右移时，喷气嘴的端部把刀具顶松，使机械手方便地取出刀杆。当机械手将应更换的刀具装入后，电磁换向阀动作使压力油通入油缸右腔，活塞1向左退回原位，蝶形弹簧复原又将刀杆拉紧。螺旋弹簧2使得活塞1在液压缸右腔无压力油时也始终保持在液压缸的最左端。当活塞处于左右两个极限位置时，相应的限位开关12、13发出松开和夹紧的信号。

自动清除主轴孔内的灰尘和切屑是换刀过程中的一个不容忽视的问题，如果主轴的锥孔中落入了切屑、灰尘或其他污物，在拉紧刀杆时，锥孔内表面和刀杆的锥柄就会被划伤，甚至会使刀杆发生偏斜，破坏了刀杆的正确定位，影响零件的加工精度。为了保持主轴锥孔的清洁，常采用的方法是使用压缩空气吹走切屑。图2-5所示活塞1的心部钻有压缩空气通道，当活塞向右移动时，压缩空气经过活塞由主轴孔内的空气喷嘴喷出，将锥孔清理干净。为了提高吹屑效率，喷气小孔要均匀布置，并有合理的喷射角度。

四、电主轴

数控机床为了实现高速、高效、高精度的加工，要采用特定的主轴功能部件。最适合高速运转的主轴形式是将主轴电机的定子、转子直接装入主轴组件内部，形成电主轴，实现机床主轴部件的机电一体化。图2-11所示为电主轴的组成结构图，电源接口1与主轴电气控制模块相连接，主轴壳体2相当于电动机座，它安装在主轴箱内。主轴5由前轴承6和后轴承7来支承，主轴前后支承之间安装有电动机转子4和定子3。通过冷却装置实现强制循环，控制电主轴的温升。由于电主轴单元是把主电动机置于主轴前后轴承之间，其轴向尺寸较短，结构紧凑，主轴刚度高。

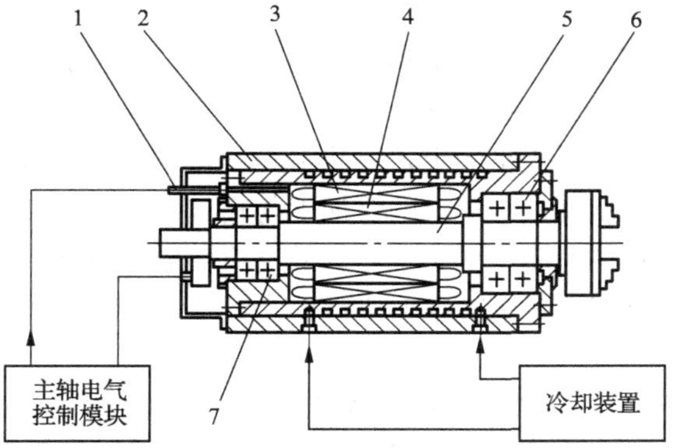

图2-11　电主轴的基本组成

1—电源接口　2—主轴壳体　3—电动机定子　4—电动机转子

5—主轴　6—前轴承　7—后轴承

在性能方面电主轴是一种智能型功能部件，不仅转速高、功率大，还具备控制主轴温升与振动等机床运行参数的功能，保证主轴高速运转的可靠性与安全性。在结构方面电主轴取消了带传动和齿轮传动，大大减少了主传动的转动惯量，提高了主轴动态响应速度和工作精度。由于主传动链的长度缩短为零，因此实现了“零传动”，解决了主轴高速运转时传动带和带轮等传动件的振动和噪声问题。而且主轴支承采用了陶瓷轴承、混合轴承（内外圈为钢、滚动体为陶瓷）以及油气润滑等技术。在控制方面电主轴通过交流变频控制系统，使主轴获得所需的工作速度和扭矩。

图 2-12 所示为混合轴承的油气润滑示意图，油气润滑方式是定时、定量地供给轴承以油—气混合物，在轴承外圈和外圈衬垫上分别设计有给油孔，使轴承各部位获得最佳的微量润滑并把污染减至很小。

图 2-13a 所示为 SIEMENS 公司生产的 D-车削电主轴，设计非常紧凑，其连接尺寸符合标准卡盘与加紧气缸要求，安装位置可以是水平或垂直。功率范围不超过 104kW，额定转矩不超过 820N · m，最高转速可达到 10500r/min，能满足各种数控车床的要求。

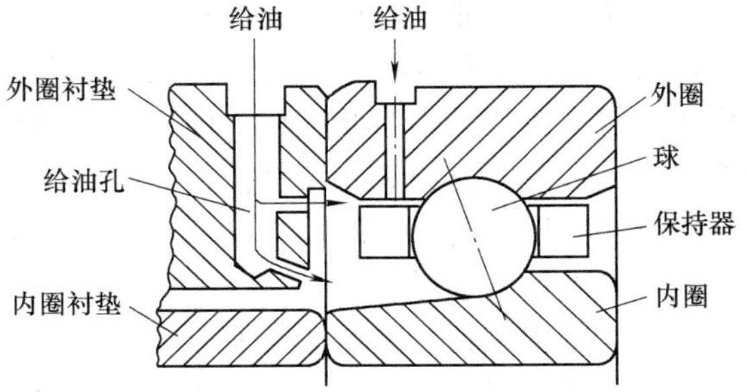

图 2-12　混合轴承的油气润滑示意图

图 2-13b 所示为 SIEMENS 公司生产的 S-磨削电主轴，全套主轴达到高精度动态平衡，振动 $v \leqslant 1mm/s$，轴承润滑采用油/气润滑。主轴功率范围不超过 30kW，额定转矩不超过 24N · m，最高转速可达到 80000 r/min，可理想地用于内圆磨削。

a)　　b)

图 2-13　车削与磨削电主轴

a）D-车削电主轴　b）S-磨削电主轴

图 2-14 所示为 SIEMENS 公司生产的铣削电主轴。图 a 为 2SP120 标准铣削电主轴外观图，专为高转矩设计，为用户配备液压或气动刀具释放机构。其额定功率从 12kW 到 35kW，对应于不同规格额定转矩从 42 N · m 到 110N · m ，最高转速从 15000 ~ 18000r/min，可用于数控铣床和加工中心的粗加工与精加工。图 b 为 F-型铣削电主轴外观图，是专门为铣削应用设计的紧凑型电主轴。其额定功率从 11 ~ 80kW，额定转矩不超过 300N · m，采用同步和异步技术，最高转速为 40000 r/min，能满足高性能铣削电主轴的需求。

a)　　b)

图 2-14　铣削电主轴

a）2sp120 标准铣削电主轴　b）F-型铣削电主轴

电主轴具有结构紧凑、重量轻、惯性小、动态特性好、可实现快速起动和停车、易于实现无级调速和精密控制等优点，并可以改善机床的传动平衡，避免振动和噪声，具有极高的生产率，可显著提高零件的加工精度和表面质量。以往电主轴主要用于轴承行业的高速内圆磨削，随着数控技术和变频技术的发展，电主轴在数控机床中的应用越来越广泛，不仅在高速切削机床上得到广泛应用，也应用于对工件加工有高效率、高表面质量要求的场合以及小孔的加工。

第二节　数控机床进给运动的传动部件

一、对进给运动的要求

数控机床的进给运动是数字控制的直接对象，机床的定位精度和轮廓加工精度都会受到进给运动的传动精度、灵敏度和稳定性的影响。为此，数控机床对进给系统中的传动装置和元件要求具有高的寿命，高的刚度，无传动间隙，高的灵敏度和低摩擦阻力的特点，如导轨必须具有较小的摩擦力，耐磨性要高，所以一般采用滚动导轨、静压导轨和减磨滑动导轨等。当旋转运动被转化为直线运动时，为了提高转换效率，保证运动精度，滚珠丝杠螺母副被广泛使用。为了提高进给运动的位移精度，减少传动误差，首先要保证传动各种机械零部件的加工精度，其次采用合理的预紧来消除轴向传动间隙，所以在进给传动系统中广泛采用各种间隙消除措施，但是采用预紧等各种措施后仍然可能留有微量间隙。此外由于受力的作用后零部件产生弹性变形，也会产生间隙，所以在进给系统反向运动时仍需由数控装置发出脉冲指令进行自动补偿。

二、滚珠丝杠螺母副

（一）滚珠丝杠副的结构

滚珠丝杠螺母副（简称滚珠丝杠副）是回转运动与直线运动相互转换的理想传动装置，它的结构特点是在具有螺旋槽的丝杠螺母间装有滚珠作为中间传动元件，以减少摩擦。图 2-15 所示为滚珠丝杠副的结构图，其工作原理是：在丝杠和螺母上加工有弧形螺旋槽，当把它们套装在一起时形成螺旋通道，并且滚道内填满滚珠，当丝杠相对于螺母做旋转运动时，两者间发生轴向位移，而滚珠则可沿着滚道流动，减少摩擦阻力，滚珠在丝杠上滚过数圈后，通过回程引导装置，逐个滚回到丝杠和螺母之间，构成一个闭合的回路管道。

滚珠丝杠螺母副按滚珠循环方式的不同可以分为内循环式和外循环式两种。如图 2-15a 所示，滚珠在返回过程中与丝杠脱离接触的称为外循环式。外循环式的滚珠丝杠副按滚珠返回的方式不同，有插管式和螺旋槽式，图 2-16a 所示为插管式，其上弯管即为返回滚道，滚珠在丝杠与螺母副之间可以作周而复始的循环运动，在弯管的两端还能起到阻挡滚珠的作用，避免滚珠沿滚道滑出。插管式外循环的特点是结构工艺性好，但由于回珠管突出于螺母体外，径向尺寸较大。图 2-16b 所示为螺旋槽式，即在螺母外圆上铣出螺旋槽，在槽的两端钻出通孔并与螺纹滚道相切，以形成返回通道。与插管式的结构相比，螺旋槽式径向尺寸小，但制造上较为复杂。

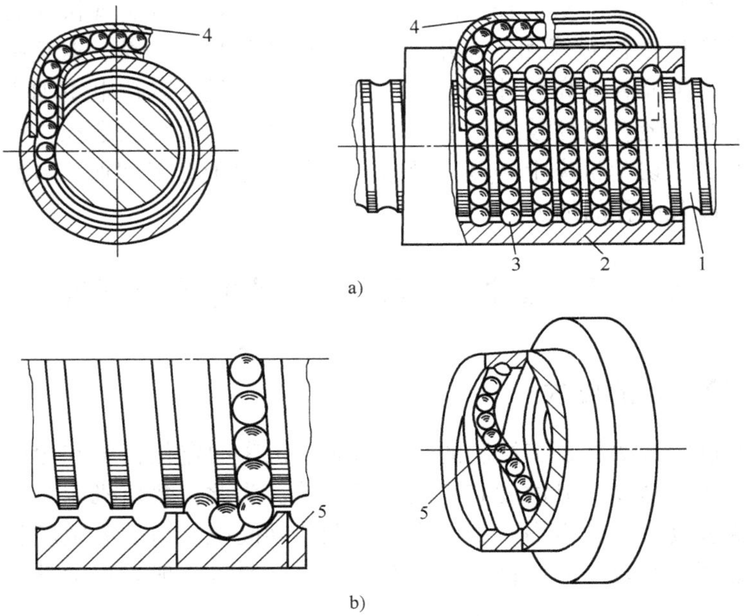

图 2-15　滚珠丝杠的结构

1—丝杠　2—螺母　3—滚珠　4—回珠管　5—反向器

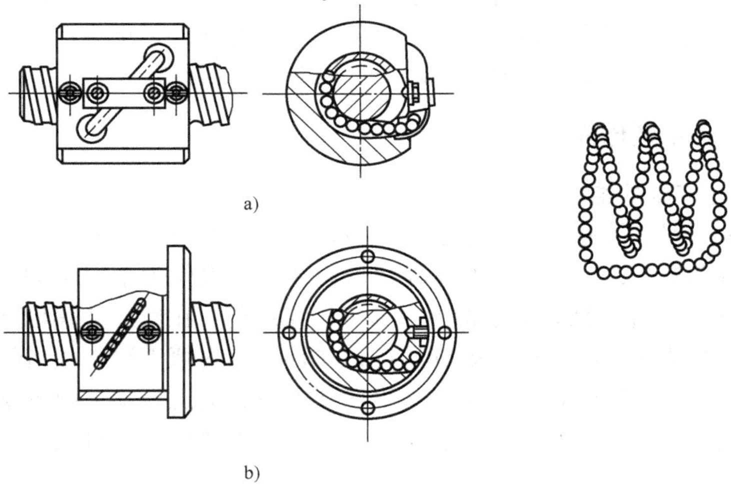

图 2-16　外循环式滚珠丝杠

a）插管式　b）螺旋槽式

如图 2-15b 所示，滚珠在循环滚动过程中与丝杠始终接触的称为内循环式。内循环式的滚珠丝杠带有反向器 5，返回的滚珠从螺纹滚道进入反向器，借助反向器迫使滚珠越过丝杠牙顶进入相邻滚道，实现循环。在此过程中，滚珠在反向器和丝杠外圆之间滚动，不会沿滚道滑出。一般一个螺母上装有 2 ~ 4 个反向器，反向器沿螺母圆周等分均布。内循环式的优点是径向尺寸紧凑，刚性好。因其返回滚道行程较短，所以摩擦损失小，效率高。

（二）滚珠丝杠副的特点

在传动时，滚珠与丝杠、螺母之间基本上是滚动摩擦，所以具有很多优点；

（1）传动效率高　滚珠丝杠副的传动效率很高，可达92%～98%，是普通丝杠传动的2～4倍。

（2）定位精度和重复定位精度高　滚珠丝杠副的驱动力矩减少至滑动丝杠的1/3左右，发热率大幅降低，温升减小，并且安装滚珠丝杠副时采取预紧方法消除轴向间隙等措施，使丝杠副具有高的定位精度和重复定位精度。

（3）使用寿命长　滚珠丝杠副采用优质合金钢制成，其滚道表面经淬火热处理后硬度高达HRC 60～62，因此实际寿命远高于滑动丝杠。这样可以平衡滚珠丝杠制造成本高于滑动丝杠的不足点。

（4）刚度高　滚珠丝杠副经预紧后可以消除轴向间隙，提高系统的刚度。

（5）传动的可逆性　滚珠丝杠副消除了在传动过程中可能出现的爬行现象，滚珠丝杠副能够实现将旋转运动转化为直线运动或将直线运动转化为旋转运动并传递动力两种传动方式。

因为滚珠丝杠副具有这些优点，所以在各类中、小型数控机床的直线进给系统普遍采用滚珠丝杠，但是滚珠丝杠副由于其摩擦系数小、不能自锁，所以当作用于垂直位置时，为防止因突然停电而造成主轴箱自动下滑，必须加有制动装置。

（三）滚珠丝杠副间隙的调整

滚珠丝杠副的传动间隙是轴向间隙。轴向间隙通常是指丝杠和螺母无相对转动时，丝杠和螺母之间的最大轴向窜动量，除了结构本身所有的游隙之外，还包括施加轴向载荷后产生弹性变形所造成的轴向窜动量。为了保证滚珠丝杠反向传动精度和轴向刚度，必须消除轴向间隙，预加载荷能够有效地减少弹性变形所带来的轴向位移。用预紧方法消除轴向间隙时应注意，预紧力不宜过大，过大的预紧载荷将增加摩擦力，使传动效率降低，缩短丝杠的使用寿命。所以，一般需要经过多次调整，才能保证机床在最大轴向载荷下既有效消除间隙又能灵活运转。

消除轴向间隙的方法除了少数用微量过盈滚珠的单螺母方法消除间隙外，常用的方法是用双螺母消除丝杠螺母的间隙。

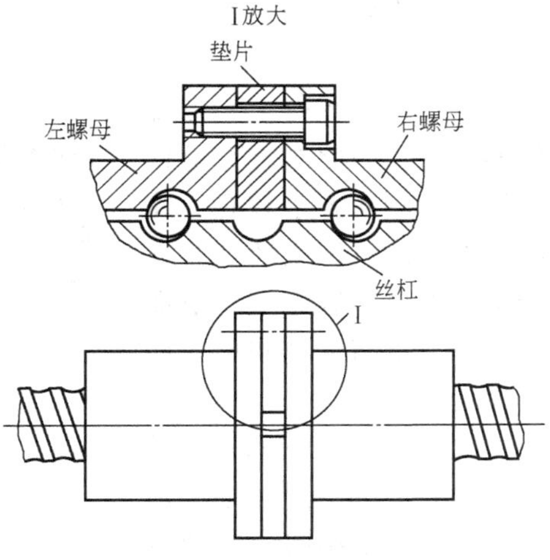

图2-17　双螺母垫片调隙式结构

图2-17所示为双螺母垫片调隙式结构，通过调整垫片的厚度使左右螺母产生轴向位移，就可达到消除间隙和产生预紧力的作用。采用这种方法结构简单、刚性好、装卸方便、可靠。缺点是调整精度不高，且滚道磨损时，不能随时消除间隙和进行预紧。该调整结构仅适用于一般精度的数控机床。

图2-18所示为双螺母齿差调隙式结构，在两个螺母2和5的凸缘上各制有一

个圆柱齿轮，两个齿轮的齿数只相差一个齿，即 $z_2 - z_1 = 1$。两个内齿圈 1 和 4 的齿数与其啮合的外齿轮齿数相同，并用螺钉和销钉固定在螺母座 3 的两端。调整时先将内齿圈取下，根据间隙的大小调整两个螺母 2、5 分别向相同的方向转过一个或多个齿，使两个螺母在轴向移近了相应的距离达到调整间隙和预紧的目的。

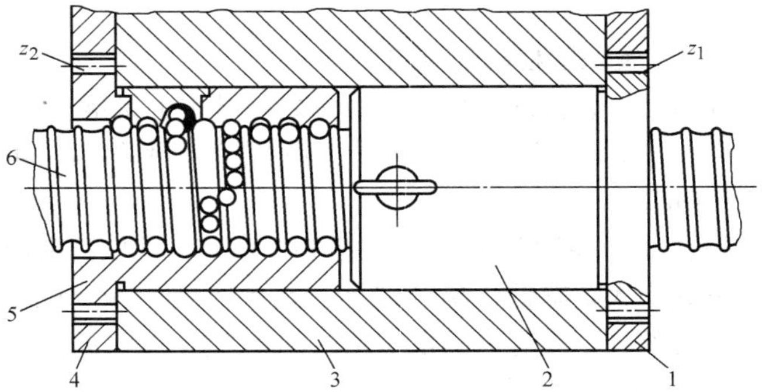

图 2-18　双螺母齿差调隙式结构

1、4—内齿圈　2、5—螺母　3—螺母座　6—丝杠

齿差调隙式的结构较为复杂，尺寸较大，但是调整方便，可获得精确的调整量，预紧可靠不会松动，适用于较高精度传动。间隙消除量 Δ 可用下式简便地计算出：

$$\Delta = \frac{nt}{z_1 z_2} \text{ 或 } n = \Delta \frac{z_1 z_2}{t}$$

式中　n——螺母在同一方向转过的齿数；

t——滚珠丝杠的导程；

z_1、z_2——齿轮的齿数。

例如，当 $z_1 = 99$、$z_2 = 100$、$t = 10$mm 时，如果两个螺母向相同方向各转过一个齿时，其相对轴向位移量为 $s = t/(z_1 z_2) = 10\text{mm}/(100 \times 99) = 0.001\text{mm}$，若间隙量为 0.005mm，则相应的两螺母沿相同方向转过 5 个齿即可消除。$n = \Delta(z_1 z_2)/t = \Delta/s = 0.005/0.001 = 5$。

图 2-19 所示为双螺母螺纹调隙式结构，螺母 5 和 7 与螺母座 6 之间用平键连接，以限制螺母在螺母座内的转动。调整时，拧紧圆螺母 1 使螺母 5 沿轴向移动一定距离，在消除间隙之后用圆螺母 2 将其锁紧。这种调整方法的结构简单紧凑，调整方便但调整精度较差。

（四）滚珠丝杠的安装

滚珠丝杠所承受的主要是轴向载荷，它的径向载荷主要是卧式丝杠的自重。因此对滚珠丝杠的轴向精度和刚度要求较高。此外，滚珠丝杠的正确安装及其支承的结构刚度也不容忽视。滚珠丝杠的两端支承布置结构形式如图 2-20 所示。

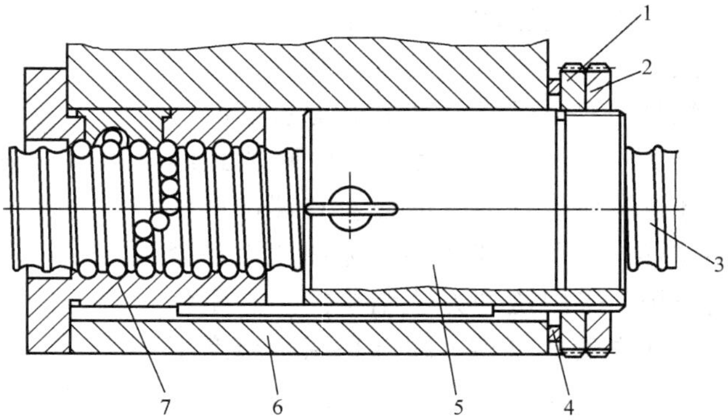

图 2-19　双螺母螺纹调隙式结构

1、2—圆螺母　3—丝杠　4—垫片　5、7—螺母　6—螺母座

1）图 2-20a 是一端固定一端自由的支承形式，固定端安装一对推力轴承，其特点是结构简单，承载能力小，轴向刚度和临界转速都较低，故在设计时应尽量使丝杠受拉伸。该支承形式适用短丝

杠,例如用于数控机床的调节环节或升降台式铣床的垂直坐标进给传动机构。

2）图 2-20b 是一端固定一端浮动的支承形式，固定端安装一对推力轴承，另一端装向心球轴承。丝杠轴向刚度与上述形式相同，而临界转速比图 2-20a 形式同长度的丝杠高。当丝杠受热后膨胀伸长时，一端固定，另一端能做微量的轴向浮动，减少丝杠热变形的影响。这种形式的配置结构适用于较长丝杠或卧式丝杠。

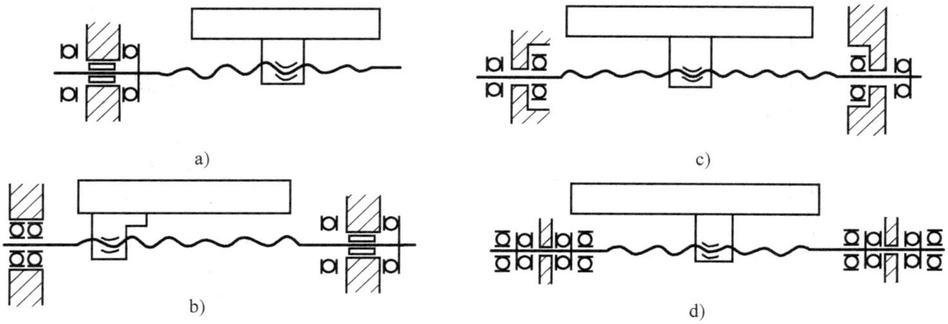

图 2-20　滚珠丝杠两端支承形式

3）图 2-20c 和图 2-20d 是两端固定的支承形式。图 2-20c 止推轴承装在丝杠的两端，并施加预紧力，可以提高轴向刚度。该支承形式的结构及装配工艺性都较复杂，对丝杠热变形较为敏感，适用于长丝杠。

4）图 2-20d 两端均采用推力轴承和向心球轴承的双重支承并施加预紧力，使丝杠有较大的刚度，并且可以使丝杠的温度变形转化为推力轴承的预紧力。

滚珠丝杠副安装时要加防护装置，其结构见图 2-60。

三、传动齿轮间隙消除机构

数控机床进给系统中的减速齿轮除了本身要求很高的运动精度和工作平稳性以外，还需尽可能消除传动齿轮副间的传动间隙，否则，齿侧间隙会造成进给系统每次反向运动滞后于指令信号，丢失指定脉冲并产生反向死区，对加工精度影响很大。因此，必须采用各种方法去减少或消除齿轮传动间隙。

（一）直齿圆柱齿轮传动间隙的调整

1. 偏心套调整

采用偏心套来调整和消除齿侧间隙是最简单的方法，如图 2-21 所示，电动机 2 通过偏心套 1 装到壳体上，通过转动偏心套就能够使电动机的中心轴线的位置上移，而从动齿轮轴线位置不变，所以相互啮合的两个齿轮的中心距减小，从而方便地消除齿侧间隙。

2. 轴向垫片调整

图 2-22 所示是用轴向垫片来消除间隙的结构。在加工相互啮合的两个齿轮 1、2 时，将分度圆柱面制成带有小锥度的圆锥面，使齿轮齿厚在轴向稍有变化，装配时，两齿轮按齿厚相反变化走向啮合。调整时，只需改变垫片 3 的厚度，使齿轮 2 做轴向移动，使两齿轮沿轴向产生相对位移，即可达到消除齿侧间隙的目的。

上述两种方法的特点是结构比较简单，传动刚度好，能传递较大的动力，但齿轮磨损后齿侧间隙不能自动补偿。因此加工时对齿轮的齿厚及齿距公差要求较严，否则传动的灵活性将受到影响。

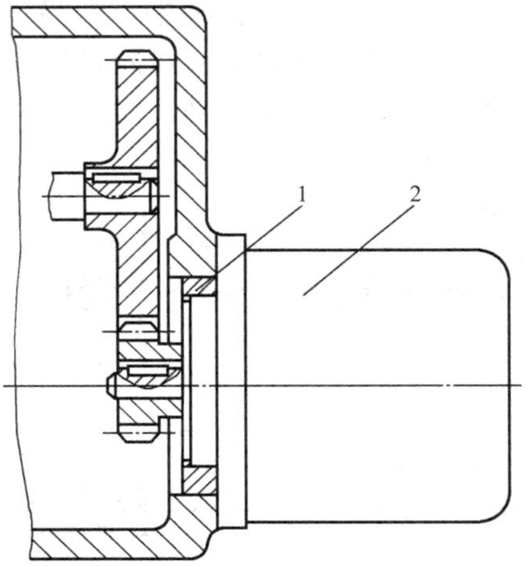

图 2-21 偏心套消除齿侧间隙

1—偏心套 2—电动机

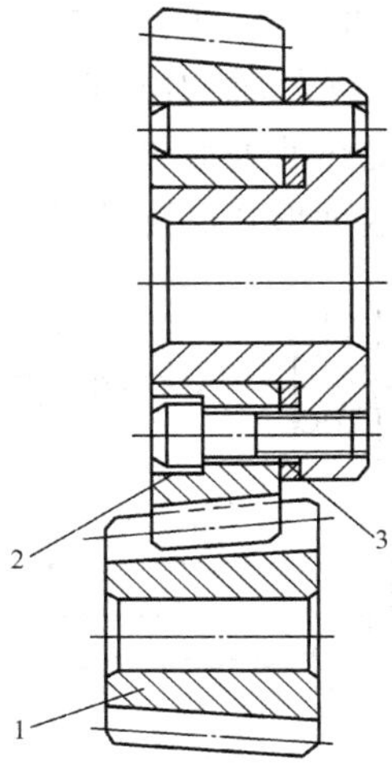

图 2-22 轴向垫片调整

1、2—齿轮 3—垫片

3. 双齿轮错齿调整

如图 2-23 所示，两个齿数相同的薄片齿轮 1、2 与另外一个宽齿轮啮合。薄片齿轮 1、2 套装在一起，并可作相对回转运动。每个薄片齿轮上分别开有周向圆弧槽，并在齿轮 1、2 的槽内压有装弹簧的短圆柱销 3，由于弹簧 4 的作用使齿轮 1、2 错位，分别与宽齿轮的齿槽左右侧贴紧，消除了齿侧间隙。无论齿轮正向或反向旋转，因为分别只有一个齿轮承受扭矩，因此承载能力受到限制，设计时须计算弹簧 4 的拉力，使它能克服最大扭矩。

这种调整法结构较复杂，传动刚度低，不宜传递大扭矩，对齿轮的齿厚和齿距要求较低，可始终保持齿侧无间隙啮合，尤其适用于检测装置。

（二）斜齿圆柱齿轮传动间隙的消除

1. 垫片调整

如图 2-24 所示，宽齿轮 4 同时与两个相同齿数的薄片齿轮 1 和 2 啮合，两个薄片齿轮经平键与轴连接，相互间无相对回转。斜齿轮 1 和 2 之间加厚度为 t 的垫片 3。拧紧螺母 5，使两齿轮 1 和 2 的螺旋线产生错位，其后两齿面分别与宽齿轮 4 的齿面贴紧消除齿侧间隙，垫片 3 厚度的增减量和齿侧间隙 Δ 的关系可由下式算出：

$$t' = \Delta\cot\beta$$

式中 β——斜齿轮的螺旋角；

Δ——齿侧间隙；

t'—— 垫片厚度的增减量。

该调整方法结构紧凑，可以通过计算确定垫片的修磨量，但是齿轮磨损后不能自动补偿齿侧间隙。

2. 轴向压簧调整

如图 2-25 所示，斜齿轮 1 和 2 用键与轴连接，相互间无相对转动。斜齿轮 1 和 2 同时与宽齿轮 5 啮合，转动螺母 3 调节弹簧 4，使齿轮 1 和 2 的齿侧分别贴紧宽齿轮 5 的齿槽左右两侧，消除了间隙。弹簧压力的调整大小应适当，压力过小则起不到消隙的作用，压力过大会使齿轮磨损加快，缩短使用寿命。齿轮内孔应有较长的导向长度，因而轴向尺寸较大，结构不紧凑，优点是可以自动补偿间隙。

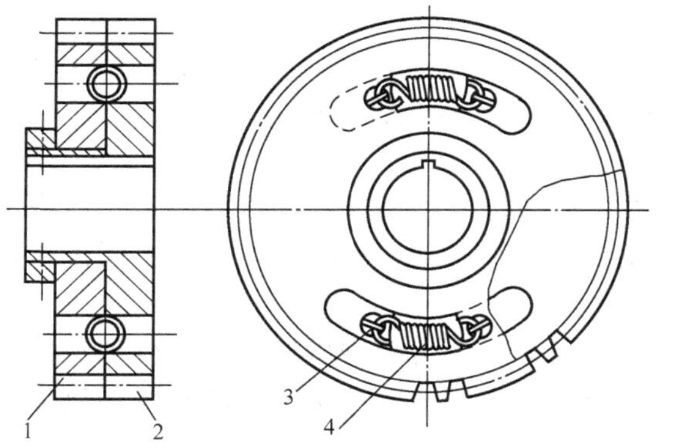

图 2-23　双齿轮错齿调整

1、2—薄齿轮　3—短圆柱销　4— 弹簧

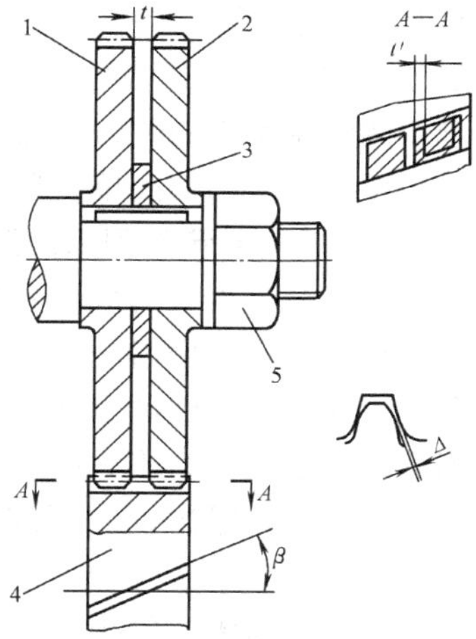

图 2-24　垫片调整消除斜齿轮间隙

1、2—薄片齿轮　3—垫片　4—宽齿轮　5—螺母

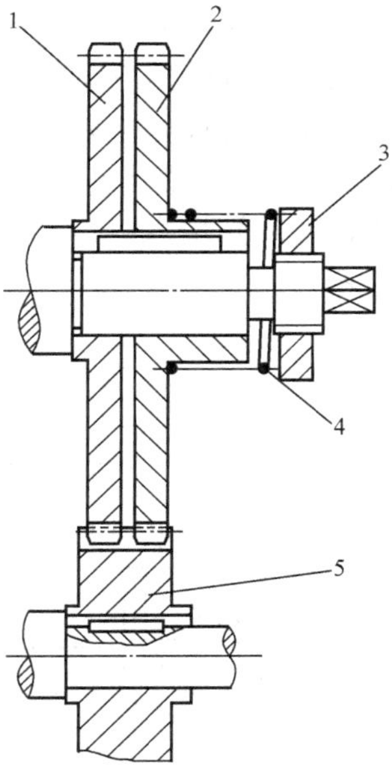

图 2-25　轴向压簧调整

1、2—薄片齿轮　3—螺母

4—弹簧　5—宽齿轮

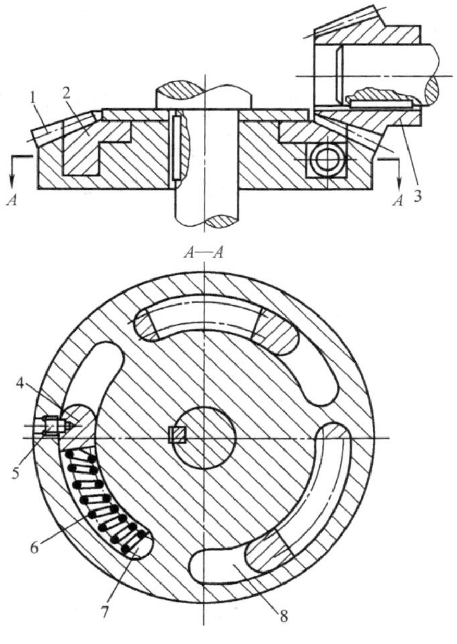

图 2-26　周向压簧调整

1—外齿圈　2—内齿圈　3—小锥齿轮　4—凸爪

5—螺钉　6—弹簧　7—镶块　8—圆弧槽

（三）锥齿轮传动间隙的消除

1. 周向压簧调整

如图 2-26 所示，将大锥齿轮加工成外齿圈 1 和内齿圈 2 两部分，外齿圈上开有三个圆弧槽 8，内齿圈 2 的下端面带有三个凸爪 4，套装在圆弧槽内。弹簧 6 的两端分别顶在凸爪 4 和镶块 7 上，使内外齿圈 1、2 的锥齿错位与小锥齿轮 3 啮合达到消除间隙的作用。

螺钉 5 将内外齿圈相对固定是为了安装方便，安装完毕后即刻卸去。

该调整方法结构较为复杂，但齿轮磨损后齿侧间隙能自动补偿。

2. 轴向压簧调整

如图 2-27 所示，锥齿轮 1、2 相互啮合。在安装锥齿轮 1 的传动轴 5 上装有压簧 3，用螺母 4 调整压簧 3 的弹力。锥齿轮 1 在弹力作用下沿轴向移动，可消除锥齿轮 1 和 2 的间隙。该调整方法结构简单，且齿轮磨损后可以自动补偿齿侧间隙。

（四）齿轮齿条传动间隙的消除

对于工作行程很大的大型数控机床，如大型数控龙门铣床，进给运动不宜采用滚珠丝杠副传动，一般采用齿轮齿条传动来实现直线进给运动。齿轮齿条传动也同齿轮传动一样存在齿侧间隙，因此也存在消除间隙问题。

当载荷较小进给力不大时，齿轮齿条可采用双片薄齿轮错齿调整法，分别与齿条的齿槽左、右两侧贴紧来消除间隙。但是，双片薄齿轮错齿调整法不能满足大型机床重负载的工作要求。

当载荷较大所需进给力较大时，采用预加负载的双齿轮齿条传动机构能够较好的解决消除间隙的问题。其原理如图 2-28 所示。进给运动由轴 2 输入，通过两对旋向相反的斜齿轮减速，将运动传给轴 1 和轴 3，然后由两个直齿轮 4 和 5 传动齿条，带动工作台移动。在轴 2 的下端部安装有加载弹簧（图中未示出），其作用于轴 2 上一个轴向力 F，使轴上的两个斜齿轮产生微量的移动。由于轴 2 上两个斜齿轮的螺旋线的方向相反，与之啮合的斜齿轮带动轴 1 和轴 3 以相反的方向转过一个微小的角度，使齿轮 4 和 5 分别与齿条的两齿面贴紧，消除了间隙。当预紧力 F 加大时，轴 2 向上移动，使齿轮齿条齿面的间隙减小；反之，预紧力减小时轴 2 向下移动，齿轮齿条齿面的间隙增大。

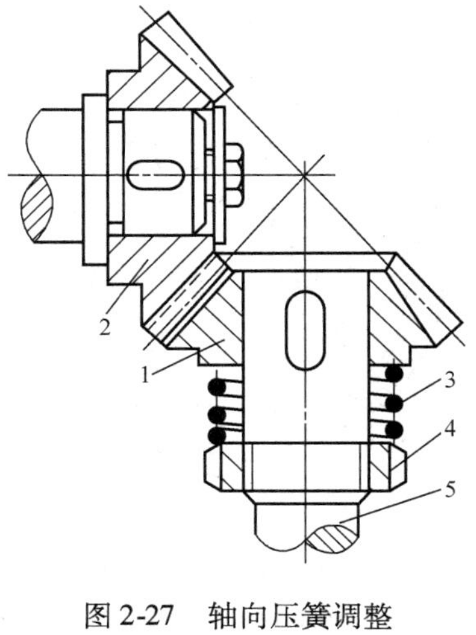

图 2-27　轴向压簧调整

1、2—锥齿轮　3—弹簧　4—螺母　5—传动轴

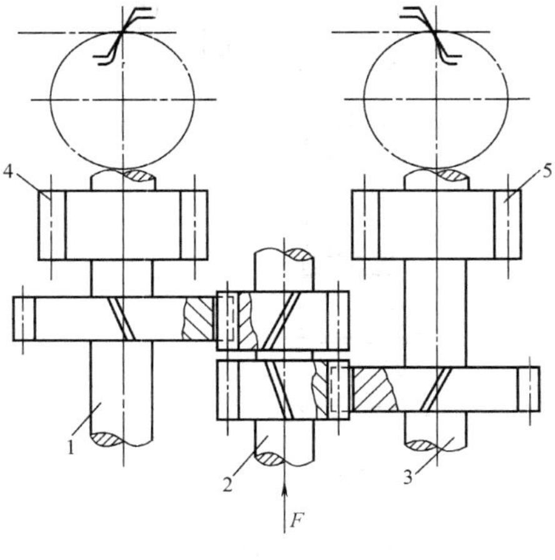

图 2-28　双齿轮消除间隙原理

1、2、3—轴　4、5—齿轮

四、数控机床的回转工作台

为了提高数控机床的生产效率，扩大其工艺范围，对于数控机床的进给运动除了沿坐标轴 X、Y、Z 三个方向的直线进给运动之外，还需要工作台在圆周方向有进给运动和分度运动。这些运动通常由回转工作台实现。对于自动换刀的多工序数控机床来说，回

转工作台已成为一个不可缺少的部件，它给箱体零件的加工带来了便利。数控机床常用的回转工作台有分度工作台和数控回转工作台。

（一）分度工作台

分度工作台的功能是按照数控系统的指令，在需要分度时将工作台及其工件回转一定的角度。其作用是在加工中自动完成工件的转位换面，实现工件一次安装完成多个面的加工。通常分度工作台的分度运动只限于某些规定的角度，不能实现0°～360°范围内任意角度的分度。按照所采用的定位元件不同，有定位销式分度工作台和鼠牙盘式分度工作台两种结构类型。定位销式分度工作台的定位分度主要靠工作台的定位销和定位孔实现，分度的角度取决于定位孔在圆周上分布的数量，由于其分度角度的限制及定位精度低等原因，很少用于加工中心上。而鼠牙盘式分度工作台是利用一对上下啮合的齿盘，通过上下齿盘的相对旋转来实现工作台的分度，分度的角度依据齿盘的齿数而定。目前，该工作台广泛应用于各类加工中心上。

如图2-29所示，鼠牙盘式分度工作台主要由工作台面底座、夹紧液压缸、分度液压缸和鼠牙盘等零部件组成，其中鼠牙盘是保证分度精度的关键部件，在每个齿盘的端面有数目相同的三角形齿。当两个齿盘啮合时，能自动确定周向和径向的相对位置。

机床需要进行分度工作时，数控装置就发出指令，电磁铁控制液压阀（图中未示出），使压力油经孔23进入到工作台7中央的夹紧液压缸下腔10推动活塞6向上移动，经推力轴承5和13将工作台7抬起，上下两个鼠齿盘4和3脱离啮合，与此同时，在工作台向上移动过程中带动内齿轮12向上套入齿轮11，完成分度前的准备工作。

当工作台7上升时，推杆2在弹簧力的作用下向上移动使推杆1能在弹簧作用下向右移动，离开微动开关S_2，使S_2复位。控制电磁阀（图中未示出）使压力油经油孔21进入分度油缸左腔19，推动齿条活塞8向右移动，带动与齿条相啮合的齿轮11作逆时针方向转动。由于齿轮11已经与内齿轮12相啮合，工作台也将随着转过相应的角度。回转角度的近似值将由微动开关和挡块17控制，开始回转时，挡块14离开推杆15使微动开关S_1复位，通过电路互锁，始终保持工作台处于上升位置。

当工作台转到预定位置附近，挡块17通过推杆16使微动开关S_3工作，控制电磁阀开启使压力油经油孔22进入到压紧液压缸上腔9，活塞6带动工作台7下降，上鼠齿盘4与下鼠齿盘3在新的位置重新啮合，并定位压紧。夹紧液压缸下腔10的回油经节流阀可限制工作台的下降速度，使上下鼠齿盘平稳啮合，保护齿面不受冲击。

当分度工作台下降时，通过推杆2及1的作用压下微动开关S_2，分度液压缸右腔18通过油孔20进压力油，活塞齿条8退回，带动齿轮11顺时针方向转动时挡块17及14回到原处为下一次分度工作做好准备。此时内齿轮12已同齿轮11脱开，工作台保持静止状态。

鼠齿盘式分度工作台的优点是：定位刚度好，承受外载荷能力强，重复定位精度高，分度精度可达±（0.5～3）″，结构简单。不足之处是：鼠齿盘对制造精度要求很高，且不能任意角度分度，它只能分度能除尽鼠齿盘齿数的角度。这种工作台可与数控机床做成一体，也可作为附件使用，广泛应用于各种加工和测量装置中。

（二）数控回转工作台

数控回转工作台主要用于数控镗床和数控铣床。从外形上看它与分度工作台没有多大差别，但在内部结构和功用上则有较大的不同。

图2-30所示的数控回转工作台由传动系统、间隙消除装置及蜗轮夹紧装置等组成。

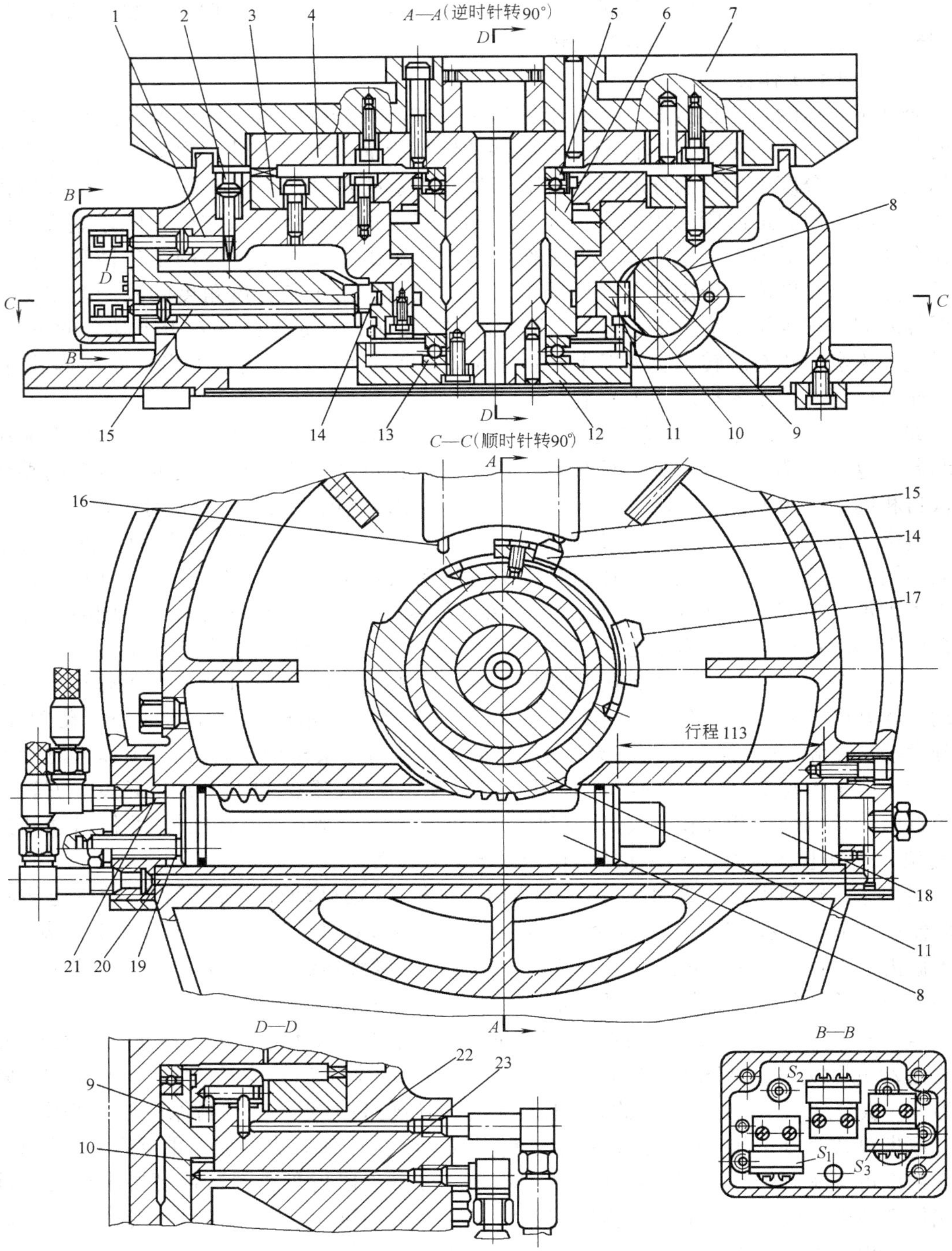

图 2-29 鼠齿盘式分度工作台

1、2、15、16—推杆 3—下鼠牙盘 4—上鼠牙盘 5、13—推力轴承 6—活塞 7—工作台 8—齿条活塞 9—压紧液压缸上腔 10—压紧液压缸下腔 11—齿轮 12—内齿轮 14、17—挡块 18—分度液压缸右腔 19—分度液压缸左腔 20、21、22、23—油孔

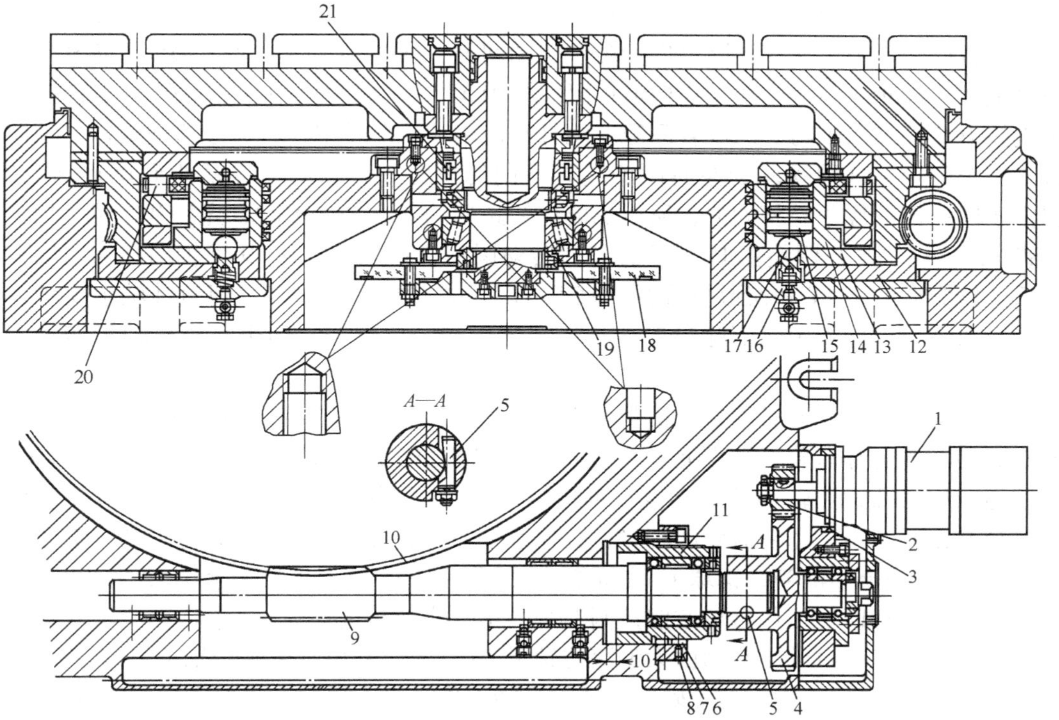

a)

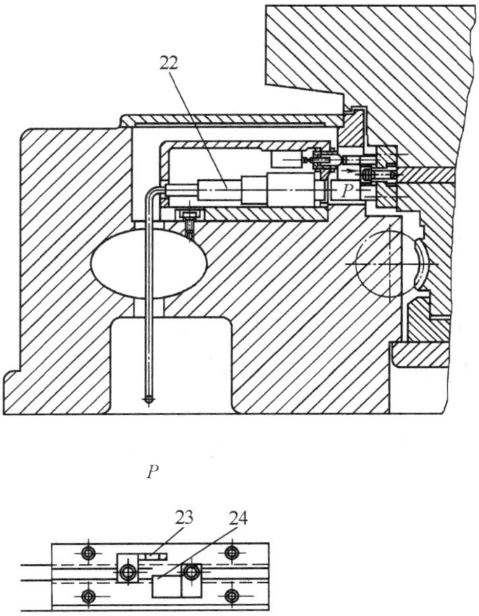

b)

图 2-30　数控回转工作台

1—电动机　2、4—齿轮　3—偏心环　5—圆柱销　6—压块　7—螺母　8—锁紧螺钉　9—蜗杆　10—蜗轮　11—调整套　12、13—夹紧块　14—夹紧液压缸　15—活塞　16—弹簧　17—钢球　18—光栅　19、20、21—轴承　22—无触点开关　23—撞块　24—感应块数控回转工作台是由电液步进电动机 1 驱动，经齿轮 2 和 4 带动蜗杆 9，通过蜗轮 10 使工作台回转。为了尽量消除反向间隙和传动间隙，通过调整偏心环 3 来消除齿轮 2 和 4 啮合侧隙。齿轮 4 与蜗杆 9 是靠楔形拉紧圆柱销 5（*A*—*A* 剖面，见图 2-30a）来连接，这种连接方式能消除轴与套的配合间隙。蜗杆 9 采用螺距渐厚蜗杆，通过移动蜗杆的轴向位置来调节间隙。这种蜗杆的左右两侧具有不同的螺距因此蜗杆齿厚从头到尾逐渐增厚，但由于同一侧的螺距是相同的，所以仍能保持正确的啮合。调整时，先松开螺母 7 的锁紧螺钉 8，使压块 6 与调整套 11 松开，然后转动调整套 11 带动蜗杆 9 做轴向移动。调整间隙后，锁紧调整套 11 和楔形拉紧圆柱销 5。蜗杆的左右两端都有双列滚针轴承支承，左端为自由端可以伸缩用以消除温度变化带来的影响，右端装有两个止推球轴承能轴向定位。

当静止时，工作台必须处于锁紧状态，为此，在蜗轮底部装有 8 对夹紧块 12 及 13，并在底座上均匀分布着 8 个小夹紧液压缸 14，当数控系统发出指令，给夹紧液压缸 14 的上腔通入压力油，活塞 15 向下运动，通过钢球 17 撑开夹紧块 12 及 13，将蜗轮 10 夹紧，工作台被锁紧。当工作台需要回转时，数控系统发出指令，活塞 15 向上运动，夹紧液压缸 14 上腔的油流回油箱，钢球 17 在弹簧 16 的作用下向上抬起，夹紧块 12 和 13 松开蜗轮，这时蜗轮和回转工作台可按照控制系统的指令作回转运动。

数控回转工作台的导轨面由大型滚柱轴承 20 支承，并由圆锥滚子轴承 19 及双列圆柱滚子轴承 21 保持回转中心的准确度。数控回转工作台设有零点，当它做返回零点运动时，首先由安装在蜗轮上的撞块 23（见图 2-30b）碰撞限位开关，使工作台减速，再通过感应块 24 和无触点开关 22，使工作台准确地停在零点位置上。

数控回转工作台可由光栅 18 进行读数控制，作任意角度的回转和分度。光栅在圆周上有 21600 条刻线，通过 6 倍频电路，使刻度分辨能力为 10″，因此工作台的分度精度可以达到 ±10″。

第三节　数控机床的支承部件

早期的经济型数控机床，除进给系统是通过数控伺服系统控制外，在外形和机械结构的总体布局上都与普通机床基本相同。随着数控技术的发展，数控机床的机械结构逐渐脱离普通机床的机械结构演化而形成自身独特的机械结构，这方面不仅表现在主传动系统与进给传动系统的功能部件上，在支承部件的组成上也有着充分的体现，这里以数控机床的床身结构和导轨结构为代表加以说明。

一、床身

（一）床身的结构布局

床身是机床的主体，是整个机床的基础支承件，一般用来放置导轨、主轴箱等重要部件，床身的结构对机床的布局有很大的影响。为了满足数控机床高速度、高精度、高生产率、高可靠性和高自动化程度的要求，数控机床必须比普通机床具备更高的静、动刚度，更好的抗振性。根据数控机床的类型不同，床身的结构形式也多种多样。

1. 数控车床床身

数控车床的床身根据机床总体布局的不同类型，可分为平床身、斜床身、前斜床身和直立床身等4种形式，见图3-4。数控车床床身结构的特点及制造工艺性在第三章第一节关于“床身导轨的布局”中有较为详细的论述。

2. 加工中心床身

数控镗铣床、加工中心等的床身结构与数控车床有所不同，如加工中心的床身有固定立柱式和移动立柱式两种，前者适用于中小型立式和卧式加工中心，而后者又可分为整体T形床身和前后床身分开组装的T形床身。所谓T形床身是由横置的前床身（又称横床身）和与它垂直的后床身（又称纵床身）组成。整体式床身的刚性和精度保持性都比较好，但铸造和加工不方便，尤其是大型机床的整体床身，制造时需要大型的专用设备。而分离式T形床身的铸造和加工的工艺性都得到大大改善，在组装时前后床身的连接处要刮研，用专用定位销和定位键定位，然后沿截面四周用大螺栓固定。这种分离式T形床身，在刚度和精度保持性方面，基本能够满足使用要求，适用于大中型卧式加工中心。

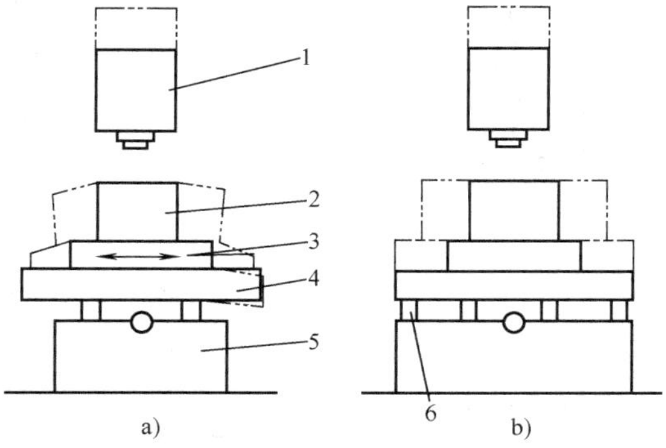

图2-31　立式加工中心床身导轨结构

a）有翘曲现象　b）增加辅助导轨

1—主轴箱　2—工件　3—工作台　4—溜板

5—床身　6—辅助导轨

图2-31所示为立式加工中心床身导轨结构。由于床身5上两导轨的跨距比较窄，工作台3在横溜板4上移动到达行程的两端时，容易出现翘曲，这将直接影响加工精度。为了避免工作台翘曲，有些立式加工中心增设了如图2-31b所示的辅助导轨6。

（二）数控机床床身的结构形式与材料

1. 封闭式箱形结构

数控机床的床身通常为箱形结构的铸件，为满足数控机床床身对刚度和抗振性的要求，设计床身结构时根据床身所受载荷性质的不同，合理确定截面形状及尺寸，采用合理布置的肋板结构可以在较小质量下获得较高的刚度。

床身肋板一般根据床身结构和载荷分布情况进行布置，图2-32所示为几种常见截面肋板布置。V形肋板有利于加强导轨支承部分的刚度，斜方肋和对角肋结构可明显增强床身的扭转刚度，并且便于设计成全封闭的箱形结构。此外，还有纵向肋板和横向肋板，分别对提高抗弯刚度和抗扭刚度有明显效果；米字形肋板和井字形肋板的抗弯刚度也较高。

通过床身的封砂结构也可以提高床身刚度。床身封砂结构是利用肋板隔成的封闭箱体结构，将砂芯留在铸件中不清除，利用砂粒良好的吸振性能，提高结构件的阻尼比，起到明显的消振作用，提高了床身的刚度。同时，封砂结构降低了床身的重心，增强了床身结构的稳定性，提高了床身的抗弯和抗扭刚度。

2. 钢板焊接结构

焊接结构的床身突出的优点是制造周期短，省去了制造木模和铸造工序，不易出废

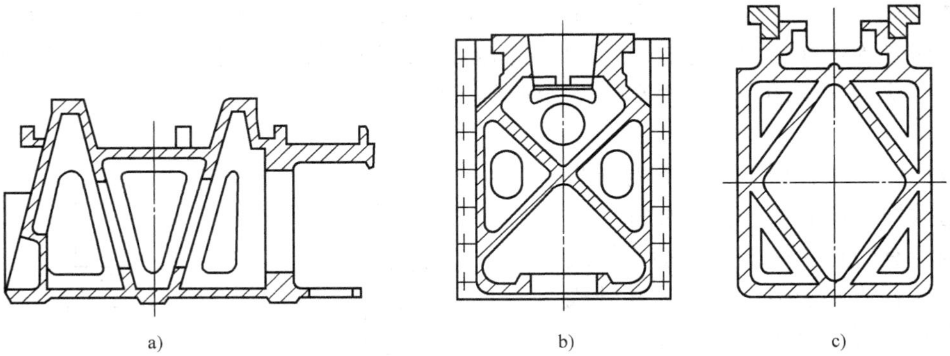

图 2-32　床身截面肋板的布置

a）V 形肋　b）对角肋　c）斜方肋

品，在结构设计上自由度大，便于产品更新、扩大规格和改进结构。焊接件能达到与铸件相同，甚至更好的结构特性。采用钢板焊接结构能够按刚度要求布置肋板的形式，充分发挥壁板和肋板的支撑和抗变形作用。另外，钢板的弹性模量 E 为 2×10^5MPa，而铸铁的弹性模量 E 仅为 1.2×10^5MPa，两者几乎相差一倍，在形状和轮廓尺寸相同的情况下，如要求焊接件与铸件的刚度相同，则焊接件的壁厚只需铸件的一半。此外，无论是刚度相同以减小重量，还是重量相同以提高刚度，都可以提高焊接床身的谐振频率，使共振不易发生。用钢板焊接还可以将床身做成全封闭的箱形结构，从而有利于提高构件的刚度。

3. 采用新材料制造基础支承件

树脂混凝土是一种新兴结构材料，是由天然矿石和环氧树脂为主的混合物，相对于传统的铸铁来说具有很大的优势。在欧美等国家机床制造业中，新型材料树脂混凝土得到了很大的发展，特别是在高精度机床的床身应用方面，树脂混凝土正逐渐替代传统的铸铁。目前，国际上越来越多的机床制造商开始设计使用树脂混凝土制造床身、立柱等机床的基础支承件，但对于中国市场来说，这个领域还是空白。与传统铸铁相比，树脂混凝土具有以下 4 方面优势：

（1）低能耗　相对于铸铁来说，树脂混凝土能耗少，在制作过程中节省大约 30% 的能量消耗。且树脂混凝土垃圾和旧的床身可以作为建筑原料。

（2）吸振性好　如今，精密数控机床越来越受重视，在高速切削时，工件和机器部件移动得越来越快。提高转速、进给速度和增加零部件重量将会产生振动，从而降低精度。树脂混凝土能消除振动，提高机床的精度。

（3）高度整合性　和铸铁件在 900℃ 浇铸的温度相比较，树脂混凝土在 45℃ 浇铸具有能耗低和环保的优势。传统的工艺方法是在床身浇铸完成以后再安装上其他的零部件，而采用树脂混凝土可直接在铸件中铸入零部件，如管道、电缆、传感器和用于存放液体的内腔等。

（4）高精度　传统的铸件在脱模以后的精度较低，一般制造床身的方式是经过刨或铣、磨加工以后再安装线性导轨。而树脂混凝土铸件脱模后能达到较高的精度。且通过再次浇铸还可以达到更高的精度水平。

对于数控机床上大尺寸支承件，还可以使用人造花岗石，或在钢板焊接的框架内填充混凝土，既可以节省金属材料，又可以增加抗振性和热稳定性。

二、导轨

导轨是机床的基本结构要素之一，机床的加工精度和使用寿命很大程度上决定于机床导轨的质量，而加工精度较高的数控机床对于导轨有着更高的要求，如导向精度高、灵敏度高，高速进给时不振动，低速进给时不爬行，耐磨性好，能在高速重载条件下长期连续工作，精度保持性好。

普通的滑动导轨，因其静摩擦力较大，如果起动力不足以克服静摩擦力，这时被传动的工作台就不能立即运动，作用力使电动机、齿轮、丝杠及螺母等传动元件产生弹性变形，储存大量能量。当作用力增大到超过静摩擦力时，工作台突然向前运动，静摩擦变为动摩擦，摩擦力数值急剧减小，工作台产生很大的加速度向前窜动，由于惯性会使工作台冲过预定位置。为了提高数控机床的定位精度和运动平稳性，目前普遍使用摩擦系数较小的滚动导轨、静压导轨和塑料导轨等。塑料导轨因其良好的动、静摩擦特性和耐磨性大有取代滚动导轨的趋势。

（一）滚动导轨

滚动导轨是在导轨工作面之间放入滚动体，滚动体为滚珠或滚柱，在两导轨面之间形成滚动摩擦，摩擦系数小于0.005，并且动、静摩擦系数相差很小，几乎不受运动速度变化的影响，运动轻便灵活，可以使用油脂润滑。数控机床的导轨的行程一般较长，因此要求滚动导轨的滚动体必须能够循环工作。常用的有滚动直线导轨副和滚动导轨块。

1. 滚动直线导轨副

滚动直线导轨副是在滑块与导轨之间放入适当的钢球或滚柱，使滑块与导轨之间的滑动摩擦变为滚动摩擦，大大降低二者之间的运动摩擦阻力，并使动、静摩擦力之差很小。如图2-33a、b所示，滚动直线导轨副是由导轨条7、滑块5、滚珠1、挡板4、密封垫3和8等组成。其中导轨7可以设计成不同的结构，一般安装在数控机床的床身和立柱等支承面上，滑块5安装在工作台或滑座等移动部件上。当导轨与滑块做相对运动时，滚珠1就沿着导轨上的经过淬硬和精密磨削加工而成的4条滚道滚动，当滚珠滚到滑块端部，经返向装置挡板4进入回珠孔2后再进入滚道，滚珠就这样周而复始地进行滚动运动。4组滚珠各有各自的回珠孔，分别处于滑块的四角。4组滚珠和滚道相当于4个直线

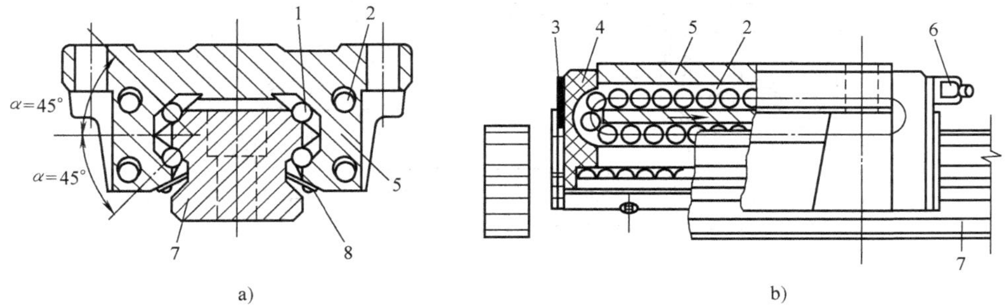

图2-33　滚动直线导轨副

1—滚珠　2—回珠孔　3—密封垫　4—挡板　5—滑块　6—注润滑脂油嘴　7—导轨条　8—侧密封垫

运动的角接触球轴承，接触角 =45°，在 4 个方向上具有相同的承载能力。挡板 4 的两端装有防尘密封垫 3 和侧密封垫 8，可有效地防止灰尘、屑末进入滑块内部。6 为注润滑脂油嘴。

直线滚动导轨的外观图如图 2-34 所示，其中图 a 表示滑块与导轨之间的滚动体为滚珠，图 b 表示滑块与导轨之间的滚动体为滚柱，滑块两端是返向器。

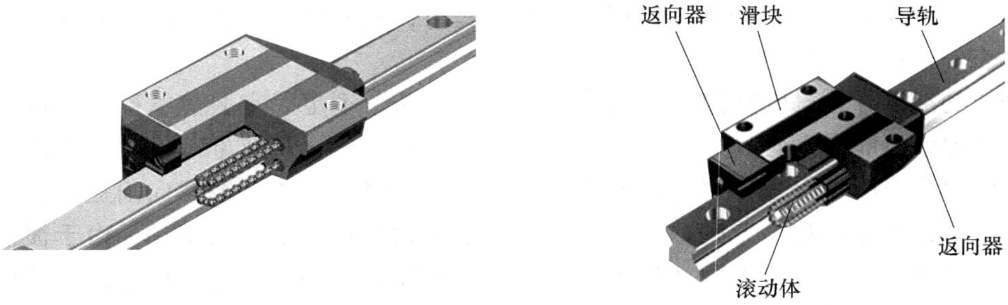

a)　　b)

图 2-34　直线滚动导轨外观图

a）滚动体为滚珠　b）滚动体为滚柱

滚动直线导轨通常两条成对使用，可以水平安装，也可以竖直安装，有时也可以多个导轨平行安装，当长度不够时可以多根连接安装。如图 2-35 所示，安装时为保证两条导轨平行，通常把一条导轨作为基准导轨 1，安装在床身 6 的基准面上，底面和侧面都有定位面。另一条导轨为非基准导轨 5，床身上没有侧向定位面，固定时以基准导轨为定位面固定。这种安装方式称为单导轨定位。单导轨定位易于安装，容易保证平行度，对床身没有侧向定位面平行的要求。当振动和冲击较大或精度要求较高时，两条导轨的侧面都要定位，称为双导轨定位，如图 2-36 所示。双导轨定位对两条导轨定位面平行度要求高，当用调整垫调整时，要求调整垫的加工精度高，调整难度大。

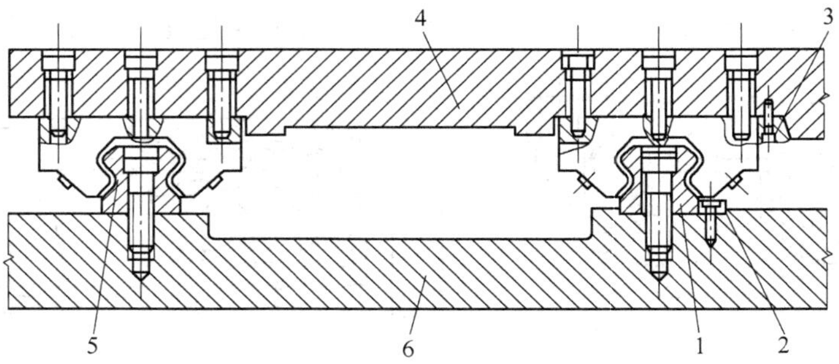

图 2-35　单导轨定位的安装形式

1—基准侧的导轨条　2、3—楔块　4—工作台　5—非基准导轨　6—床身

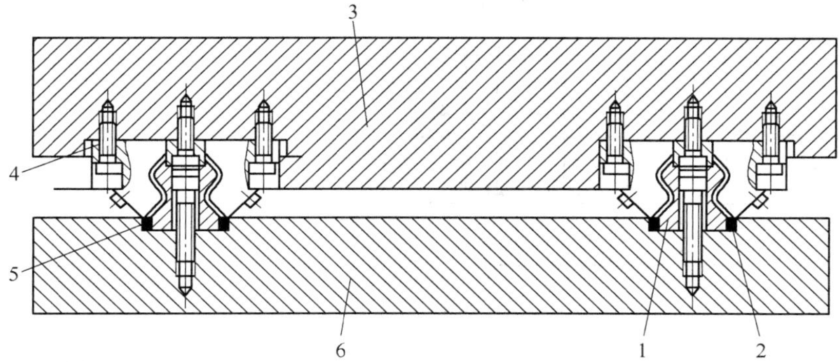

图 2-36　双导轨定位的安装形式

1—基准侧的导轨条　2、4、5—调整垫　3—工作台　6—床身

滚动直线导轨副的特点是：

1）随动性极好，即驱动信号与机械动作滞后的时间间隔极短，有益于提高数控系统的响应速度和灵敏度。

2）能实现无间隙运动，定位精度和重复定位精度高，机械系统的运动刚度高。

3）电动机的驱动功率大幅度下降，实际所需要的功率仅为普通导轨的1/10 左右 。

4）可适应高速直线运动，其瞬时速度比滑动导轨提高约 10 倍。

5）成对使用导轨副时，具有“误差均化效应”，从而降低基础件（导轨安装面）的加工精度要求，降低基础件的机械制造成本与难度。

一般滚动直线导轨副的精度可分为 6 个等级，其中 1 级精度最高，6 级精度最低。整体型的直线滚动导轨，由制造厂用选配不同直径钢球的办法来决定间隙或预紧，用户可根据对预紧的要求订货，不需要自己调整。

2. 滚动导轨块

滚动导轨块主要由本体、端盖、保持架及滚动体等组成，图 2-37 所示为滚动导轨块结构示意图。在导轨块内有许多滚柱，作为滚动部件安装在移动部件上，当部件运动时导轨块中的滚柱 4 在导轨内部作循环运动并承受一定的载荷。滚柱具有中心导向，运动时可自动定心，以免侧移，有利于在载荷作用下运动灵活，且寿命长。

导轨块安装在机床的运动部件上，每一导轨副一般要安装 12 块滚动导轨块或更多，导轨块的数目取决于导轨的长度和负荷的大小。安装导轨块时，当一条导轨上要用多个滚动导轨块时，为了使导轨块获得均衡的载荷，建议选择具有相同分组选号的滚动导轨块安装。安装导轨块的主体，其表面硬度推荐为 HRC58 ~ 64，表面粗糙度 > R_a0. 4 ~ 0. 8μm，主体本身平行度小于 0. 01mm/m，安装后平行度小于 0. 01mm/m。

滚动导轨块通常在数控机床床身的镶钢导轨条上滚动，镶钢导轨一般采用正方形或长方形，经热处理后分段安装在床身上，图 2-38a 是滚动导轨块与镶钢导轨的一种应用结构形式，采用了闭式安装、窄式导向的安装方式。图 2-38b 是主导轨滚动导轨块的具体安装形式，两侧面和上面用滚动导轨块 1 起支撑和导向作用，下面可用滚动导轨块也可用塑

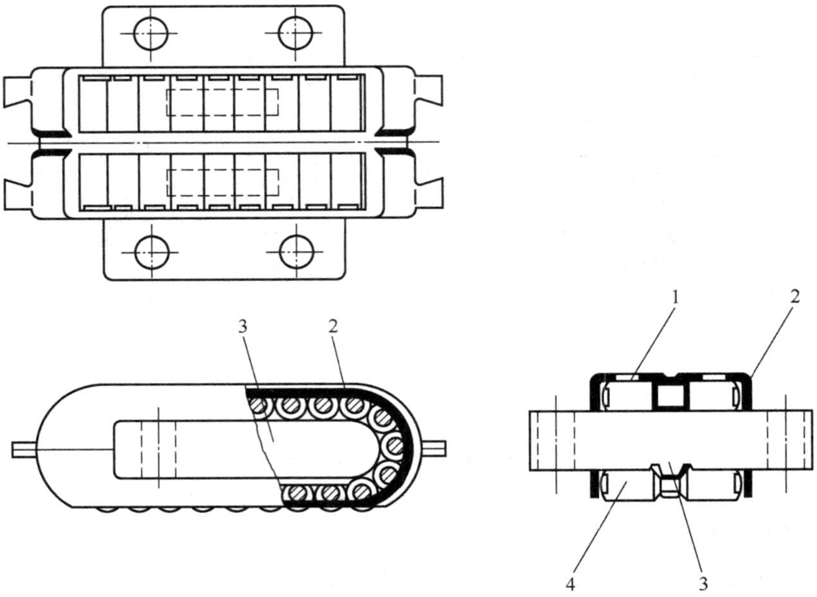

图 2-37　滚动导轨块结构图

1—油孔　2—保持器　3—中间导向　4—滚柱

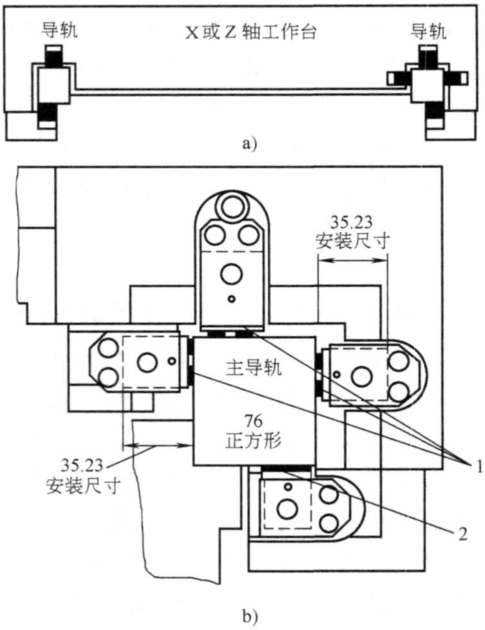

图 2-38　滚动导轨块的窄式安装

料压板 2，用来承受翻转力矩。

图 2-39 所示的滚动导轨块的闭式安装、宽式导向的安装方式，导轨的上下左右都用滚动导轨块，用弹簧垫或调整垫 1、2 来调节滚子和支撑导轨间的预紧力。

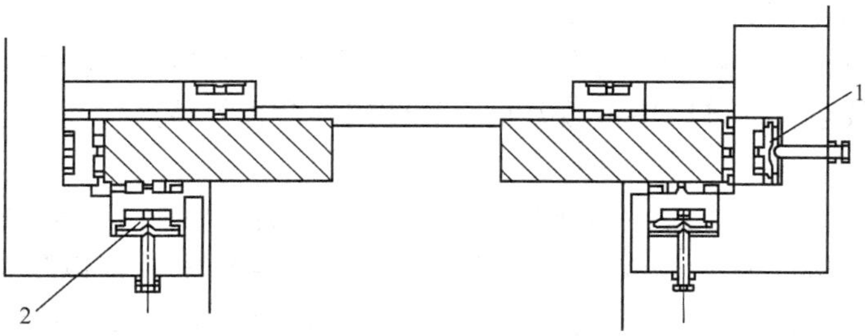

图 2-39　滚动导轨块的宽式安装
1、2—弹簧垫或调整垫

为了保证导轨的导向精度和刚度，滚动导轨块和支承导轨间不能有间隙，还要有适当的预紧力，因此滚动导轨块安装时应能调整。调整的方法主要通过调整螺钉、调整垫片和楔铁来调整，也可用弹簧垫压紧。图 2-40 是采用楔铁方式进行预紧的机构。楔铁 1 固定不动，滚动导轨块 2 固定在楔铁 4 上，随同楔铁 4 一同移动，通过调节螺钉 5、7，使楔铁 4 相对楔铁 1 运动，可以调整滚动导轨块对支承导轨 3 压力的大小，得到需要的预紧力。注意，如果预紧力过大，容易造成滚动体不转或产生滑动，影响运行精度。从油孔 9 装入润滑油，对滚动体进行润滑。

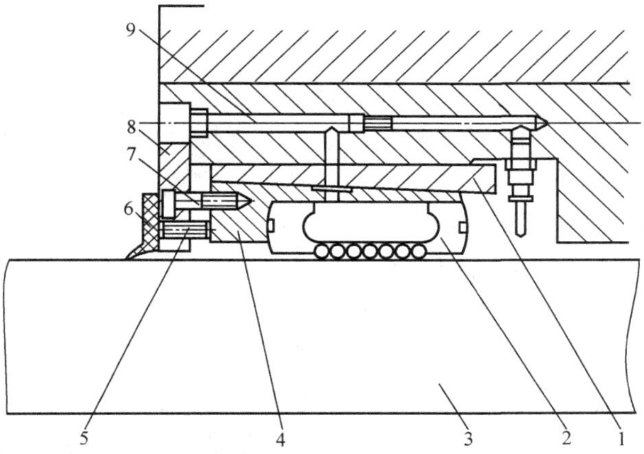

图 2-40　滚动导轨块的预紧
1—楔铁　2—滚动导轨块　3—支承导轨　4—楔铁　5、7—调整螺钉
6—刮屑板　8—楔铁调整板　9—润滑油孔

由于滚动导轨块中的滚柱在基体中循环运动，导轨块的数目取决于导轨的长度和负载的大小，可根据承载大小及选用规格确定导轨块数量。滚动导轨块有专业厂家生产，可以外购，但与导轨块相配使用的导轨需按要求加工制造。

滚动导轨块具有以下特点：

1）具有较高的承载能力和较高的刚性，对重型数控机床和重载运动部件具有良好的支承刚性和运动平稳性。

2）可获得较高的灵敏度和高性能的平面直线运动，在重载或变载的情况下，弹性变形较小且能获得平稳的直线运动，没有爬行。

3）滚动体在滚动时导向好，能自动定心，可提高机械的定位精度。

4）滚动导轨块不受机床床身长度的限制。

5）滚动导轨块的应用面较广，小规格的可用在模具、仪器等的直线运动部件上，大规格的则可用于重型机床、精密仪器的平面直线运动，尤其适用于数控机床。

（二）塑料导轨

滑动导轨具有结构简单、制造方便、接触刚度大的优点。传统的滑动导轨是金属与金属相互摩擦，摩擦阻力大，动、静刚度系数差别大，低速时易产生爬行现象。目前，数控机床上广泛使用的镶贴塑料导轨，是一种金属对塑料的摩擦形式，也属滑动摩擦导轨，兼备摩擦系数小，动静摩擦系数差很小和使用寿命长等特点，适用范围非常广泛。

1. 贴塑导轨

贴塑导轨是用粘贴的方法在金属导轨表面贴上一层塑料软带，聚四氟乙烯（PTFE）导轨软带是用于贴塑导轨中最成功的一种。聚四氟乙烯导轨软带以聚四氟乙烯为基材，添加青铜粉、二硫化钼和石墨等高分子复合材料填充剂混合烧结，并做成软带形状。导轨软带用在导轨副的运动导轨上，与之相配的铸铁或钢质导轨的滑动面为淬火磨削面。

制造时，塑料导轨软带 1 应通过粘结材料 2 粘贴在机床导轨副的短导轨面上，圆形导轨应粘贴在下导轨面上。粘贴前，先用清洗剂（如丙酮、三氯乙烯或全氯乙烯）彻底清洗被粘贴导轨面，切不可用酒精或汽油，因为它们会在被清洗表面留下一层薄膜，不利于粘结。清洗后用干净的白色软布反复擦拭，直到擦不出污迹为止。另外，塑料软带的粘贴面（黑褐色表面）也应用清洗剂擦拭干净。如图 2-41a 所示，将配套的粘结材料 1 用刮刀分别涂在软带和导轨粘结面上，为了保证粘结可靠，被贴导轨面应沿纵向涂抹，而塑料软带 2 的粘结面应沿横向涂抹。如图 2-41b 所示，粘贴时从一端向另一端缓慢挤压，以利赶走气泡。粘贴后，在导轨面上施加一定的压力加以固化，为保证粘结材料充分扩散和硬化，室温下，加压固化时间应为 24 小时以上。如图 2-42 所示，粘贴好的导轨面还要进行精加工。图 2-42a 所示是对贴塑导轨表面进行手工刮研；图 2-42b 所示是在贴塑导轨表面上开油槽。注意在局部修整时要用刮刀，切不可用砂布或砂纸，以防砂粒脱落嵌进贴塑导轨中，破坏导轨工作面。

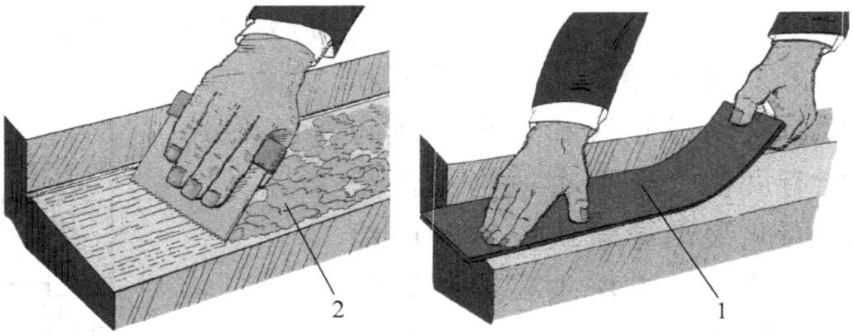

a)　　b)

图 2-41　贴塑导轨制作过程

1—塑料导轨软带　2—粘结材料

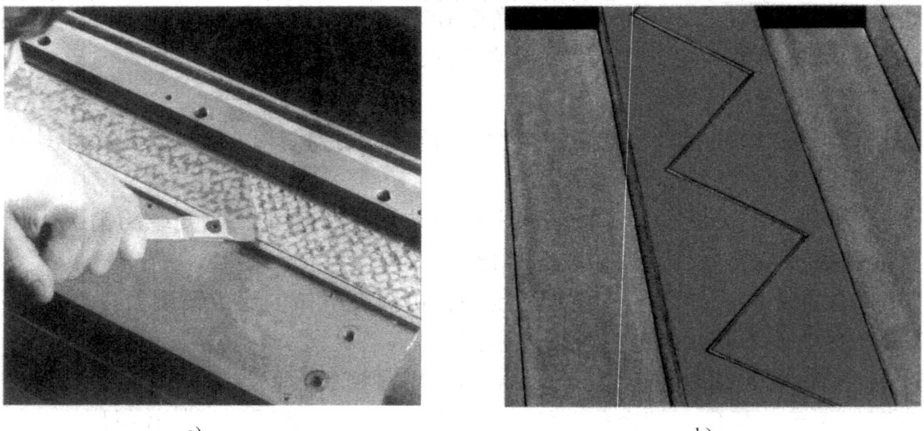

a)　　b)

图 2-42　贴塑导轨表面的加工

a）手工刮研　b）开油槽

软带与导轨的相对尺寸关系如图 2-43 所示，为了使导轨对软带起到定位作用，导轨粘贴面上要加工出 0.5 ~1 mm 深的凹槽。与贴塑导轨配对使用的金属导轨，其表面粗糙度为 *Ra*0.4 ~0.8μm。

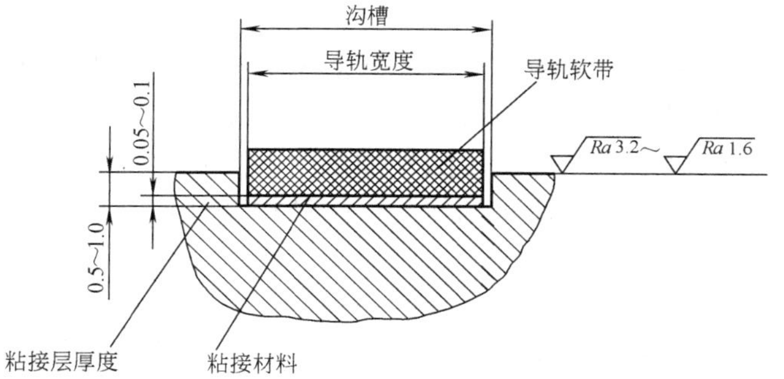

图 2-43　软带与导轨相对尺寸

聚四氟乙烯导轨软带的特点：

1）动、静摩擦系数差值小，低速无爬行，运动平稳，可获得较高的定位精度。

2）耐磨性好。由于塑料软带中含有青铜粉、二硫化钼和石墨等，本身具有润滑作用，而且，塑料质地较软，即便嵌入金属屑、灰尘等，也不致损坏金属导轨表面和软带本身，可延长导轨副的使用寿命。

3）减振性能好。塑料具有良好的阻尼性能，其减振消声的性能对提高摩擦副的相对运动速度有很大意义。

4）工艺性好。粘贴塑料软带可降低对金属导轨基体的硬度和表面质量的要求，而且塑料易于加工，可使导轨副接触面获得优良的表面质量。

此外，还有化学稳定性好、维护修理方便、经济性好等特点。

2. 注塑导轨

注塑导轨也称涂塑导轨，是采用涂刮或注入膏状塑料的方法在金属导轨（运动导轨）表面涂上环氧型耐磨导轨涂层，该涂层以环氧树脂和二硫化钼为基体，加入增塑剂，混合成液状或膏状为一组份和固化剂为另一组分的双组分塑料涂层。

制作注塑导轨时，首先将导轨涂层面进行粗铣或粗刨，以保证表面具有良好的附着力，与塑料导轨面相配的金属导轨表面用溶剂清洗后涂上一层薄硅油，以防止与耐磨导轨涂层相粘接。将调好涂料和固化剂的耐磨涂层材料抹于导轨面上。然后将塑料导轨面叠合在金属导轨面上进行固化。叠合前可放置成型油槽、油腔的模板。固化 24h 后，即可将两导轨分离。图 2-44 为注塑导轨示意图，塑料导轨面宽度与贴塑导轨一样，需要小于与之相配的金属导轨，空隙处用密封胶条 2 密封。涂层面的厚度以及导轨面与其他表面（如工作台面）的相对位置精度可借助专用夹具保证。

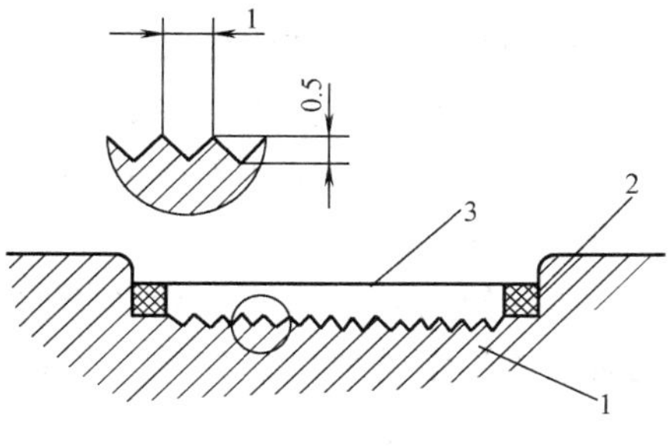

图 2-44　注塑导轨

1—滑座　2—胶条　3—注塑层

注塑导轨副有良好的加工性、摩擦特性和耐磨性，抗压强度比聚四氟乙烯导轨软带要高，导轨涂层材料固化时体积不会收缩，尺寸稳定，特别适用于重型机床和不易用导轨软带的复杂配合型面。

（三）静压导轨

静压导轨是指在两个相对运动导轨面之间通入具有一定压力的润滑油以后，使动导轨微微抬起，在导轨面间充满润滑油所形成的油膜，保证导轨面间在液体摩擦状态下工作。工作过程中，导轨面上油腔的油压随外加载荷的变化自动调节。液体静压导轨按供油方式不同，分为恒压供油和恒流供油两种，按结构特征通常可分为开式、闭式及卸荷式三类。

开式静压导轨是指导轨只设置在床身的一边，依靠运动件自重和外载荷保持运动件不从床身上分离，因此只能承受指向导轨的单向载荷，不能承受相反方向的载荷，而且承受偏载力矩的能力差，适用于载荷较均匀，偏载和倾覆力矩小的水平放置，运动速度比较低的重型机床。

闭式静压导轨是指导轨设置在床身的几个方向，并在导轨的几个方向开若干个油腔，能限制运动件从床身上分离，因此能承受正、反向载荷，承受偏载荷及颠覆力矩的能力较强，油膜刚度高，可应用于载荷不均匀，偏载大及有正反向载荷和有承受颠覆力矩要求的场合。闭式静压导轨结构如图 2-45 所示。A 为进油口，B 为出油口。

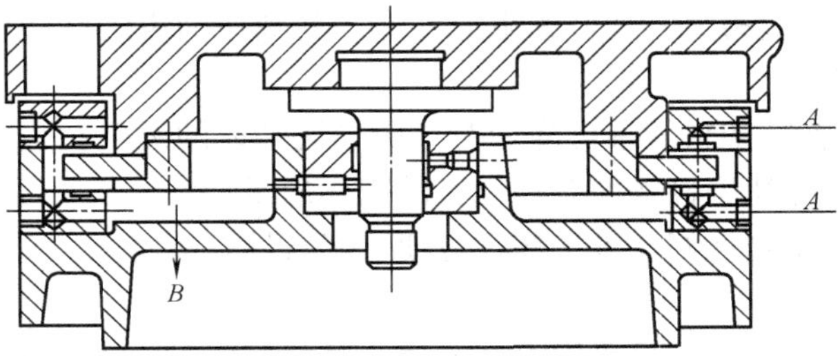

图 2-45　回转运动闭式静压导轨

卸荷静压导轨没有油膜分开两导轨面，两导轨面是直接接触的，但在两接触面仍有少量流动的润滑油，其刚度较大，结构较简单，适用于要求导轨的接触刚度较大，同时又要减少导轨磨损，工作台在低速下运动均匀或运动件特别长的机床导轨。

液体静压导轨的尺寸不受限制，可根据具体需要确定，一般要考虑载荷的性质、大小，灵活选用油腔的形状、数目及配置。

静压导轨与其他形式的导轨相比，具有工作寿命长，摩擦系数低，速度变化和载荷变化对液体油膜的刚性影响小，运动平稳，低速无爬行，油液有吸振作用，抗振减振性强等优点。缺点是结构复杂，要有供油系统，油液的清洁度要求高，在数控磨床或大型、重型数控机床上应用得较多。

第四节　自动换刀装置

数控机床为了进一步提高生产率，压缩非切削时间，尽量使工件在机床上一次装夹中，能完成多工步或全部工步的加工。在这类数控机床上自动换刀装置是必不可少的。例如，数控车床上使用的回转刀架就是一种简单的自动换刀装置，而加工中心上配备了由刀库和刀具交换装置组成的自动换刀系统。其中的刀库有足够的刀具容量，刀具交换装置能实现更为复杂的换刀动作。

自动换刀装置应当满足的基本要求包括：

1）刀具换刀时间短。

2）换刀位置准确，动作可靠。

3）足够的刀具储存量。

4）刀库占用空间少。

一、自动换刀的形式

（一）回转刀架换刀

数控车床上使用的回转刀架是一种最简单的自动换刀装置，根据不同的适用对象，刀架可以设计为四方形、六角形或其他形状。回转刀架可分别安装4把、6把以及更多的刀具，并按数控装置发出的指令转位换刀。

由于数控车床的切削加工精度在很大程度上取决于刀尖位置，而且在加工过程中刀尖位置不进行人工调整，因此，回转刀架在结构上必须有良好的强度和刚性，以及合理的定位结构，以保证回转刀架在每一次转位后，具有尽可能高的重复定位精度。图2-46所示为数控车床采用的BA200 L回转刀架，可以选用12个刀位（A型或B型）或8个刀位（C型）的刀盘。其工作循环是刀架接收数控装置的指令，松开刀盘——刀盘转到指令要求的位置——夹紧刀盘，然后发出转位结束信号。按照这个顺序就可以分析刀架的转位工作过程。图2-46a为自动回转刀架结构图，图2-46b为回转刀盘上刀位布置图。刀架的全部动作由液压和电气系统联合控制，刀架换刀的具体过程如下：

刀架转位为机械传动。驱动电动机11尾部有电磁制动器，转位开始时，电磁制动器断电，电动机11通电，30ms以后制动器松开，电动机开始转动，通过齿轮10、9、8带动蜗杆7旋转，从而使蜗轮5转动。鼠牙盘3固定在刀架体上。蜗轮内孔有螺纹，与轴6上的螺纹旋合，蜗轮转动使得轴6沿轴向向左移动，因为刀盘1与轴6、活动鼠牙盘2是固定在一起的，所以刀盘和鼠牙盘2也一起向左移动，直到鼠牙盘2与3脱开。轴6上有两个相互对称的键槽，内装滑块4（见*B-B*图）。蜗轮5的右侧固连圆盘14，圆盘左侧端面上是凸块，蜗轮带动圆盘转动。在鼠齿盘2、3脱开后，圆盘14上的凸块与滑块4恰好相碰，蜗轮继续转动，通过14上的凸块带动滑块4及轴6、刀盘一起转位选刀，当达到要求的位置后，电刷选择器发出信号，使电动机11反转，则蜗轮5及圆盘14反向旋转，圆盘上的凸块与滑块4脱开，轴6停转；而蜗轮通过螺纹传动使轴6右移，鼠牙盘2、3结合定位。同时轴6右端的小轴13压下微动开关12，发出转位结束信号，电动机断电，电磁制动器通电，维持电动机轴上的反转力矩，以保证鼠齿盘之间有一定的压紧力。

刀具在刀盘上由压板15及楔铁16来夹紧，更换和对刀都十分方便。

回转刀架的选位由刷型选位器进行选位，刀盘松开、夹紧的位置检测由微动开关12控制，整个刀架是一个纯电气控制系统，结构简单。

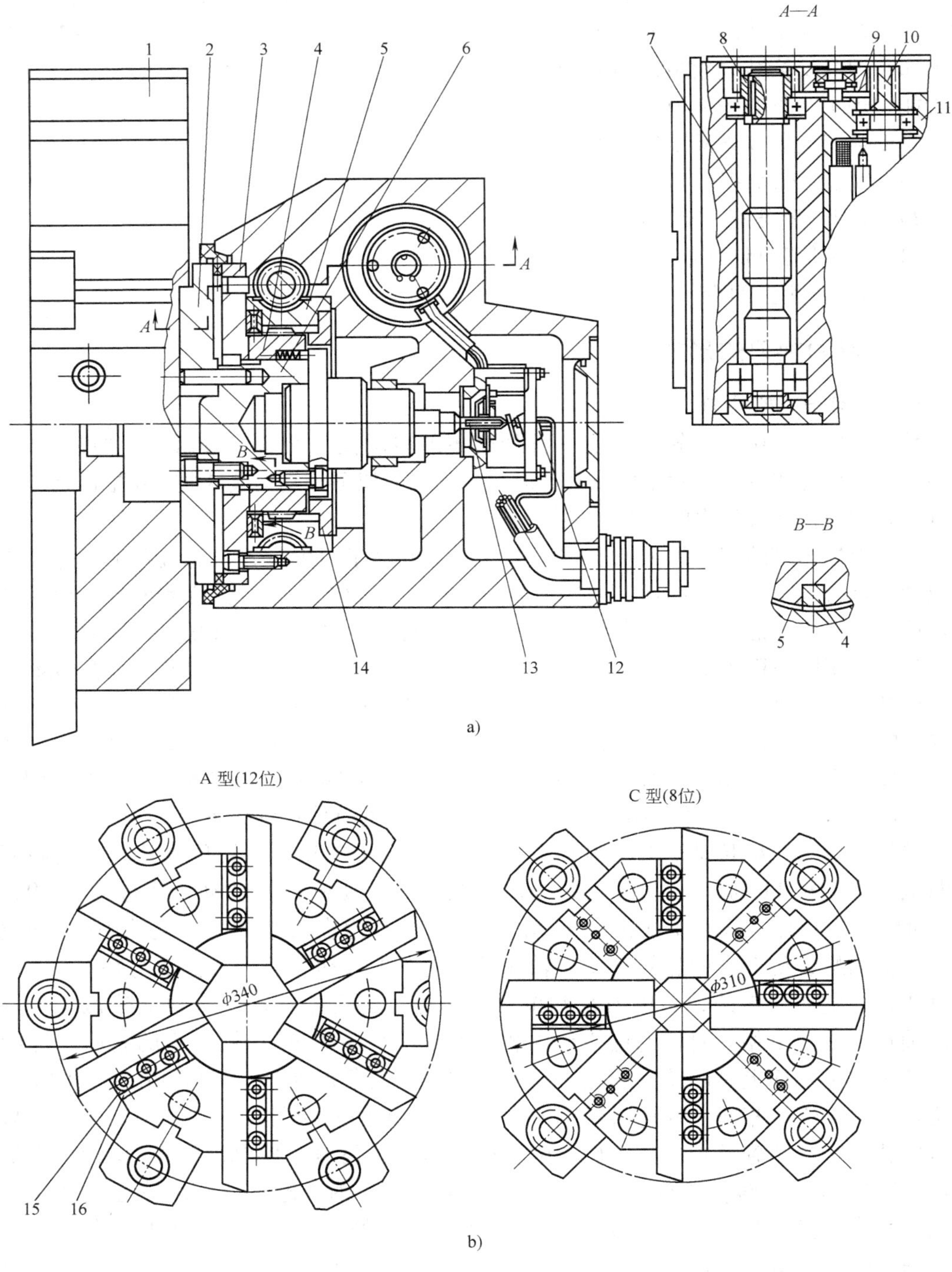

图 2-46　数控车床回转刀架

1—刀盘　2—活动鼠牙盘　3—鼠牙盘　4—滑块　5—蜗轮　6—轴

7—蜗杆　8、9、10—齿轮　11—电动机　12—微动开关　13—小轴

14—圆盘　15—压板　16—楔铁

（二）更换主轴头换刀

在带有旋转刀具的数控机床中，更换主轴头换刀是一种简单的换刀方式。按照主轴的位置，主轴头有立式和卧式两种，而且常用转塔的转位来更换主轴头以实现自动换刀。在转塔的各个主轴头上预先装有各工步加工需要使用的旋转刀具，当数控机床发出换刀指令时，各主轴头依次转到加工位置，并通过主运动使相应的主轴带动刀具旋转，而其他不处于加工位置的主轴都与主运动脱开。

图 2-47 所示为卧式八轴转塔头的结构图。转塔头上径向分布着 8 根结构完全相同的主轴 7，主轴的回转运动由齿轮 12 输入，每次换刀的动作顺序分五步进行。

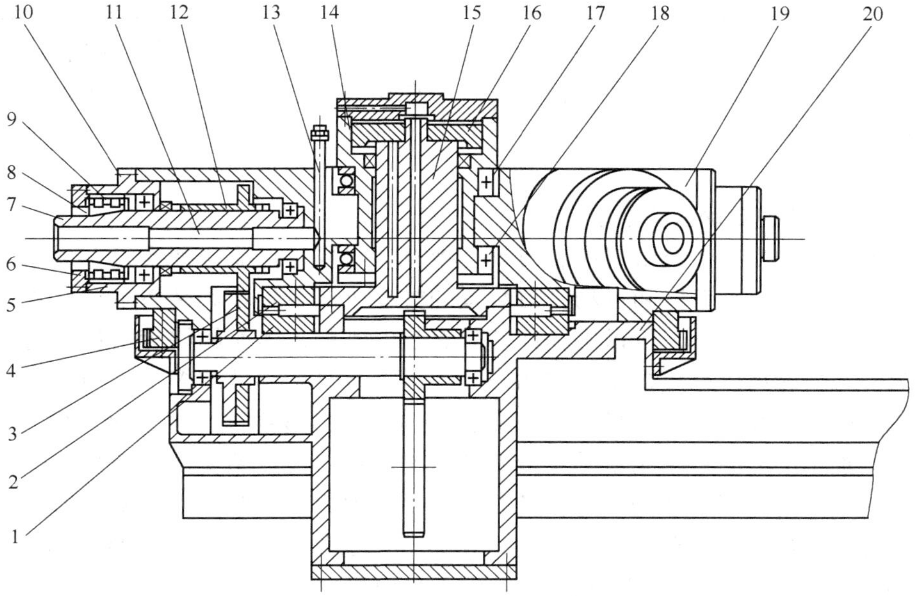

图 2-47　卧式八轴转塔头

1、2—离合器　3、12—齿轮　4—大齿轮　5—套筒　6—端盖　7—主轴
8—螺母　9、17、18—轴承　10—螺钉　11—推动杆　13—操纵杆
14—中心液压缸　15—活塞杆　16—活塞　19—转塔刀架体　20—底座

（1）脱开主轴运动　当数控装置发出换刀指令时，先通过液压拨叉将齿轮 3 向左移动与齿轮 12 脱离啮合，使主轴 7 停转。

（2）转塔头抬起　在液压拨叉动作的同时，中心液压缸 14 的上腔通压力油。由于活塞杆 15 和活塞 16 固定在底座 20 上，因此中心液压缸 14 带着由两个推力轴承 17 和 18 支承的转塔刀架体 19 抬起，使离合器 1 和 2 脱离啮合。

（3）转塔头转位　在转塔头抬起后，压力油进入转位液压缸，推动活塞齿条（图中未示出），再经过中间齿轮使大齿轮 4 与转塔刀架体 19 一起回转 45°，将下一工步的主轴转到加工位置。

（4）转塔头复位　转位换刀结束后，压力油进入中心液压缸 14 的下腔，使转塔头下降，离合器 1 和 2 重新啮合，实现精确的定位。在压力油的作用下，转塔头被压紧，之后，转位液压缸退回原位。

（5）接通主轴运动　通过液压拨叉使齿轮 3 向右移动，使它与新换上的主轴齿轮 12 相啮合，换刀动作完成，主轴开始加工。

为了改善主轴结构的装配工艺性，整个主轴部件装在套筒 5 内，只要卸去螺钉 10，就可以将主轴部件整体取出。主轴前轴承 9 采用双列圆柱滚子轴承，调整时，先卸下端盖 6，然后拧动螺母 8，使轴承内环沿轴向移动，即可消除轴承的径向间隙。为了便于卸出主轴锥孔内的刀具，每根主轴上都有安装了操纵杆 13，只要按压操纵杆，就能通过斜面使推动杆 11 向左移动，顶出刀具。

转塔主轴头换刀方式的主要优点在于省去了自动松夹、卸刀、装刀、夹紧以及刀具搬运等一系列复杂的操作，从而提高了换刀的可靠性，并显著地缩短了换刀时间。但是，由于空间位置的限制，为了保证主轴的刚度，转塔主轴的数目必须加以限制，否则将会使结构尺寸大为增加。因此转塔主轴头换刀通常只适用于工步较少、精度要求不太高的数控机床，如数控钻床等。车削中心转塔刀架上带有自驱动刀具，也属于更换主轴头换刀的方式。

（三）带刀库的自动换刀系统

带刀库的自动换刀系统由刀库和刀具交换机构组成，目前这种换刀方法在数控机床上的应用最为广泛。带刀库和自动换刀装置的数控机床主轴箱和转塔主轴头相比较，由于主轴箱内只有一个主轴，所以主轴部件具有足够刚度，因而能够满足各种精密加工的要求。另外，刀库可以存放数量很多的刀具，可进行复杂零件的多工步加工，可明显提高数控机床的适应性和加工效率。这种带刀库的自动换刀装置特别适用加工中心。

在设计加工中心的布局时，需要特别考虑怎样将刀具自动交换系统与主机有机地结合起来，包括如何选择合适的刀库、换刀机械手与刀具识别装置，使机床的总体结构紧凑，刀具存储交换动作简单、安全可靠，使刀具、工件和机床部件之间不发生干涉等。图 2-48 所示为带自动换刀装置的数控机床的三种布局方案。

1）图 2-48a 圆盘式刀库 2 安装在立柱的左侧，装刀容量较少。换刀时，刀库转动将待换刀具转到换刀位置，主轴箱 3 上升至参考点位置，由机械手 1 完成主轴 4 上的刀具与刀库中刀具的交换，此方案的刀库结构简单，在中、小型立式或卧式加工中心上应用较多，但由于刀具在刀库中呈环形排列，空间利用率低。

2）图 2-48b 链式刀库 1 与主机分离，采用 4 排链式刀库，装刀容量为 60 把，单独放置在机床左后方。双臂式机械手 2 可沿垂直方向上、下移动，且在刀库的固定位置取刀，取刀后机械手回转 120°并移动到与主轴交换刀具的固定位置，在主轴 3 上进行刀具交换。此方案机床整体占地面积大，刀库容量可以选择的较大，不会影响主机工作，但安装调试费时，机械手换刀动作较多，只能实现固定位置换刀。

3）图 2-48c 链式刀库 2 安装在立柱的左侧，刀库中刀具的轴线与机床主轴 3 轴线垂直，因此，换刀机械手 1 从刀库中取出刀具后要旋转 90°，使刀具中心线与主轴中心线平行，主轴处于第二参考点位置换刀。这种方案的换刀动作少，布局结构紧凑，外观较好，占地面积少，是现代卧式加工中心常用的一种总体布局方案。

从上述介绍的自动换刀系统布局形式可以看出，不论刀库和自动换刀装置选择何种结构和布局方案，带刀库的换刀系统的整个换刀过程都是较为复杂的。

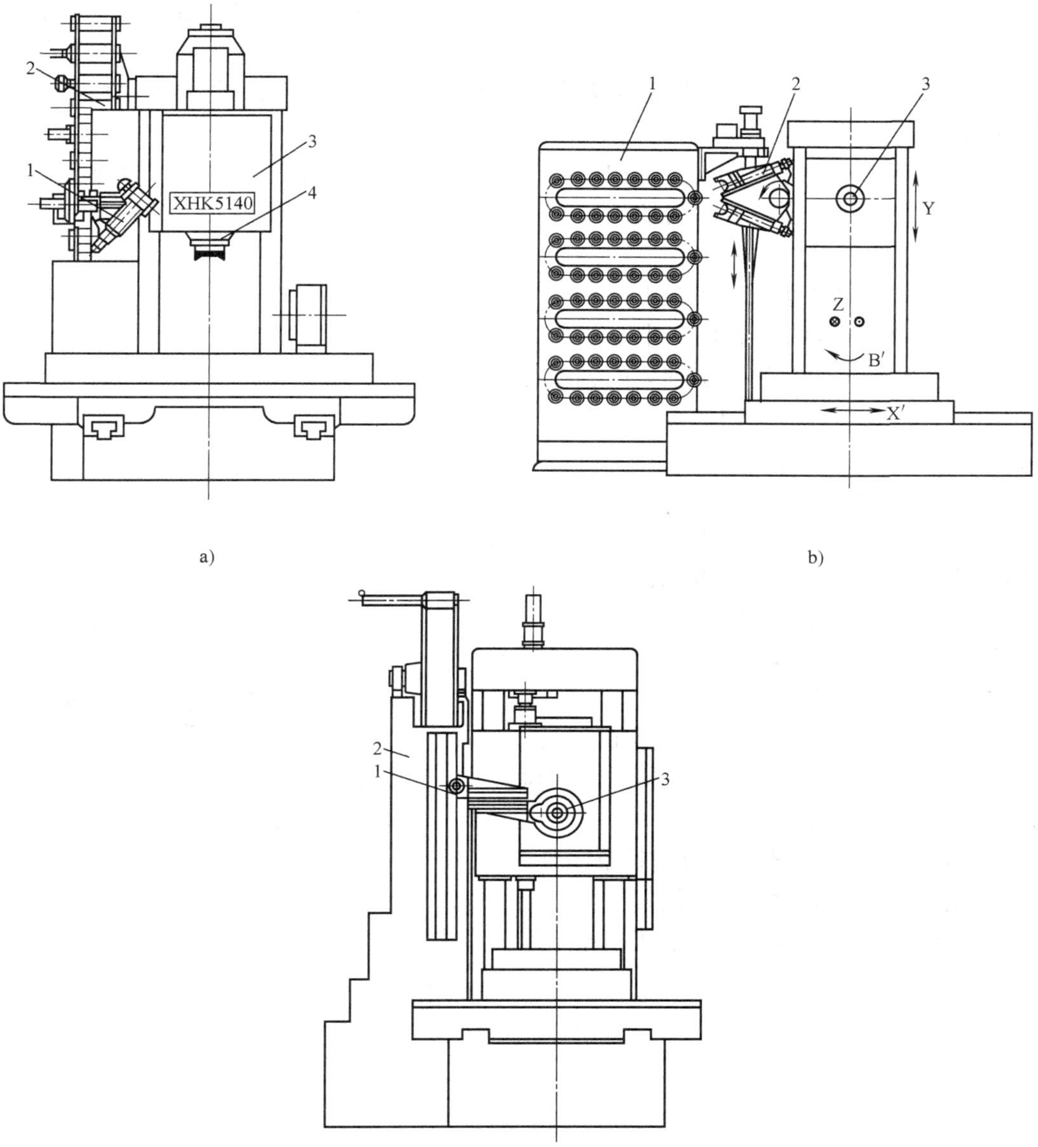

a)　　b)　　c)

图 2-48　带自动换刀装置的数控机床总体布局

a）圆盘式刀库装在立柱一侧　b）链式刀库与主机分离　c）链式刀库与主机紧凑布局

二、刀具交换装置

数控机床的自动换刀的装置中，用来实现刀库与机床主轴之间传递和装卸刀具的装置称为刀具的交换装置。刀具的交换方式通常分为采用机械手交换刀具和由刀库与机床主轴的相对运动实现无机械手刀具交换。刀具的交换方式及它们的具体结构对机床的工作效率和工作可靠性有直接的影响。

（一）无机械手换刀

无机械手更换刀具的自动换刀系统，其刀库中刀具存放的方向一般与主轴上的刀具安装方向一致，通过刀库和机床主轴箱的相对运动来实现换刀。换刀时，必须首先将主轴上用过的刀具送回刀库，然后再从刀库中取出新刀具装入主轴，此两个动作不可能同时进行，因此换刀时间长。

无机械手换刀系统的优点是结构简单，刀库与主轴箱之间布局紧凑，成本低，换刀的可靠性较高。缺点是换刀时间较长，刀库因结构所限刀具容量较小。这种换刀系统多为小型加工中心所采用。

1. 立式加工中心无机械手换刀

如图 2-49 所示的立式加工中心，盘式刀库 1 位于主轴箱 4 的左侧，主轴 2 的轴线与刀库中的刀具轴线平行，主轴上刀具与刀库中刀具直接交换。换刀过程为

1）主轴箱上升至换刀位置。

2）刀库沿横梁 3 向右移动到换刀位置，且防护罩打开，刀库上定位卡爪握紧刀具，同时主轴上刀具自动夹紧机构松开刀具。

3）主轴箱向上移动，拔出已使用过的刀具，同时清洁主轴前端刀具孔。

4）刀库回转选取换刀指令指定的刀具。

5）主轴箱向下移动，新刀具插入主轴孔内，自动夹紧机构夹紧刀具。

6）刀库向左移动复位，且防护罩闭合。

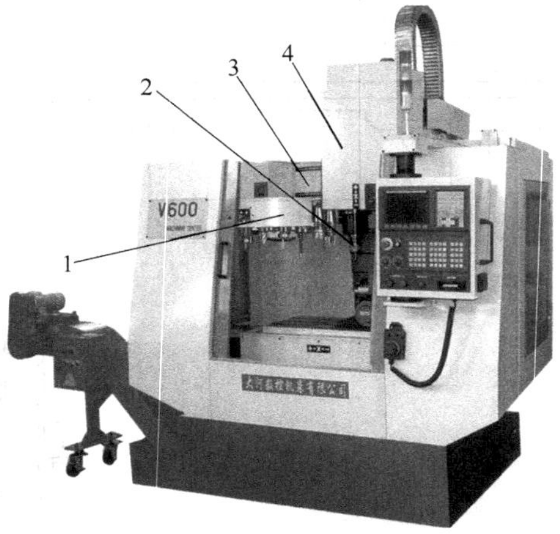

图 2-49　立式加工中心无机械手换刀
1—盘式刀库　2—主轴　3—横梁　4—主轴箱

2. 卧式加工中心无机械手换刀

图 2-50 是一种卧式加工中心无机械手换刀系统的换刀过程。

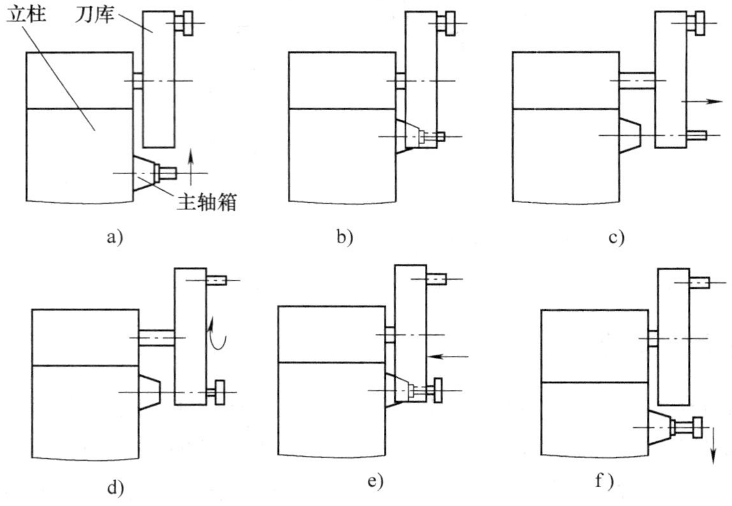

图 2-50　无机械手换刀系统的换刀过程

如图 2-50a 所示，当上一工步结束后，执行换刀指令，主轴实现准停，主轴箱沿 Y 轴上升，这时刀库的空档刀位正好处在交换位置，装夹刀具的卡爪打开。

如图 2-50b 所示，主轴箱上升到顶部换刀位置，主轴上刀具进入刀库的空刀位，刀具被刀库上的定位卡爪抓住，同时，主轴上的刀具自动夹紧装置松开刀具。

如图 2-50c 所示，刀库前移从主轴孔中将需要更换的刀具拔出来。

如图 2-50d 所示，刀库转位，根据程序指令将下一工步加工所需要的刀具转到换刀的位置，同时主轴孔的清洁装置将主轴上的刀具孔清洁干净。

如图 2-50e 所示，刀库后移，将所选用的刀具插入主轴孔内，主轴上的刀具夹紧装置把刀具的刀杆夹紧。

如图 2-50f 所示，主轴箱下降回落到工作位置，开始进行下一工步的工作。

（二）机械手换刀

采用机械手进行刀具交换的方式在加工中心中应用最为普遍。机械手换刀有很大的灵活性，可以减少换刀时间。机械手的结构多种多样，因此换刀的动作也各自不同。这里以卧式加工中心换刀过程为例说明机械手换刀的工作原理。换刀的分解动作如图 2-51 所示。

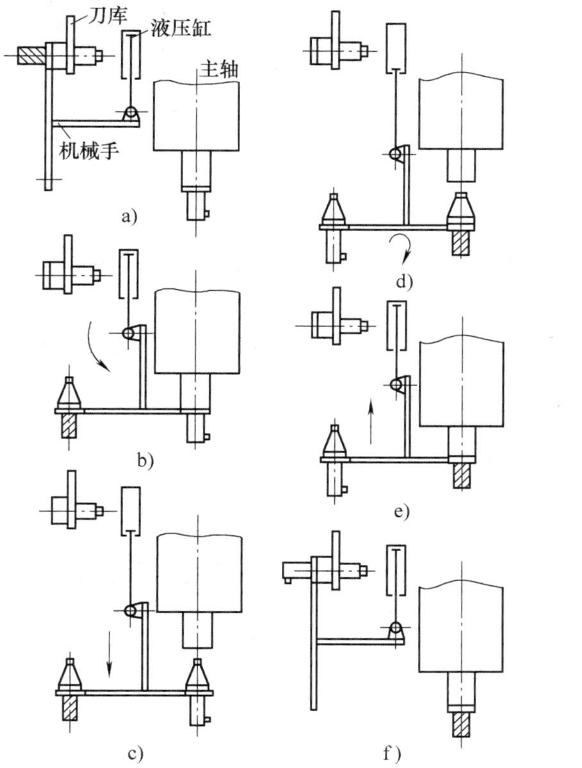

图 2-51　机械手换刀分解动作

图 2-51a 所示，当主轴上的刀具完成一个工步后，主轴准停定位，机械手爪伸出，抓住刀库中的待换刀具并拔出。

图 2-51b 所示，机械手抓住待换刀具逆时针方向转动 90°，使刀具轴线与主轴轴线平行，另一个手爪抓住主轴上的刀具，主轴松开刀杆。

如图 2-51c 所示，机械手前移，将刀具从主轴孔内取出。

如图 2-51d 所示，机械手绕水平轴转 180°，将两把刀具交换位置。

如图 2-51e 所示，机械手后退，将新刀具装入主轴。主轴夹紧刀具。

如图 2-51f 所示，机械手手爪缩回，松开主轴上的刀具。机械手绕竖直轴顺时针转 90°，将替换下来的刀具送回刀库的相应刀座上。

最后，机械手爪缩回，松开刀座上的刀具，恢复到起始位置。

为防止刀具脱落，各种机械手的手爪都必须带有自锁机构。图 2-52 所示是机械手臂和刀爪部分的构造。机械手的手臂 1 上有两个固定手爪 7，每个手爪上还有一个定位销 5，依靠后面的弹簧 2，在抓刀后顶住刀具。为了保证机械手在运动时刀具不被甩出，有一个锁紧销 3，当活动销 5 顶住刀具时，锁紧销 3 就被弹簧 4 弹起，锁紧活动销 5，使其不能后退。当机械手完成插拔刀动作时，销 8 分别被挡块压下使得锁紧销 3 退后，可以自由完成抓放刀具的动作。机械手抓刀时，锥销 6 插入刀柄的键槽中。

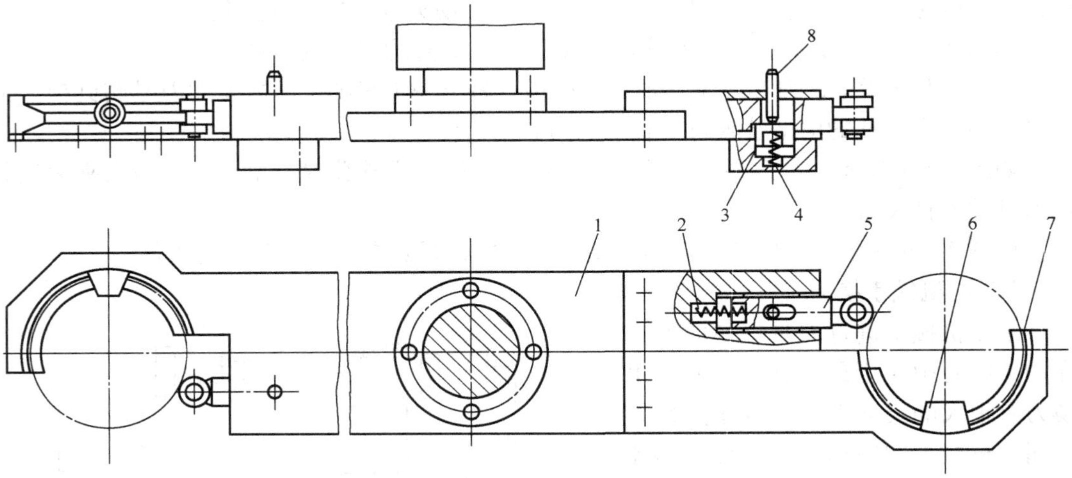

图 2-52　机械手臂和刀爪

1—机械手臂　2、4—弹簧　3—锁紧销　5—活动销　6—锥销　7—刀爪　8—销

对机械手的具体要求是动作迅速可靠，准确协调。由于不同的加工中心的刀库与主轴的相对位置不同，所以各种加工中心所使用的换刀机械手也不尽相同，但是从机械手手臂的类型来分，有单臂机械手和双臂机械手。

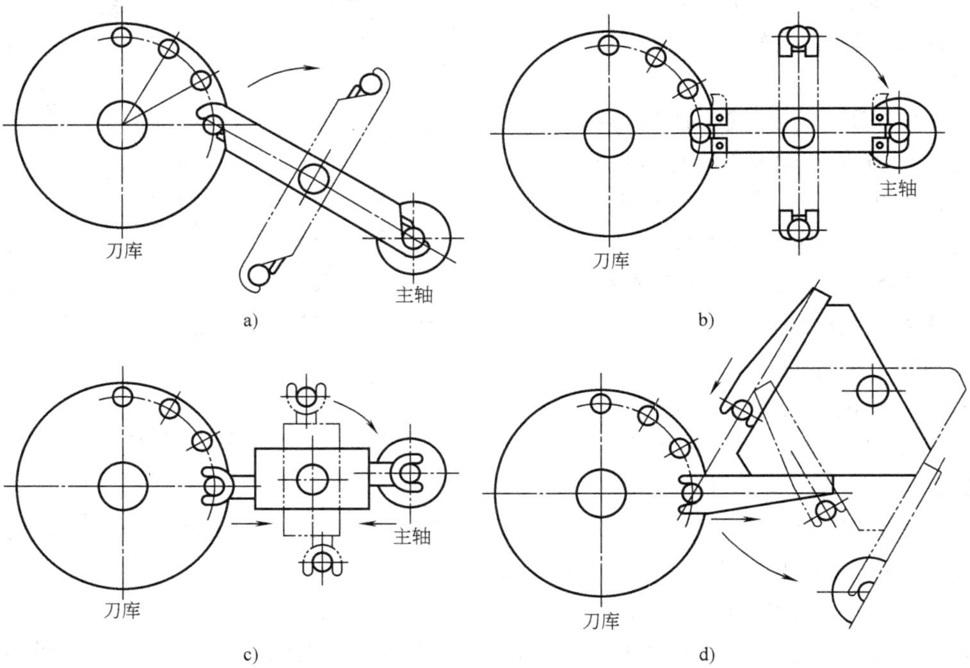

图 2-53　双臂机械手换刀结构

a）钩手　b）抱手　c）伸缩手　d）插手

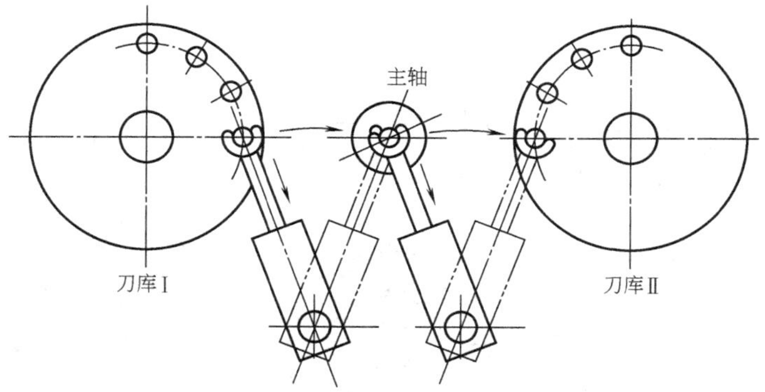

图 2-54　双刀库机械手换刀装置

双臂机械手中最常用的有如图 2-53 所示的几种结构形式：图 2-53a 是钩手，图 2-53b 是抱手，图 2-53c 是伸缩手，图 2-53d 是插手。这几种机械手能够完成抓刀—拔刀—回转—插刀—返回等一系列动作。为了防止刀具滑落，各机械手的活动爪都带有自锁机构。由于双臂回转机械手的动作比较简单，而且能够同时抓取和装卸机床主轴和刀库中的刀具，因此换刀时间进一步缩短。

图 2-54 所示是双刀库机械手换刀装置，其特点是两个刀库和两个单臂机械手配合进行工作，因此单个机械手的工作行程大为缩短，可有效地节省换刀时间。另外，还由于刀库分两处设立，使得机床整体布局更趋合理。

三、刀库

在自动换刀装置中刀库是最主要的部件之一。刀库是用来储存加工刀具及辅助工具的地方。由于多数加工中心的取送刀具都是在刀库中某一固定刀位实现的，因此刀库还需要有使刀具运动的机构来保证每一把刀具能够到达换刀位置，通常采用电动机或液压装置为刀库转动提供动力。刀库中的刀具定位机构是用来保证要更换的每一把刀具或刀套都能准确地停在换刀位置上。

（一）刀库的类型

根据刀库的容量和取刀方式，可以将刀库设计成各种形式，常用的刀库形式有盘式刀库、链式刀库、格子式刀库等。

1. 盘式刀库

图 2-55 所示为盘式刀库，根据机床的总体布局，盘式刀库中刀具可以按照不同的方向进行配置。图 2-55a、b 所示为刀具轴线与刀盘轴线平行布置的刀库，其中图 2-55a 为径向取刀形式，图 2-55b 为轴向取刀形式。图 2-55c 为刀具径向安装在刀库上的结构。图 2-55d 为刀具轴线与刀盘轴线成一定角度布置的结构。

盘式刀库的特点是结构简单，应用较多，但由于刀具环形排列，空间利用率低，受刀盘尺寸的限制，刀库容量较少，通常容量为 15 ~ 32 把刀。也有将刀具在刀盘中采用双环或多环排列，以增加空间利用率，存放更多刀具。但这样做会使刀库的外径增大，转动惯量随之增大，选刀时间也相应地变长，因此，盘式刀库一般用于刀具容量较少的刀库。

2. 链式刀库

在环形链条上装有许多刀座，刀座孔中装夹各种刀具，链条由链轮驱动。链条可以根据机床的布局配置成多种排列形式，也可将换刀位置突出以便于换刀。图 2-56a 所示为单链环布局，图 2-56b 所示为多链环布局。当链式刀库需要增加刀具数量时，只需增加链

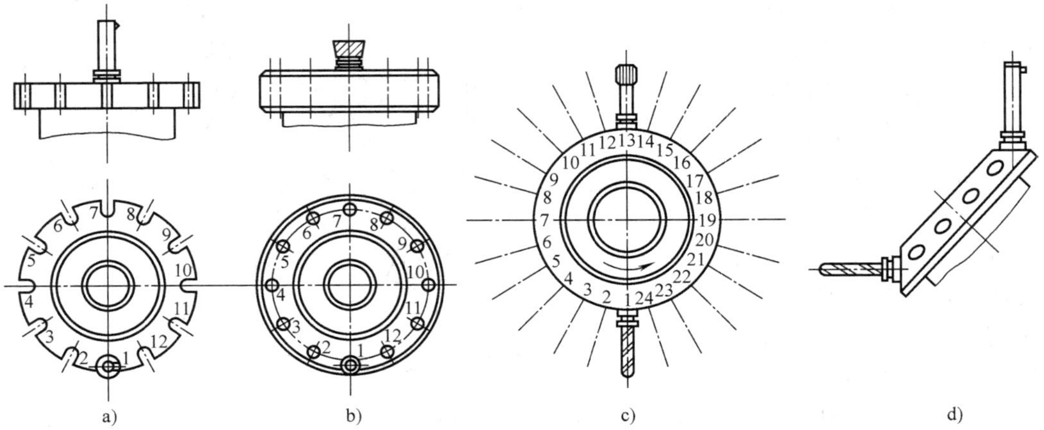

图 2-55　盘式刀库

条的长度即可，在一定范围内，不用改变线速度和惯量，这些为系列刀库的设计与制造提供了很多便利条件。当链条较长时，可以增加支撑轮的数目，使链条折叠回绕，提高空间利用率，如图 2-56c 所示。

链式刀库的特点是结构紧凑，灵活性好，刀库容量较大，选刀和取刀动作简单，适用于刀库容量较大的场合，且多为轴向取刀。一般当刀具数量在 30～120 把时，多采用链式刀库。

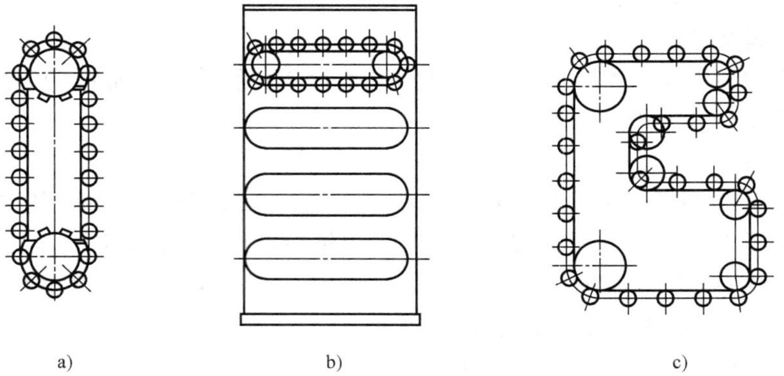

图 2-56　链式刀库

a）单链环布局　b）多链环布局　c）折叠链布局

3. 格子式刀库

图 2-57 所示为固定型格子式刀库，刀具呈多排直线排列，由取刀机械手 6 沿纵向导轨 4 和横向导轨 3 移动完成选刀动作，并将刀具送到固定的换刀位置刀座 5 上，再由换刀机械手进行刀具交换。由于刀具排列密集，因此空间利用率高，刀库容量大。

格子式刀库虽然具有结构简单，占地面积小的特点，在相同的空间内可以容纳数目

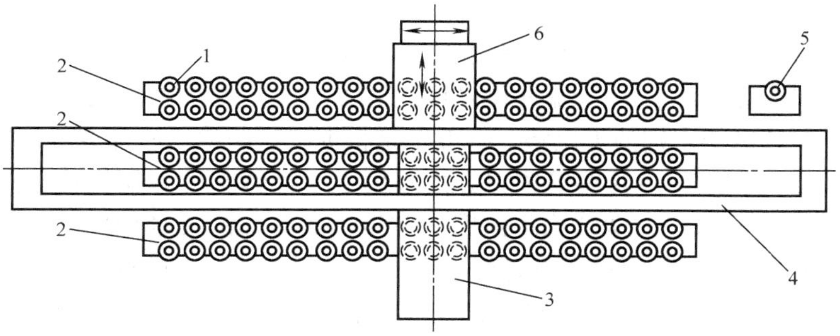

图 2-57　固定型格子式刀库

1—刀座　2—刀具固定板架　3—横向导轨

4—纵向导轨　5—换刀位置刀座　6—取刀机械手

更多的刀具，但是由于它的选刀和取刀动作复杂，现在已很少用于单机加工中心，多用于 FMS（柔性制造系统）的集中供刀系统。

（二）刀库的容量

刀库中的刀具容量并不是越多越好，太大的容量会增加刀库的尺寸和占地面积，使选刀过程时间增长。刀库容量的选择首先要考虑加工工艺的需要。根据对以钻、铣为主的立式加工中心所需刀具数量的统计，绘制出图 2-58 的曲线，曲线表明，用 10 把孔加工刀具可完成 70% 的钻削工艺，用 4 把铣刀可完成 90% 的铣削工艺。据此可以看出用 14 把刀具就可以完成 70% 以上的钻铣加工，用 10 把车削刀具可完成 90% 以上的车削工艺。若是从完成对被加工工件的全部工序考虑进行统计，得到的结果是超过 80% 的工件完成全部加工过程有 40 把刀具就足够了。因此从使用角度出发，刀库的刀具容量一般取为 10～40，盲目的加大刀库容量，将会使刀库的利用率降低，结构过于庞大复杂，造成很大的浪费。

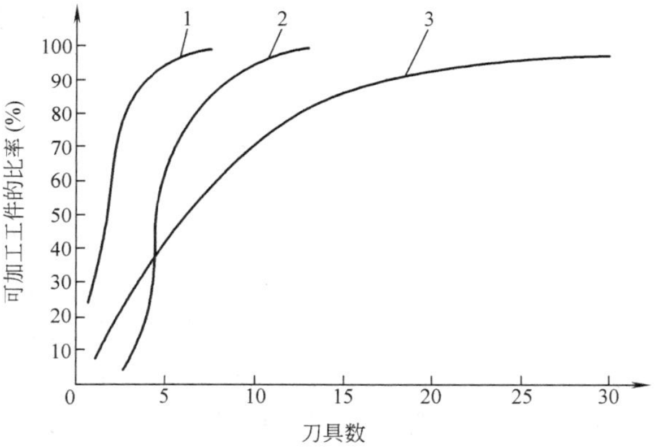

图 2-58　加工工件与刀具数的关系

1—铣削　2—车削　3—钻销

（三）刀具的选择方式

按照数控装置的选择刀具指令，刀具交换装置从刀库中挑选相应工序所需要的刀具的操作称为自动选刀。常用的刀具选择方法有顺序选刀和任意选刀两种。

1. 顺序选择方式

顺序选刀是在加工之前，将加工零件所需使用刀具按照工艺要求依次插入刀库的刀套中，顺序不能有差错。加工时按照既定顺序调用刀具。加工不同的工件时必须重新调整刀库中的刀具顺序，因而操作十分繁琐，而且加工同一工件中各工步的刀具不能重复使用，这样就会增加刀具的数量。其优点是刀库的驱动和控制都比较简单。因此这种方式适合于加工批量较大、工件品种数量较少的中、小型数控机床的自动换刀系统。

2. 任意选择方式

随着数控系统的发展，目前绝大多数的数控系统都具有刀具任选功能。任选刀具的换刀方式可以有刀套编码、刀具编码和刀具记忆等方式。刀具编码或刀套编码都需要在刀具或刀套上安装用于识别的编码条，一般都是根据二进制编码原理进行编码。

（1）刀具编码方式　刀具编码选刀方式采用了一种特殊的刀柄结构，并对每把刀具进行编码。图2-59为编码刀柄结构示意图。在刀柄的尾部的拉紧螺杆3上套装着一组等间隔的编码环1，并由锁紧螺母2将它们固定。编码环的外径有两种不同的规格，每个编码环的高低分别表示二进制数的“1”和“0”。通过这两种圆环的不同排列，可以得到一系列的代码。例如图中所示代码为1010011号刀具，7个编码环通过排列组合能够区别127（即2^7-1）种刀具，通常全部为0的代码不允许使用，以避免与刀座中没有刀具的情况相混淆。

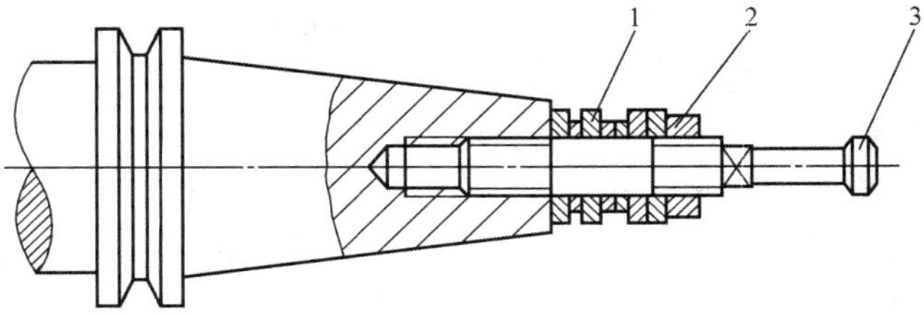

图2-59　编码刀柄结构示意图

1—编码环　2—锁紧螺母　3—拉紧螺杆

当刀库中带有编码环的刀具依次通过编码识别装置的时候，编码识别装置就能按照编码环的高低读出每一把刀具的代码，如果读出的代码与数控装置发出的刀具选择指令代码相一致时，就会发出信号使刀库停止回转，这时加工所选用的刀具就准确停留在取刀位置上，然后由机械手从刀库中将刀具取走。

由于每把刀具都具有自己的代码，因而刀具可以放在刀库中的任何一个刀座内，这样不仅刀库中的刀具可以在不同的工步中多次重复使用，而且换下的刀具也不用放回原来的刀座，对刀具选用和放回都十分便利，刀库的容量也可以相应的减少，而且还可以避免由于刀具顺序的差错所造成的事故。但是，由于每把刀具上都带有专用的编码系统，使刀具的长度加长，制造复杂，刀具刚度降低，同时使得刀库和机械手的结构也变得复杂。

（2）刀套编码的方式　刀套编码的方式是对刀库中的刀座进行编码，并将与刀座编码相对应的刀具一一放入指定的刀座中，然后根据刀座的编码选取刀具。由于这种编码方式取消了刀柄中的编码环，使刀柄的结构大大简化，而且刀具识别装置的结构和安装就不再受刀柄尺寸的限制，可以放置在更为合理的位置。采用刀套编码的方式，一把刀具只对应一个刀套，从一个刀套中取出的刀具必须放回同一刀套中，取送刀具麻烦，换刀时间长。与顺序选择方式相比较，刀座编码方式的优点是刀具可以在加工过程中重复多次使用。

（3）刀具记忆式选刀方式　无论是刀具编码还是刀套编码都给换刀系统带来麻烦。目前在加工中心上绝大多数都使用记忆式的任选换刀方式。这种方式能将刀具号和刀库中的刀套位置（地址）对应的记忆在数控系统的PLC中，无论刀具放在哪个刀套内都始终记忆着它的踪迹。刀库上装有位置检测装置（一般与电动机装在一起），可以检测出每个刀套的位置，这样，刀具就可以任意取出并送回。刀库上还设有机械原点，使每次选刀时就近选取，对于盘式来说，每次选刀时，刀库正转或反转运动都不会超过180°。

第五节　数控机床的辅助装置

数控机床作为自动化加工设备，除了数控系统、主轴部件、进给运动传动部件、支承部件、自动换刀装置等部件之外，辅助装置在数控机床中同样具有重要的作用。数控机床的辅助装置包括液压与气动装置、防护装置、排屑装置和润滑系统等。

一、数控机床的液压与气动装置

数控机床作为实现柔性自动化最重要的装备，对控制的自动化程度要求很高，液压与气压传动由于能方便地实现电气控制与自动化，从而成为数控机床中广为采用的传动与控制方式之一。

数控机床具有主轴自动起停、自动变速、自动换刀、卡盘的松开与夹紧以及其他辅助操作等功能，而这些功能的实现大多是靠液压与气动系统驱动及控制的。

液压传动具有结构紧凑、驱动力大、工作平稳可靠、噪声小、易于控制和调节等优点，但需要配置液压泵和油箱，接管不良易造成液压油外泄，除了会污染工作场所外，还有引起火灾的危险。而气压传动具有气源容易获得，单台机床不必配置动力源，由泵站通过管路供应气源。气压传动装置结构简单，工作介质不污染环境，工作速度快，动作频率高，过载时比较安全，但存在工作平稳性较差、压力低的缺点。

液压和气动装置作为数控机床的辅助装置，主要完成以下功能：

1）主轴的自动起动和停止，换刀过程中主轴松开和夹紧刀具。

2）数控机床运动部件的制动和离合器的控制，控制变速齿轮移动的拨叉挂挡等。

3）自动换刀过程中，机械手的伸、缩、回转、摆动以及刀具的松开和拉紧等动作的控制。

4）数控机床的润滑、冷却液开和停、防护门的开和关等动作的控制。

5）数控车床液压卡盘的松开和夹紧，加工中心工作台的松开和夹紧，可交换工作台的自动交换位置等动作的控制。

6）机床运动部件的平衡控制，如机床主轴箱的重力平衡装置、刀库机械手的平衡装置等。

二、数控机床的防护装置

（一）滚珠丝杠副的防护装置

滚珠丝杠副如果在滚道上落入了污物及异物，不仅会妨碍滚珠的正常运转，而且使滚珠丝杠副的磨损急剧增加。对于制造误差和预紧变形量以微米计的滚珠丝杠副来说，这种磨损就特别敏感。因此必须对滚珠丝杠副进行有效的防护与密封。

对于处于隐蔽位置的丝杠，通常在螺母两端安装密封圈。密封圈有接触式和非接触式，通常在虽没有异物、但有浮尘的环境下使用。对于精密滚珠丝杠副可采用迷宫式密封圈；对于冷轧滚珠丝杠副可采用刷子式密封圈。迷宫式密封圈在丝杠轴和滚道之间，只有很小的间隙，并不增加扭矩及发热。

对于暴露在外面的丝杠，一般采用如图 2-60 所示的钢带防护套或橡胶防护套等封闭式的防护装置，以保护丝杠表面不受尘埃、铁屑等污染。

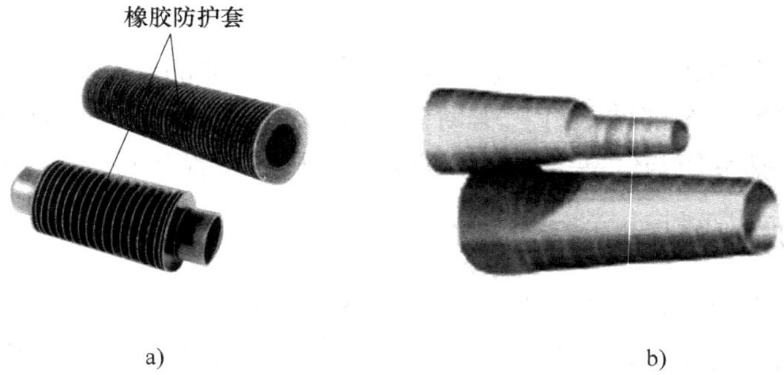

图 2-60 丝杠防护装置
a）橡胶防护套 b）钢带防护套

（二）导轨的防护装置

滚动导轨副运动时，在滑块运动方向的后方将形成负压区域，这样将吸入尘埃。吸入的尘埃积聚在导轨的固定螺钉内及导轨面上，使滚动导轨副的寿命急剧下降。为保证其使用寿命，必须采取适当的防护措施。

1. 导轨刮屑板

如图 2-61 所示，导轨刮屑板由耐油、耐磨的刮舌与铝合金结合而成，根据不同的导轨形状组成直角形、燕尾形等，安装在移动导轨的两端。它能提高机床导轨面的刮屑、除尘和防护功能，以保护机床的精度，延长机床使用寿命。

2. 导轨防护罩

数控机床的导轨防护罩有伸缩式、风琴式、卷帘式及卷筒式等多种形式。图 2-62a 所示的钢制伸缩式导轨防护罩，适用于各类型数控机床在各个传动方向上导轨的防护，最大运行速度达到 60 mm/min。它不但具有防尘、防屑、防切削液等功能，而且还能增加机床的封闭性，使机床精度不受切屑影响，延长导轨的使用寿命。图 2-62b 所示的导轨防护裙帘，适用于安装在空间有限、无法安装其他形式防护罩的地方，具有体积小、外形美观等特点。

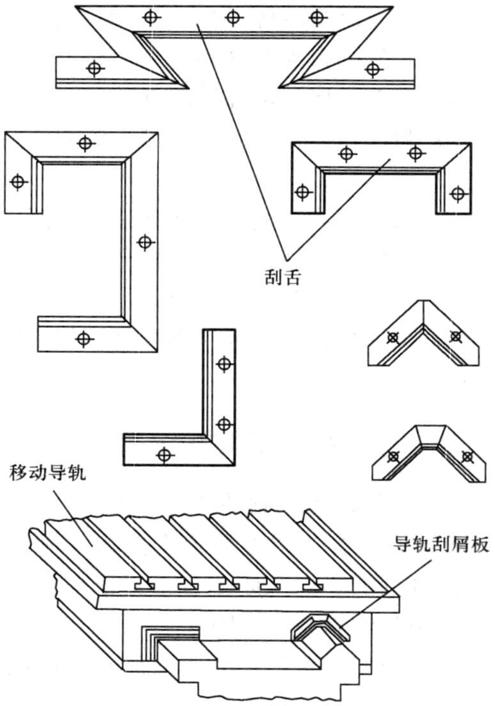

图 2-61 导轨刮屑板

a)　　　　b)

图 2-62　导轨防护罩

a）伸缩式导轨防护罩　b）导轨防护裙帘

3. 电线、电缆、液气管的防护装置

数控机床上的电线、电缆、液压软管、气动软管等一般需要随机床部件协调地运行，为防止电线、电缆、液气管受到挤压或磨损，避免管路分布凌乱，也要采用防护装置。图 2-63 所示的导管防护套，其上夹箍和下夹箍采用不锈钢材料制成，链环采用工程塑料制成。它适用于移动行程较短、往复运动速度较低的各类型数控机床，并且噪声低，但不适于在高温环境下工作。

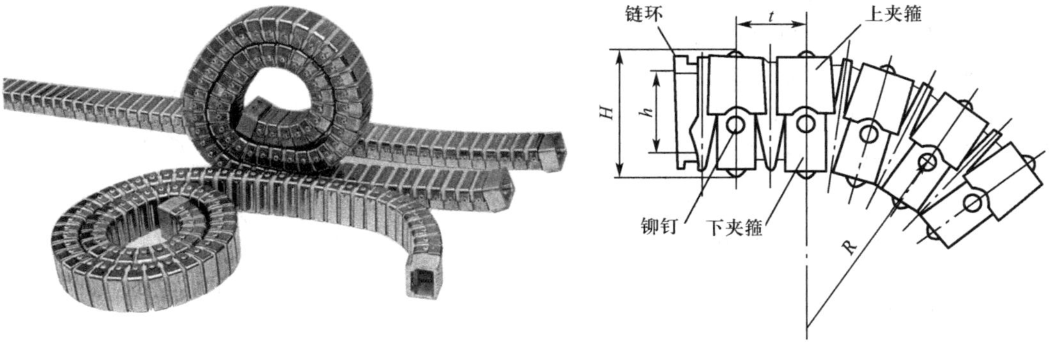

a)　　　　b)

图 2-63　导管防护套

a）外观图　b）结构图

图 2-64a 所示的金属软管拖链，适用于移动行程较短、往复运动速度较低的数控机床，可以在 $-40\sim180$℃环境温度下工作。图 2-64b 所示的金属软管拖链适用于加工中心工作台和床鞍。

图 2-65 所示为金属拖链，适用于各类型数控机床上，可作为重量大的电缆管、液压管的防护装置，且可以在高温环境下工作。

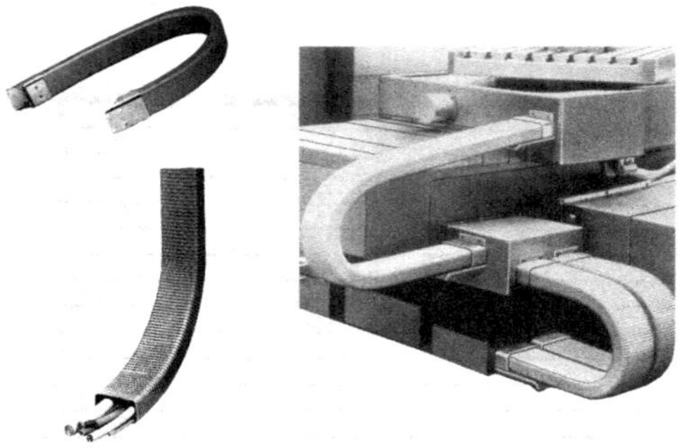

a) b)

图 2-64 金属软管拖链

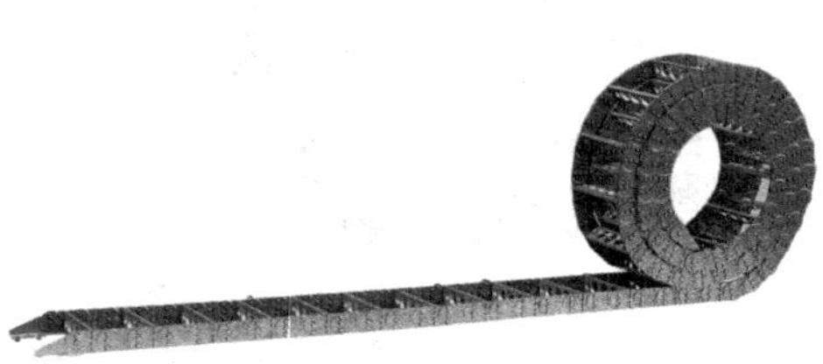

图 2-65 金属拖链

三、数控机床的排屑装置

数控机床的加工效率高，排屑量大，需要及时收集和输送切屑，以保证机床排屑顺畅。数控机床常用的排屑装置有以下几种：

1. 链板式排屑装置

链板式排屑装置如图 2-66a 所示，电动机驱动滚动链轮传动钢制平板链带在封闭箱中运转，加工中的切屑落到链带上被带出机床，落入存屑箱。这种排屑装置可以收集和输送金属及非金属切屑，但不适于粉末状切屑。它广泛地应用于数控车床和加工中心。图 2-66b 所示为该排屑装置的结构简图。

2. 永磁式排屑装置

永磁式排屑装置如图 2-67 所示，它是利用永磁材料产生的强磁场效应排屑，可以收集和输送颗粒状、粉末状和短的铁屑。

3. 刮板式排屑装置

如图 2-68 所示，它与链板式排屑装置的传动原理基本相同，刮板式排屑装置的排屑能

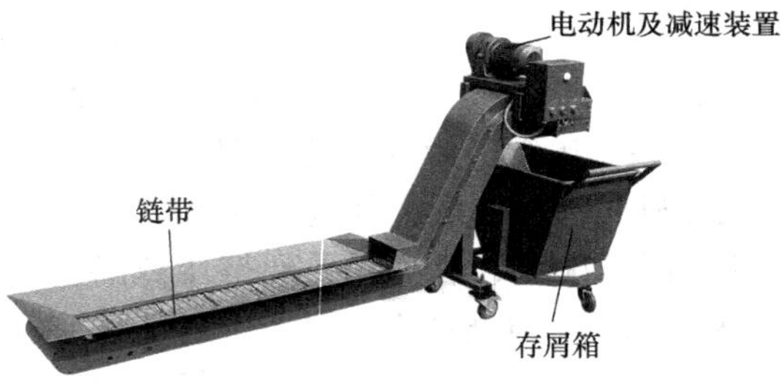

a)

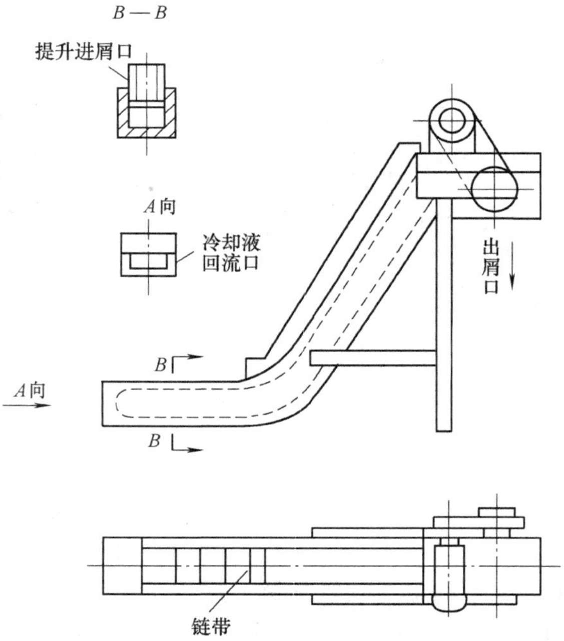

b)

图 2-66 链板式排屑装置
a）排屑装置外观图 b）排屑装置结构简图

力强。相对链板式排屑装置，刮板式排屑装置的负载大，故需采用较大功率的电动机驱动。可以收集和输送颗粒状、粉末状的金属和非金属切屑。

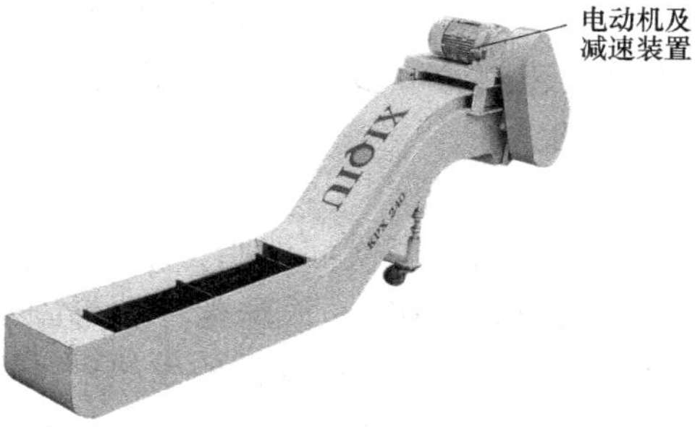

图 2-67　永磁式排屑装置

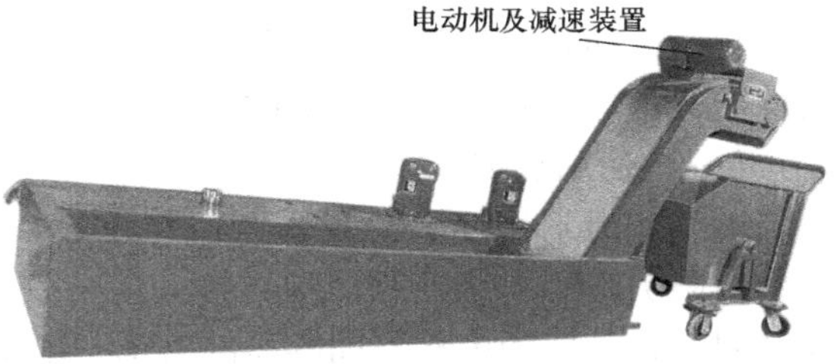

图 2-68　刮板式排屑装置

4. 螺旋式排屑装置

螺旋式排屑装置如图 2-69 所示，电动机经减速器驱动安装在排屑槽中的螺旋器转动，减速器输出轴与螺旋器传动轴之间采用万向接头连接。加工中落入排屑槽中的切屑将由螺旋杆推动连续向前运动，最终排入存屑箱。这种排屑装置主要用于输送颗粒状、粉末状的金属和非金属切屑。因其体积小而适合用在机床安放空间比较狭窄的地方。图 2-69b 所示为螺旋式排屑装置的结构示意图。

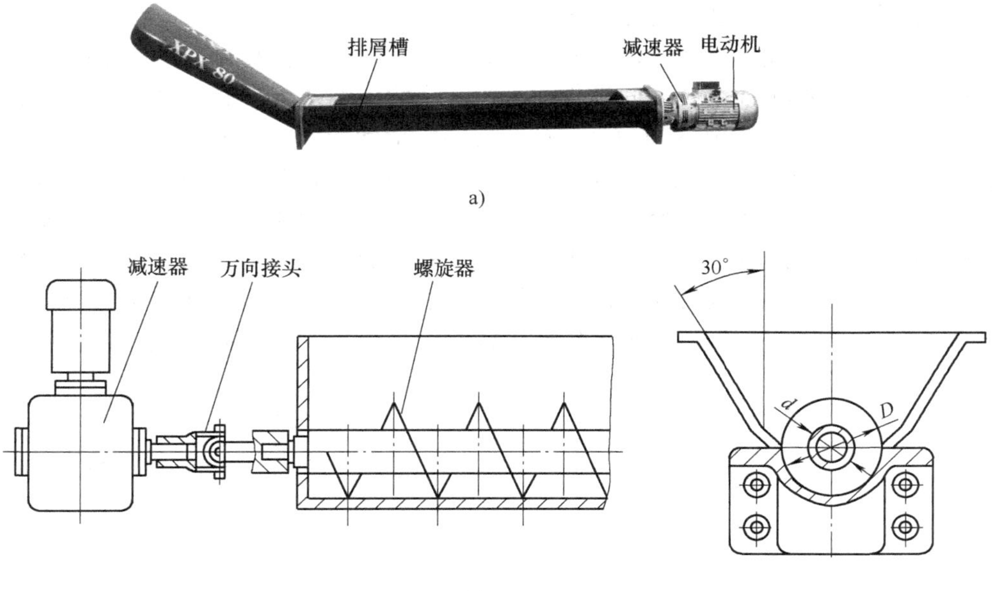

图 2-69　螺旋式排屑装置

a）排屑装置外观图　b）排屑装置结构示意图

四、数控机床的润滑系统

数控机床的润滑系统在机床整机中占十分重要的位置，它不仅起着润滑作用，而且还起着冷却作用，以减小机床热变形对加工精度的影响。润滑系统的设计、调试和维修保养，对于保证机床加工精度、延长机床使用寿命等方面都有着十分重要的意义。

数控机床上常用的润滑方式有油脂润滑和油液润滑两种。油脂润滑是数控机床的主轴支承轴承、滚珠丝杠支承轴承及低速滚动直线导轨（ $v<35\mathrm{m/min}$ ）最常采用的润滑方式；高速滚动直线导轨（ $v\geqslant35\mathrm{m/min}$ ）、贴塑导轨及变速齿轮等多采用油液润滑方式；滚珠丝杠螺母副有采用油脂润滑的，也有采用油液润滑的。

（一）油脂润滑

油脂润滑不需要润滑设备，工作可靠，不需要经常添加和更换润滑脂，维护方便，但摩擦阻力大。支承轴承油脂的封入量一般为润滑空间容积的10%，滚珠丝杠螺母副油脂的封入量一般为内部空间容积的1/3。封入的油脂过多，会加剧运动部件的发热。采用油脂润滑时，必须在结构上采取有效的密封措施，以防止冷却液或润滑油流入，而使润滑脂失去功效。油脂润滑方式一般使用锂基等高级润滑脂。当需要添加或更换润滑脂时，其名称和牌号可查阅机床使用说明书。

（二）油液润滑

数控机床的油液润滑一般采用集中润滑系统。集中润滑系统是由一个液压润滑泵把一定压力、一定排量的润滑油，通过各主、次油路上的分配器，按所需的油量分配到各润滑点。同时，系统具备润滑时间、次数的监控和故障报警以及停机等功能，以实现润滑系统的自动控制。集中润滑系统的特点是定时、定量、准确、高效，使用方便可靠，润滑剂不被重复使用，有利于提高设备使用寿命。

集中润滑系统按润滑泵的驱动方式，可分为手动供油系统和自动供油系统；而按供油方式，可分为连续供油系统和间歇供油系统。连续供油系统在润滑过程中产生附加热量，且因过量供油而造成浪费和污染，往往得不到最佳的润滑效果。间歇供油系统是周期性定量对各润滑点供油，使摩擦副形成和保持适量润滑油膜。目前，数控机床的油液润滑系统一般采用间歇供油系统。图2-70a所示为自动间歇式润滑泵，该泵是由微型同步电动机与蜗杆减速机构组成的，当电源接通时，系统就可以实现自动间歇注油。经济型数控车床的集中润滑系统通常采用自动间歇式润滑泵。图2-70b所示为电动式润滑泵，安装方便，接线简单，对液位不足及压力异常具备检测报警功能，且泵的控制电路中带有

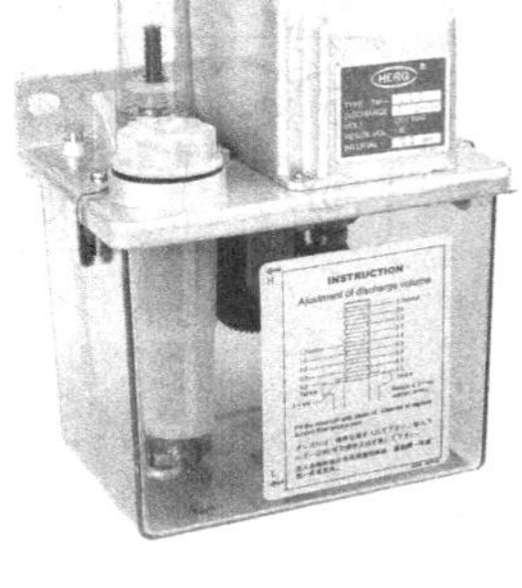
a)

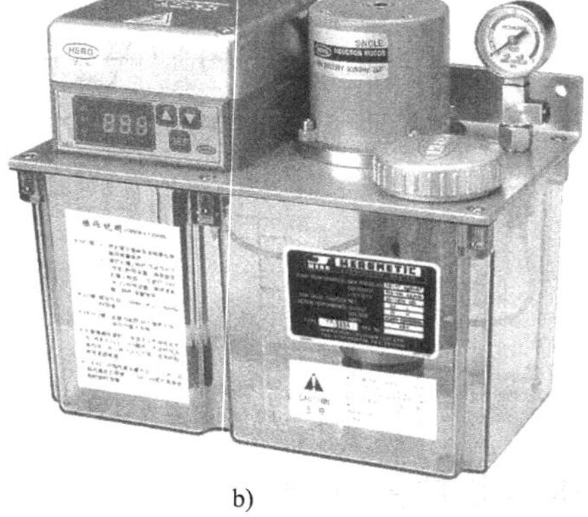

b)

图2-70　集中润滑系统润滑泵

a）自动间歇式　b）电动式

压力开关传感回路，可实现休止与供油动作的机电一体化控制。国产加工中心的集中润滑系统常采用电动润滑泵。

集中润滑系统按使用的润滑元件不同，可分为容积式润滑系统、阻尼式润滑系统、递进式润滑系统和油气式润滑系统等。

1. 容积式润滑系统

容积式润滑系统如图2-71所示，以定量阀作为分配器，电动机通电润滑油泵工作时，给储油箱的润滑油加压，通道主管路压力油进入各分配器，各定量阀的计量活塞动作进行储油。在系统中配有压力继电器，使得系统压力达到预定值后发讯，电动机延时停止，润滑油从分配器各定量阀出口向润滑点供油。此时，系统压力降低，当油压降到最低值时，分配器需要补充润滑油，电动机再次起动，重复上述过程。

容积式润滑系统可以按需要对各润滑点精确定量供油，工作压力为1.2～1.5 MPa，适于润滑点在300点以下的数控机床等机械设备。

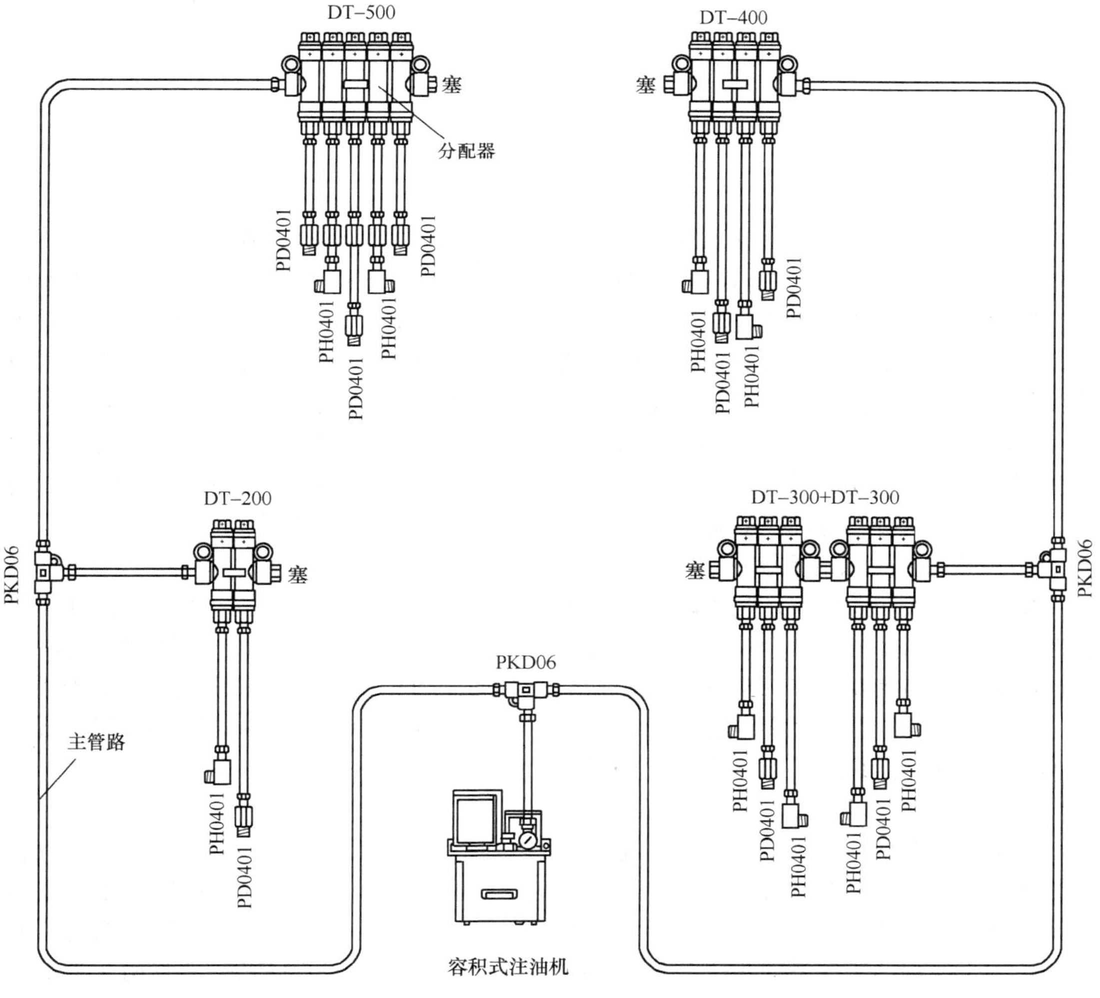

图2-71　容积式润滑系统

图 2-72 所示为 DT-500 型容积式润滑系统分配器。如图 2-72a 所示，该分配器是由 5 个定量阀并列排列而成，有 5 个出口。分配器各出口的出油量可以相同也可以各不相同，用型号加以区分。图 2-72b 所示为分配器的结构尺寸。

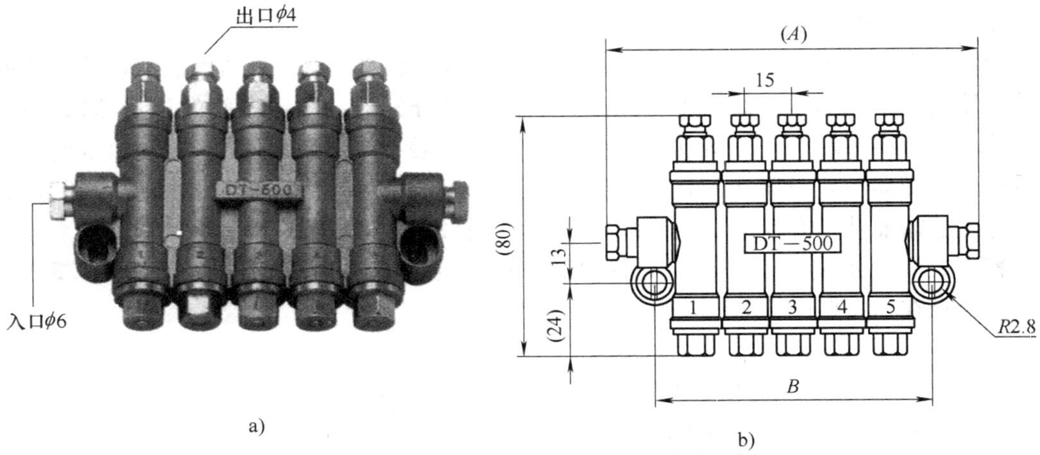

图 2-72　容积式润滑系统分配器

a）分配器外观　b）分配器结构尺寸

分配器的工作原理图如图 2-73 所示，图 2-73a 所示为采用活塞-液压缸计量方式的分配器停止供油状态；图 2-73b 所示为润滑泵起动后，将压力油送到各分配器，经主管 A 进入，压力油的作用使伞形双向阀 B 向上移动，油液通过通路 C 送至活塞室 F；图 2-73c 所示为受压力油作用计量活塞 D 向下移动，使弹簧 G 被压缩，进行计量储油，图中尺寸 a 为计量活塞储油行程；图 2-73d 所示为润滑泵停止供油时，主管 A 卸压，伞形双向阀 B 向下移动开启出油口 E，此时活塞室内的计量储油经出油口 E 进入油管 H，进而将润滑油输送到润滑点，图中尺寸 b 为伞形双向阀 B 的行程。信号销 I 在计量储油过程中向下突出，在供油给润滑点的过程中向上缩回，以确认分配器动作完成情况。

2. 单线阻尼式润滑系统

单线阻尼式润滑系统是利用阻尼式分配器，将润滑泵打出的压力油按一定比例分配到各润滑点，当系统中某个润滑点堵塞时，不影响其他润滑点的使用。单线阻尼式润滑系统的工作压力为 0.2～1.5MPa，结构简单，制造成本低，但油量计量误差大，对于距离远、位置高的润滑点的润滑难以保障。一般适用于润滑点少于 20 点的设备。图 2-74 所示为单线阻尼式润滑系统，图 2-75 所示为阻尼式分配器。

3. 递进式润滑系统

递进式润滑系统如图 2-76 所示，主要由润滑油泵、片式递进分配器及控制装置组成。系统将一定量的润滑油按规定顺序，逐个输送到各润滑点，注油量的大小取决于分配器内部柱塞的直径和行程。其特点是注油量准确，压力高，不但可以适用于油液润滑，而且还适用于使用油脂润滑的场合，润滑点可达 100 个，压强可达 21MPa。系统分配器的指示杆可显示系统工作状况，若某一点堵塞，可以通过循环指示器传至控制器，由控制器发讯报警，系统终止运行，以保护设备。

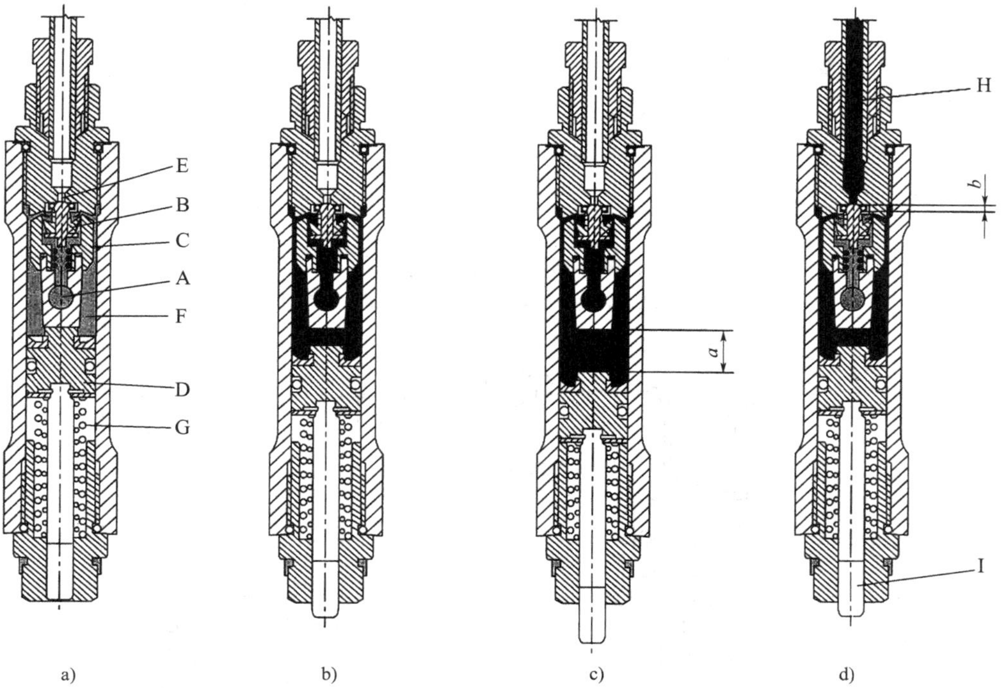

图 2-73　分配器的工作原理图

A—主管　B—伞形双向阀　C—通路　D—计量活塞　E—出油口

F—活塞室　G—弹簧　H—油管　I—信号销

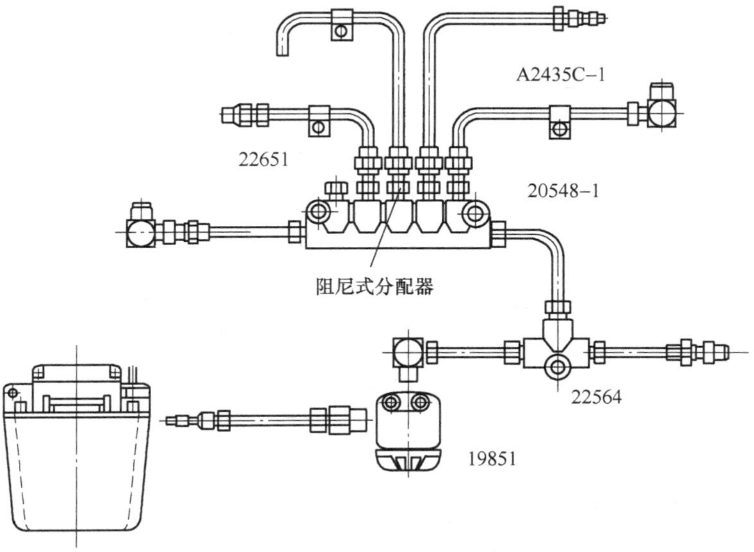

图 2-74　单线阻尼式润滑系统

a)　　b)

图 2-75　阻尼式分配器

a) 4 出口阻尼式分配器　b) 6 出口阻尼式分配器

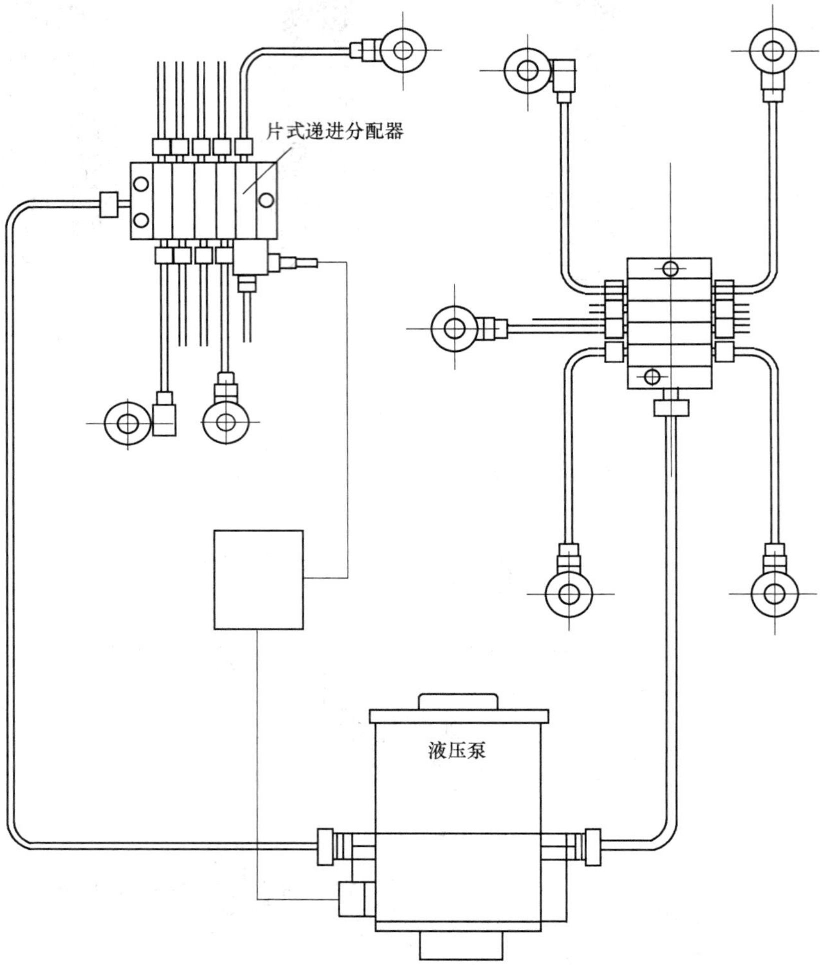

图 2-76　递进式润滑系统

图 2-77 所示为 SD 型片式递进式分配器，它由一片底板、一片端板及多片中间板组成。一个分配器可有 3 ~ 10 片中间板，可润滑点 6 ~ 20 个。其工作原理是由中间板中的柱塞从一定位置起按顺序依次动作供油，当某一点发生堵塞时，下一个出油口就不会动作，整个分流器将停止供油。堵塞指示器可以指示堵塞位置，便于维修。

a)

b)

图 2-77 SD 型片式递进式分配器

a）SD1 型片式递进式分配器 b）SD2 型片式递进式分配器

4. 油/空气润滑系统

如图 2-78 所示，油/空气润滑系统的工作方式是利用压缩空气泵油，通过定量阀分配器，既可供给多润滑点油气，也可以单纯供给润滑油。系统采用微处理器定时块控制液压泵供油和间歇时间。当气压或油压不足、油箱缺油时，内置蜂鸣器将报警。

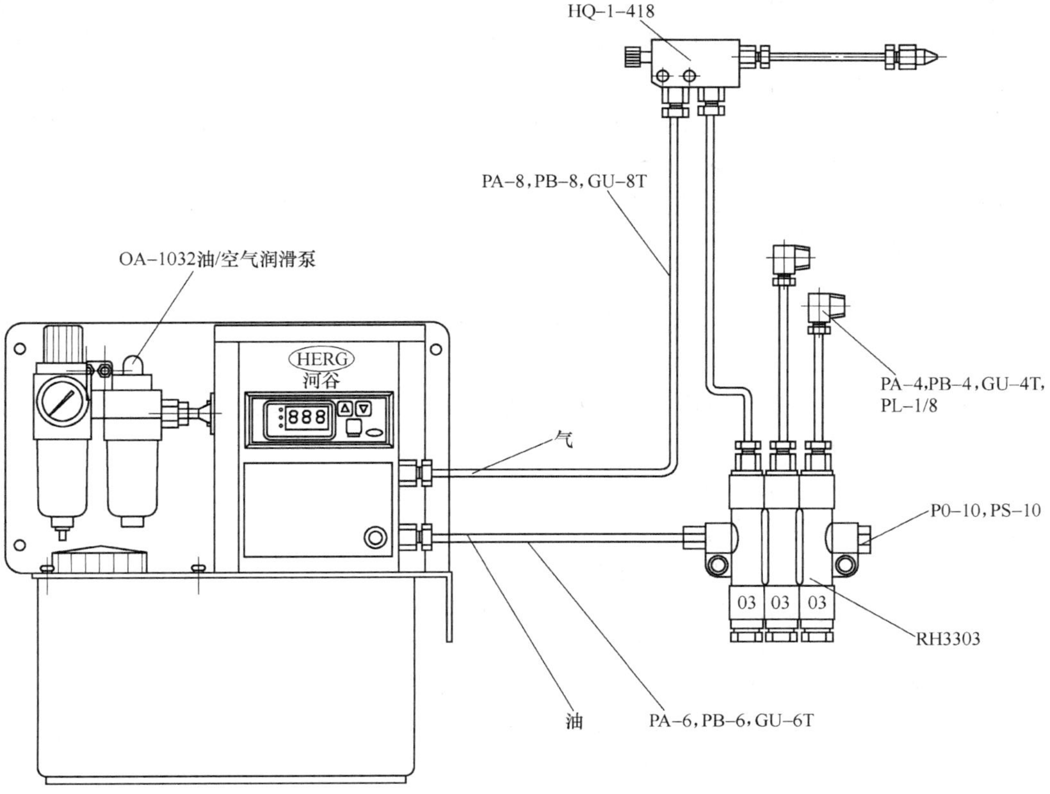

图 2-78 油/空气润滑系统

油气式润滑系统的工作压力为1.4～3.3MPa，适用于加工中心等高速主轴的润滑。油气式润滑系统的主要特点如下：

1）油气润滑中的油未被雾化，而是呈滴状进入润滑点，因此避免了油雾润滑对环境的污染。

2）可有效地降低润滑剂的消耗，且具有良好的降低润滑点温度的效果。

3）保持摩擦副中始终有新鲜的润滑剂。

（三）集中润滑系统的控制功能

集中润滑系统除了因润滑剂消耗、油箱油量过少而使润滑系统供油不足外，常见的故障还有液压泵失效、供油管路堵塞、分配器工作不正常、漏油严重等。因此，在集中润滑系统中设置了下述检测装置，用于对润滑泵的工作状态实施监控，避免机床在缺油状态下工作，影响机床性能和使用寿命。

（1）过载检测　在润滑泵的供电回路中使用过载保护元件，并将其过载触点作为PMC系统的输入信号，一旦润滑泵出现过载，PMC系统即可检测到并加以处理，使机床立即停止运行。

（2）油面检测　润滑剂为消耗品，因此机床工作一段时间后，润滑泵油箱内润滑剂会逐渐减少。如果操作人员没有及时添加，当油箱内润滑剂到达最低油位时，油面检测开关随即动作，并将此信号传送给PMC系统进行处理。

（3）压力检测　机床采用递进式集中润滑系统，只要系统工作正常，每个润滑点都能保证得到预定的润滑剂。一旦润滑泵本身工作不正常、失效，或者是供油回路中有一处出现供油管路堵塞、漏油等情况，系统中的压力就会显现异常。因此在润滑泵出口处安装压力检测开关，并将此开关信号输入PMC系统，在每次润滑泵工作后均检测系统内的压力，一旦发现异常则立即停止机床工作，并产生报警信号。

集中润滑系统还可以配置微处理器，用于设定润滑泵停止的时间和每次供油时间，以控制润滑泵间隙工作。

本章教学重点和难点

1. 同步带传动作为数控机床上应用较多的一种传动结构，其结构特点以及与一般带传动相比所具有的优点。

2. 主轴常用滚动轴承类型、主轴轴承配置形式及特点。

3. 电主轴的组成结构及特点。

4. 加工中心主轴准停装置的作用和工作原理。

5. 滚珠丝杠副的结构、特点及间隙调整的典型结构。

6. 消除传动齿轮副间隙的典型结构。

7. 数控车床上使用的回转刀架的结构及换刀过程。

8. 回转分度工作台与数控回转工作台在功能上的区别；分度工作台的工作原理；数控回转工作台的工作原理。

9. 滚动直线导轨副的组合安装类型；贴塑导轨的特点。

10. 加工中心常用的刀库类型；双臂机械手常用的手爪结构类型；立式加工中心和卧

式加工中心采用的典型的自动换刀系统；刀具交换装置中常用的刀具选择方式。

11. 数控机床主要的防护装置及结构；数控机床润滑系统的作用及集中润滑系统的特点。

复习思考题

1. 数控机床对主传动系统有哪些要求？
2. 数控机床的主轴变速方式有哪几种？
3. 数控机床对主轴组件的基本要求有哪些？主轴为何需要“准停”，如何实现准停？
4. 何谓电主轴？电主轴融合了哪些先进技术？有哪些特点？
5. 数控机床对进给系统机械传动部分的要求是什么？如何实现这些要求？
6. 滚珠丝杠副的工作原理是什么？滚珠丝杠副滚珠循环方式分为哪两类？各自的特点是什么？
7. 常用的滚珠丝杠副的轴向间隙调整形式有哪几种？如何调整？
8. 齿轮消除间隙的方法有哪些？各有何特点？
9. 试述分度工作台的功用和工作原理。
10. 试述数控回转工作台的工作原理。
11. 简述常用的滚动导轨、塑料导轨和静压导轨的特点。
12. 举例说明有机械手和无机械手的数控机床是如何完成刀具交换的。

第三章　数控车床与车削中心

第一节　数控车床概述

数控车床又称为 CNC（Computer Numerical Control）车床，即用计算机数字控制的车床。普通车床是靠手工操作机床来完成各种切削加工的，而数控车床是将编制好的加工程序输入到数控系统中，由数控系统通过车床 X、Z 坐标轴的伺服电动机去控制车床进给运动部件的动作顺序、移动量和进给速度，再配以主轴的转速和转向，便能加工出各种形状不同的轴类或盘类等回转体零件。数控车床是目前使用较为广泛的数控机床。

一、数控车床的布局、用途及分类

（一）数控车床的组成及布局

1. 数控车床的组成及特点

图 3-1 所示为普通车床的外观图，图 3-2 所示为早期的数控车床的外观图。结合学习“机械制造基础”课程和车工实习得到的感性认识，对比普通车床和数控车床的外观图可以发现：数控车床在结构上仍然是由主轴箱、刀架、进给传动系统、床身和尾座等主要部件组成，而且二者都有冷却系统和润滑系统，只是数控车床的进给系统刀架与普通车床相比在结构上存在着本质上的差别。普通车床主轴的运动经过主轴箱 1 里面的进给换向机构、挂轮变速机构 11、进给箱 10、溜板箱 8 传到光杠 6 或丝杠 7，带动刀架实现纵向和横向进给运动。图 3-3 所示为去掉防护装置的数控车床，伺服电动机 6 经滚珠丝杠、传动横

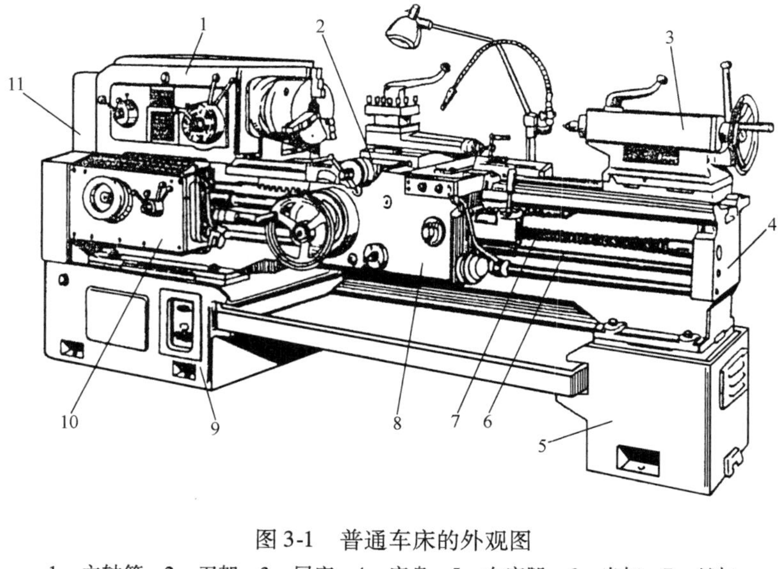

图 3-1　普通车床的外观图

1—主轴箱　2—刀架　3—尾座　4—床身　5—右床腿　6—光杠　7—丝杠
8—溜板箱　9—左床腿　10—进给箱　11—挂轮变速机构

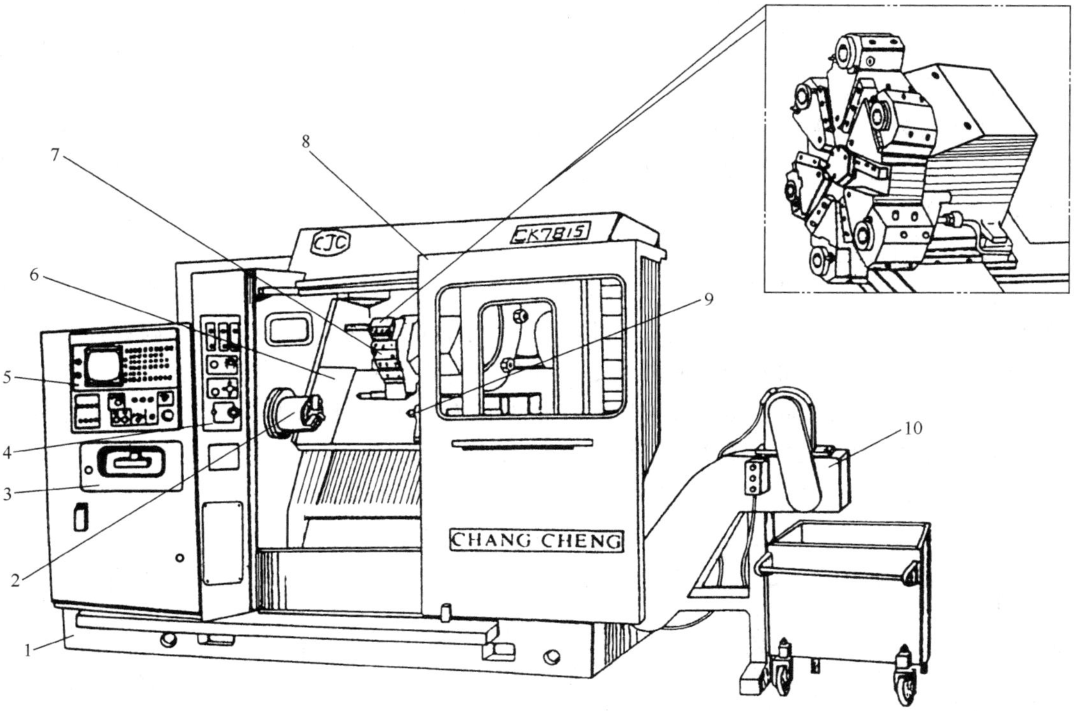

图 3-2　数控车床的外观图

1—床身　2—主轴　3—光电读带机　4—机床操作台　5—数控系统操作面板
6—导轨　7—回转刀架　8—防护门　9—尾座　10—排屑装置

向滑板 5，带动回转刀架 7 实现 X 轴进给运动；同理，Z 轴的伺服电动机经滚珠丝杠、传动纵向滑板 8，带动回转刀架实现 Z 轴进给运动。可见数控车床进给传动系统的结构较普通车床大为简化。数控车床也有加工各种螺纹的功能，如图 3-3 所示，为了使主轴的旋转与刀架的移动保持同步关系，一般是采取用主轴电动机经同步齿形带 1 驱动主轴 4 旋转，并且在主轴箱内安装有脉冲编码器 2，主轴的运动通过同步齿形带 3，1∶1 的传到脉冲编码器。当主轴旋转时，脉冲编码器便发出检测脉冲信号给数控系统，控制主轴电动机的旋转与刀架的切削进给保持同步关系，即实现加工螺纹时主轴转一转，刀架 Z 向移动一个导程的运动关系。

图 3-3　数控车床的传动结构

1、3—同步齿形带　2—脉冲编码器　4—主轴　5—X 向滑板
6—X 轴伺服电动机　7—回转刀架　8—Z 向滑板

全功能的数控车床采用如图3-2所示的回转刀架，其回转轴线平行于主轴轴线，由指令控制其自动回转换刀。在回转刀架上，除可以安装外圆车刀、内圆车刀和切槽刀外，还可以安装钻头、丝锥等孔加工刀具。

中高档的数控车床一般都采用全封闭式的防护装置，主要是为了防止水雾、油雾飞溅污染环境，保证机床工作过程的安全性；导轨上安装有导轨防护罩，起防尘和减小导轨副磨损的作用。经济型的数控车床采用半封闭式的防护装置，一般其导轨无防护罩。

2. 数控车床的布局

数控车床的主轴、尾座等部件相对床身的布局形式与卧式车床基本一致，但刀架和导轨的布局形式发生了很大的变化，而且刀架和导轨的布局形式会直接影响数控车床的使用性能、机床的结构和外观。此外，数控车床上都设有封闭的防护装置。

（1）床身导轨的布局　如图3-4所示，根据数控车床床身导轨与水平面的相对位置不同，可以有多种布局形式：图3-4a为平床身平滑板，图3-4b为斜床身斜滑板，图3-4c为平床身斜滑板，图3-4d为前斜床身平滑板，图3-4e为立式床身立滑板。

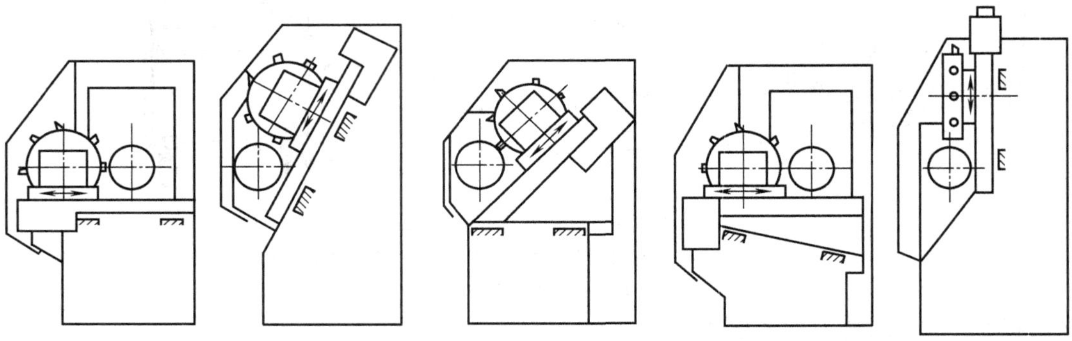

图3-4　数控车床布局形式

a）平床身平滑板　b）斜床身斜滑板　c）平床身斜滑板

d）前斜床身平滑板　e）立式床身立滑板

水平床身的工艺性好，便于导轨面的加工。水平床身导轨配上水平放置的刀架可提高刀架的运动精度，一般可用于大型数控车床或小型精密数控车床的布局。但是水平床身由于下部空间小，故排屑困难。从结构尺寸上看，刀架水平放置使得滑板横向尺寸较长，从而加大了机床宽度方向的结构尺寸。

水平床身配上倾斜放置的滑板，并配置倾斜式的导轨防护罩，这种布局形式一方面有水平床身工艺性好的特点，另一方面机床宽度方向的尺寸较水平配置滑板的要小，且排屑方便。水平床身配上倾斜放置的滑板和斜床身配置斜滑板的布局形式被中、小型数控车床所普遍采用。这是由于此两种布局形式排屑容易，热铁屑不会堆积在导轨上，也便于安装自动排屑器；操作方便，易于安装机械手，以实现单机自动化；机床占地面积小，外形简洁、美观，容易实现封闭式防护。

斜床身其导轨倾斜的角度分别为30°、45°、60°、75°和90°（称为立式床身）。倾斜角度小，排屑不便；倾斜角度大，导轨的导向性差，受力情况也差。导轨倾斜角度的大小还会直接影响机床外形尺寸高度与宽度的比例。综合考虑上面的诸因素，小型数控车床，其床身的倾斜度多采用30°和45°；中规格的数控车床，其床身的倾斜度以60°为宜；而大型数控车床，其床身的倾斜度多采用75°。

（2）刀架的布局　刀架作为数控车床的重要部件，其布局形式对机床整体布局及工作性能影响很大。目前两坐标联动数控车床多采用12工位的回转刀架，也有采用6工位、8工位、10工位回转刀架的。回转刀架在机床上的布局有两种形式。一种是用于加工盘类零件的回转刀架，其回转轴垂直于主轴；另一种是用于加工轴类和盘类零件的回转刀架，其回转轴平行于主轴。

床身上安装有两个独立的滑板和回转刀架的数控车床称为双刀架四坐标数控车床。其上每个刀架的切削进给量是分别控制的，因此两刀架可以同时切削同一工件的不同部位，既扩大了加工范围，又提高了加工效率。双刀架四坐标数控车床的结构复杂，且需要配置专门的数控系统实现对两个独立刀架的控制。这种机床适合加工曲轴、飞机零件等形状复杂、批量较大的零件。

（二）数控车床的用途

数控车床与普通车床一样，也是用来加工轴类或盘类等回转体零件。但是由于数控车床是自动完成内外圆柱面、圆锥面、圆弧面、端面、螺纹等工序的切削加工，所以数控车床特别适合加工形状复杂的轴类或盘类零件。其加工零件的尺寸精度可以达到IT5～IT6，加工表面的粗糙度可以达到R_a1.6μm以下。

数控车床具有加工灵活、通用性强、能适应产品的品种和规格频繁变化的特点，能够满足新产品的开发和多品种、小批量、生产自动化的要求，因此被广泛应用于机械制造业，例如汽车制造厂、发动机制造厂等等。

（三）数控车床的分类

随着数控车床制造技术的不断发展，形成了多品种、多规格的局面。对数控车床的分类可以采用不同的方法。

1. 按机床主轴布局形式分类

（1）卧式数控车床　主轴轴线处于水平位置的数控车床。卧式数控车床的刀架布局结构有前置和后置两种。

1）刀架前置的数控车床：图3-5所示为浙江凯达机床集团有限公司生产的数控车床。

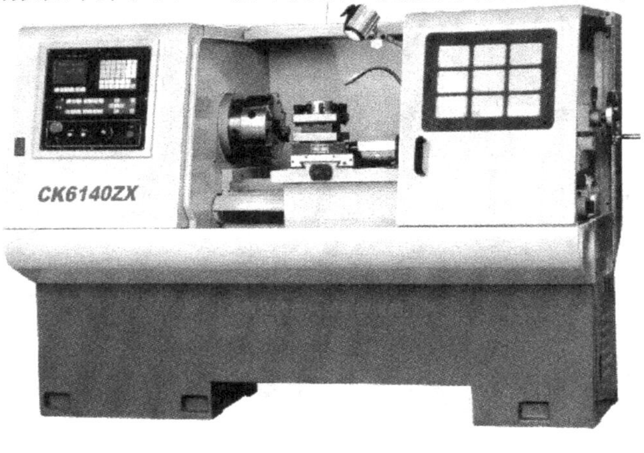

图3-5　刀架前置的数控车床

其上刀架的布局结构为前置四方形回转刀架，该刀架结构简单，外形类似普通车床的方刀架，安装刀具的数目较少，床身导轨为平导轨，操作者观察切削情况和测量工件不方便。

2）刀架后置的数控车床：图 3-6 所示为德国 DMG 公司生产的数控车床。其上刀架的布局结构为后置转塔刀架，中高档的数控车床一般都采用后置刀架的布局结构，床身导轨为倾斜导轨（或是水平床身配上倾斜放置的滑板），刀架后置方便了操作者观察工件和测量工件。

图 3-6　刀架后置的数控车床

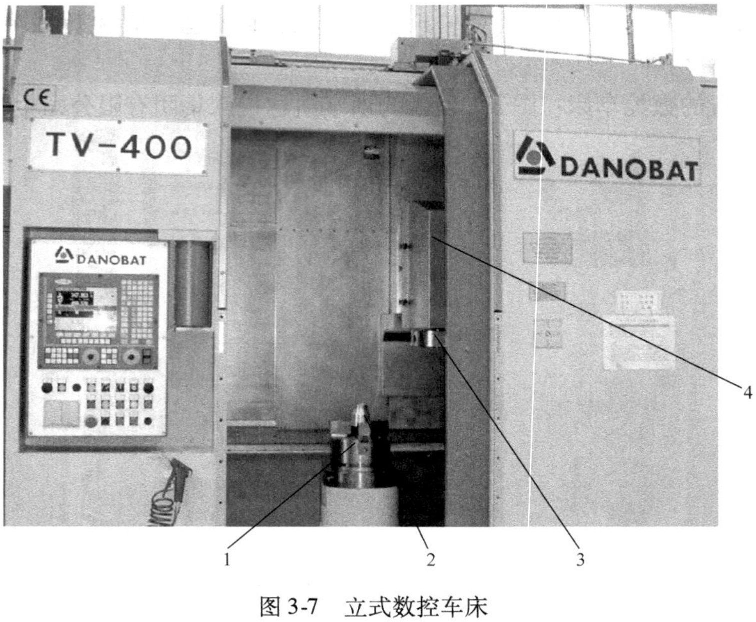

图 3-7　立式数控车床

（2）立式数控车床　这是一种主轴轴线处于垂直位置的数控车床。图 3-7 所示为西班牙达诺巴特公司生产的立式数控车床，主轴垂直向上，三爪卡盘 1 上装夹着工件 2，垂直刀架 4 的下端安装有回转刀盘 3。刀架沿垂直导轨的移动为 *Z* 轴进给，刀架沿水平导轨的移动为 *X* 轴进给。

2. 按数控系统控制的轴数分类

（1）两轴控制的数控车床　机床上只有一个回转刀架，可实现 *X*、*Z* 两坐标轴控制，图 3-5 和图 3-6 即是两轴控制的数控车床。

（2）四轴控制的数控车床　机床上有两个独立的回转刀架，可实现四轴控制。图 3-8 所示为双刀架卧式数控车床的刀架配置示意图，图 3-8a 所示此两个独立的回转刀架，一个为后置刀架，另一个为前置刀架，可以分别控制 *X* 坐标轴和 *Z* 坐标轴的进给运动，且

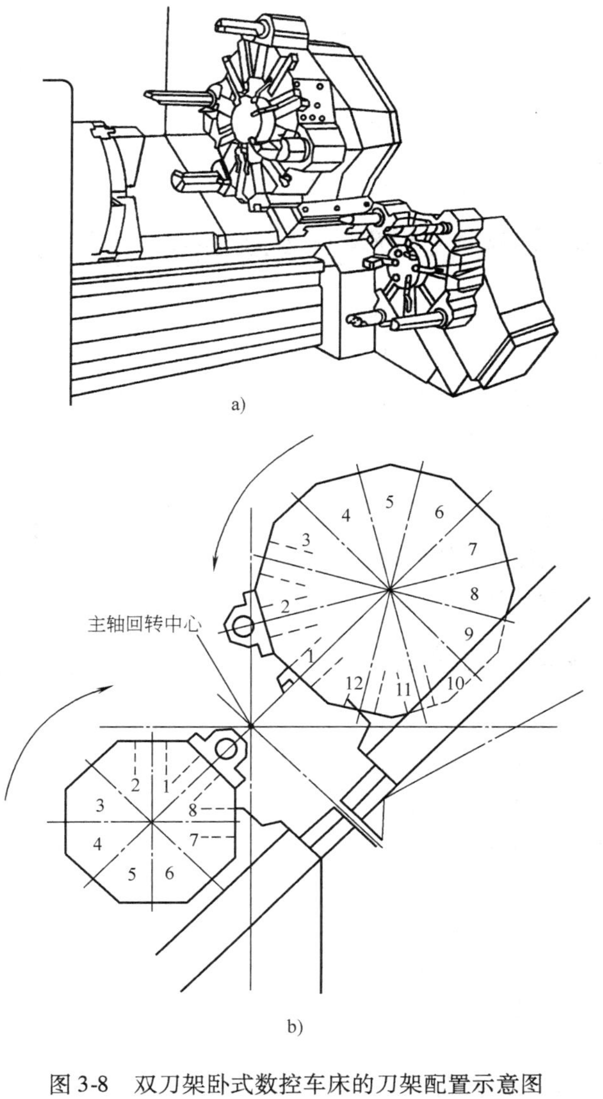

图 3-8　双刀架卧式数控车床的刀架配置示意图

a）双刀架结构　b）双刀架刀位及相对主轴中心的布局位置

每个回转刀架为两轴联动控制。图 3-8b 所示为两个回转刀架相对主轴回转中心的布局位置，其中后置回转刀架有 12 个刀位，前置回转刀架有 8 个刀位。

（3）三轴控制的车削中心　图 3-9 所示的车削中心是在数控车床的基础上发展起来的，主要特征是在数控车床的转塔刀架上增设了多种自驱动刀具并对主轴（*C* 轴）进行伺服控制，自驱动刀具有钻削头、铣削头等。图 3-10 所示为车削中心回转刀架的外观图，其上安装有平行于主轴轴线（*Z* 轴）的自驱动刀具 1 和垂直于主轴轴线（*X* 轴）的自驱动刀具 2。机床工作时除了转塔刀架控制 *X* 坐标轴和 *Z* 坐标轴的进给运动之外，主轴的 *C* 轴可以做分度运动或圆周进给运动，自驱动刀具可以进行钻削加工和铣削加工。

图 3-9　车削中心

（4）五轴联动车铣复合中心　机床配置双车主轴、一个铣轴、一个转塔刀架和一个盘式刀库。车铣复合中心主要用于航空、军工、汽车、船舶等行业中复杂零件的加工。

目前，我国使用最多的是中小规格的两轴联动的卧式数控车床。

图 3-10　车削中心回转刀架的外观图

二、MJ-50 数控车床的用途、布局及技术参数

MJ-50 型数控车床是济南一机床集团有限公司的产品。根据用户的需要，该机床可以提供日本 FANUC-0TE 或德国 SIEMENS 数控系统。

（一）MJ-50 数控车床的用途

MJ-50 数控车床主要用来加工轴类零件的内外圆柱面、圆锥面、螺纹表面、成形回转体表面。对于盘类零件可进行钻孔、扩孔、铰孔、镗孔等加工。机床还可以完成车端面、切槽、倒角等加工。

（二）MJ-50 数控车床的布局

图 3-11 所示为 MJ-50 数控车床的外观图。

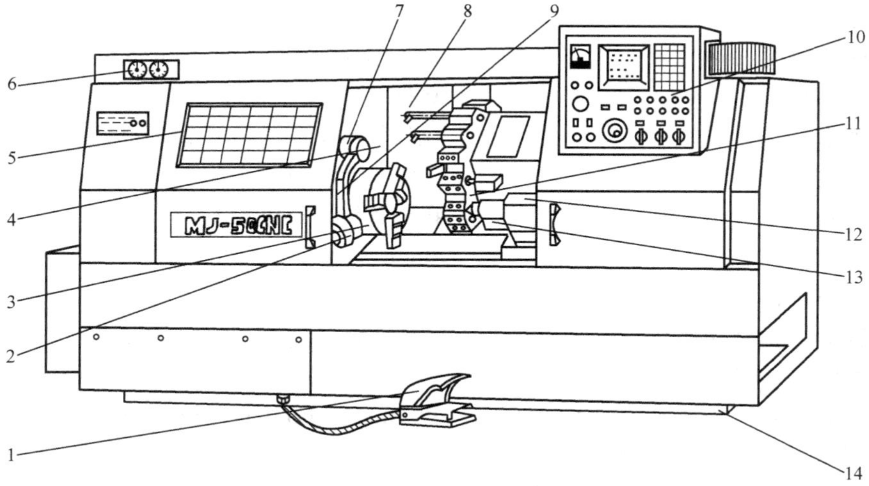

图 3-11　MJ-50 数控车床的外观图

1—脚踏开关　2—对刀仪　3—主轴卡盘　4—主轴箱　5—机床防护门　6—压力表　7—对刀仪防护罩　8—防护罩　9—对刀仪转臂　10—操作面板　11—回转刀架　12—尾座　13—滑板　14—床身

MJ-50 数控车床为两坐标两轴联动的卧式车床。床身 14 为平床身，床身导轨面上支承着 30°倾斜布置的滑板 13，排屑方便。导轨的横截面为矩形，支承刚性好，且导轨上配置有防护罩 8。床身的左上方安装有主轴箱 4，主轴由交流主轴电动机经 1∶1 带传动直接驱动主轴，结构十分简单。为了快速而省力地装夹工件，主轴卡盘 3 的夹紧与松开是由主轴尾端的液压缸来控制的。

床身右上方安装有尾座 12。该机机床有两种可配置的尾座：一种是标准尾座，另一种是液压驱动的尾座。滑板的倾斜导轨上安装有回转刀架 11，其刀盘上有 10 个工位，最多安装 10 把刀具。滑板上分别安装有 X 轴和 Z 轴的进给传动装置。

根据用户的需要，主轴箱前端面上可以安装对刀仪 2，用于机床的机内对刀。检测刀具时，对刀仪的转臂 9 摆出，其上端的接触式传感器测头对所用刀具进行检测。检测完成后，对刀仪的转臂摆回图中所示的原位，且测头被锁在对刀仪防护罩 7 中。

10 是操作面板，5 是机床防护门，可以配置手动防护门，也可以配置气动防护门。液压系统的压力由压力表 6 显示。1 是主轴卡盘夹紧与松开的脚踏开关。

（三）MJ-50 数控车床的主要技术参数

1. 机床的主要参数

允许最大工件回转直径	500mm
最大切削直径	310mm
最大切削长度	650mm
主轴转速范围	35 ~ 3500r/min（连续无级）
恒转矩范围内主轴转速范围	35 ~ 437r/min
恒功率范围内主轴转速范围	437 ~ 3500r/min
主轴通孔直径	80mm
拉管通孔直径	65mm

刀架有效行程	X 轴　182mm；Z 轴　675mm
快速移动速度	X 轴 10m/min；Z 轴 15m/min
安装刀具数	10 把
刀具规格	车刀 25mm×25mm；镗刀 ϕ12mm～ϕ45mm
选刀方式	刀盘就近转位
分度时间	单步 0.8s；180°　2.2s
尾座套筒直径	90mm
尾座套筒行程	130mm
主轴调速电动机功率	11/15kW（连续/30min 超载）
进给伺服电动机	X 轴 AC 0.9kW；Z 轴 AC 1.8kW
机床外形尺寸（长×宽×高）	2995mm×1667mm×1796mm

2. 数控系统的主要技术规格

FANUC-0TE 系统的主要技术规格如表 3-1 所示。

表 3-1　FANUC-0TE 系统基本规格

序号	名　　称	规　　格
1	控制轴数	X 轴、Z 轴，手动方式同时仅一轴
2	最小设定单位	X、Z 轴 0.001mm
3	最小移动单位	X 轴 0.0005mm Z 轴 0.001mm
4	最大编程尺寸	±99999.999mm
5	定位	执行 G00 指令时，机床快速运动并减速停止在终点
6	快速倍率	LOW，25%，50%，100%
7	手摇轮连续进给	每次仅一轴，0.001mm、0.01mm、0.1mm
8	进给倍率	从 0～150% 范围内以 10% 递增
9	自动加/减速	快速移动时，依比例加减速，切削时依指数加减速
10	停顿	G04（0～9999.999s）
11	空运行	空运行时为连续进给
12	进给保持	在自动运行状态下暂停 X、Z 轴进给，按程序起动按钮可以恢复自动运行
13	程序保护	存储器内的程序不能修改
14	可寄存程序	63 个
15	紧急停止	按下紧急停止按钮，所有指令停止，机床也立即停止运动
16	机床锁定	仅滑板不能移动
17	显示语言	英文
18	环境条件	环境温度：运行时 0 ～ 45℃ 运输和保管时 -20 ～60℃

第二节　数控车床的传动与结构

一、主传动系统及主轴箱结构

（一）主运动传动系统

MJ-50 数控车床的传动系统图如图 3-12 所示。其中主运动传动系统由功率为 11kW 的

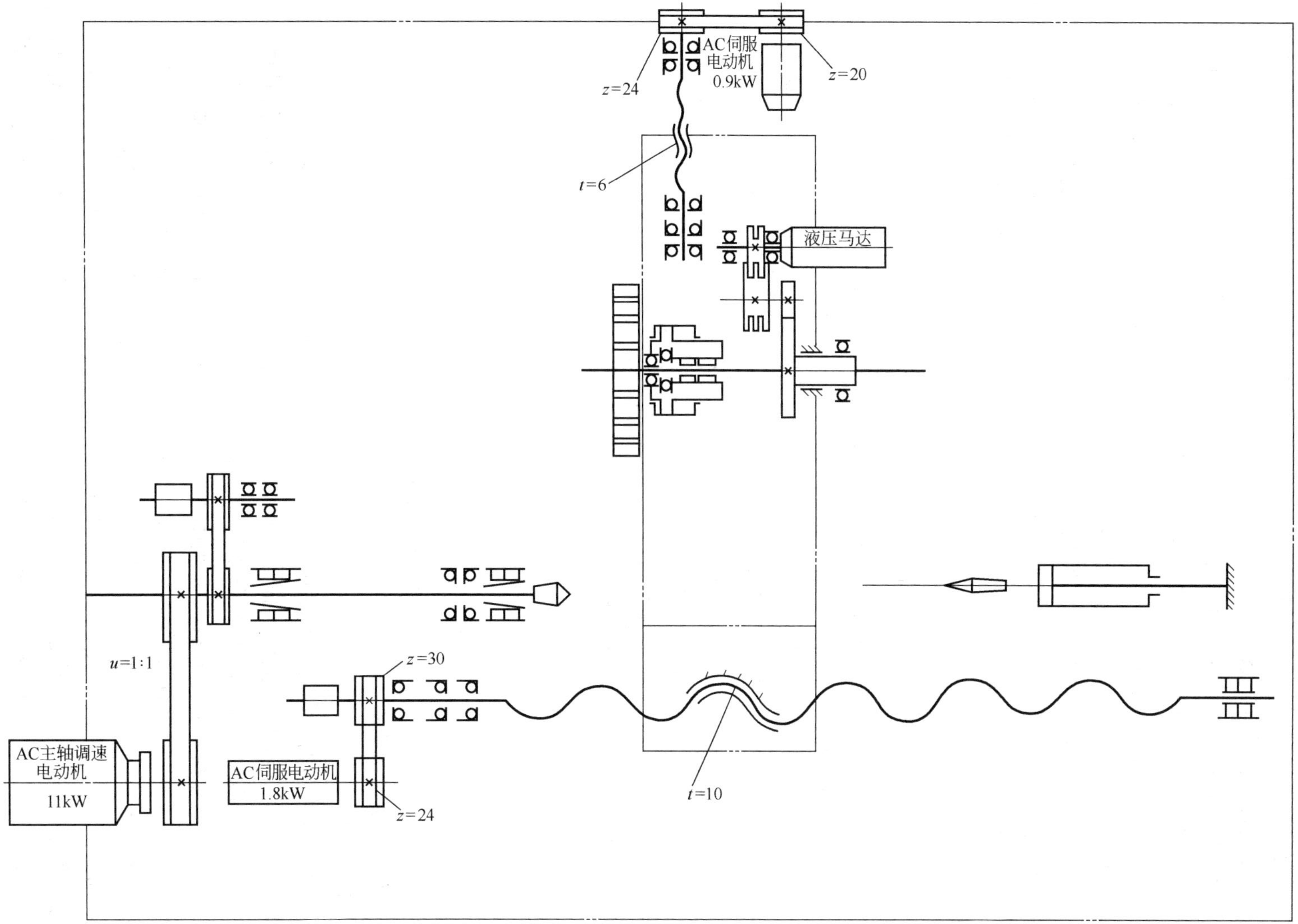

图 3-12　MJ-50 数控车床的传动系统图

主轴调速电动机驱动，经一级 1∶1 的带传动带动主轴旋转，使主轴在 35～3500r/min 的转速范围内实现无级调速，主轴箱内部省去了齿轮传动变速机构，因此减少了齿轮传动对主轴精度的影响，并且维修方便。

主轴功率转矩特性如图 3-13 所示。当机床处在连续运转状态下，主轴的转速在 437～3500r/min 范围内，主轴应能传递电动机的全部功率 11kW，为主轴的恒功率区域Ⅱ（实线）。在这个区域内，主轴的最大输出转矩（245N·m）应随着主轴转速的增高而变小。主轴转速在 35～437r/min 范围内的各级转速并不需要传递全部功率，但主轴的输出转矩不变，称为主轴的恒转矩区域Ⅰ（实线）。在这个区域内，主轴所能传递的功率随着主轴转速的降低而降低。图中虚线所示为主轴电动机超载（允许超载 30min）时，对应的恒功率区域和恒转矩区域。电动机超载时的功率为 15kW，超载的最大输出转矩为 334N·m。

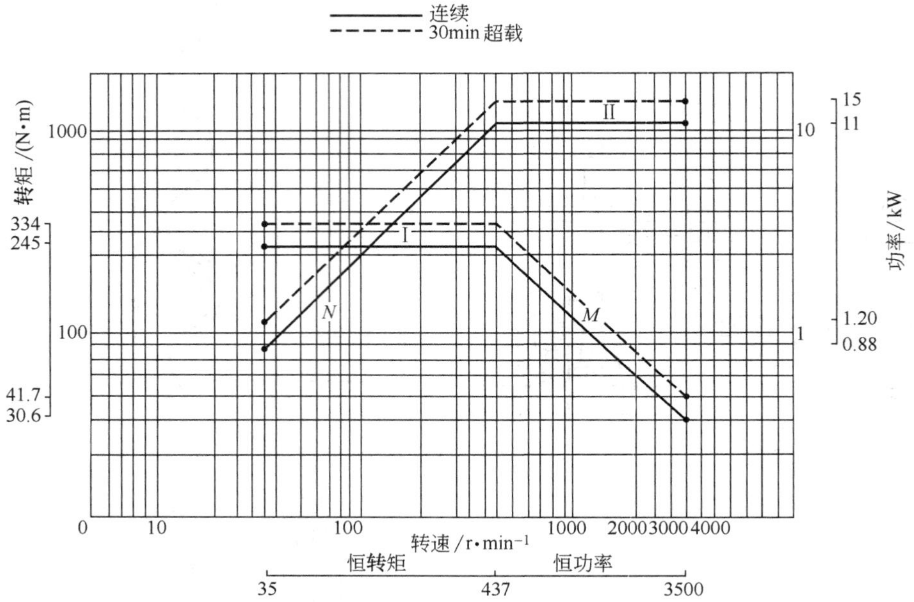

图 3-13　主轴功率转矩特性

（二）主轴箱结构

1. 主轴箱结构

MJ-50 数控车床主轴箱结构简图如图 3-14 所示。主轴电动机通过带轮 15 将运动传给主轴 7。主轴有前后两个支承，前支承由一个双列圆柱滚子轴承 11 和一对角接触球轴承 10 组成，双列圆柱滚子轴承用来承受径向载荷，两个角接触球轴承，用来承受双向的轴向载荷和径向载荷。前支承轴承的间隙用螺母 8 来调整，螺钉 12 用来防止螺母 8 回松。主轴的后支承为双列圆柱滚子轴承 14，轴承间隙由螺母 1 和 6 来调整。螺钉 17 和 13 是防止螺母 1 和 6 回松的。主轴的支承形式为前端定位，主轴受热膨胀向后伸长。前后支承所用双列圆柱滚子轴承的支承刚性好，允许的极限转速高。前支承中的角接触球轴承能承受较大的轴向载荷，且允许的极限转速高。主轴所采用的支承结构适宜高速大载荷的需要。主轴的运动经过同步带轮 16 和 3 以及同步带 2 带动脉冲编码器 4，使其与主轴同速运转。脉冲编码器用螺钉 5 固定在主轴箱体 9 上。

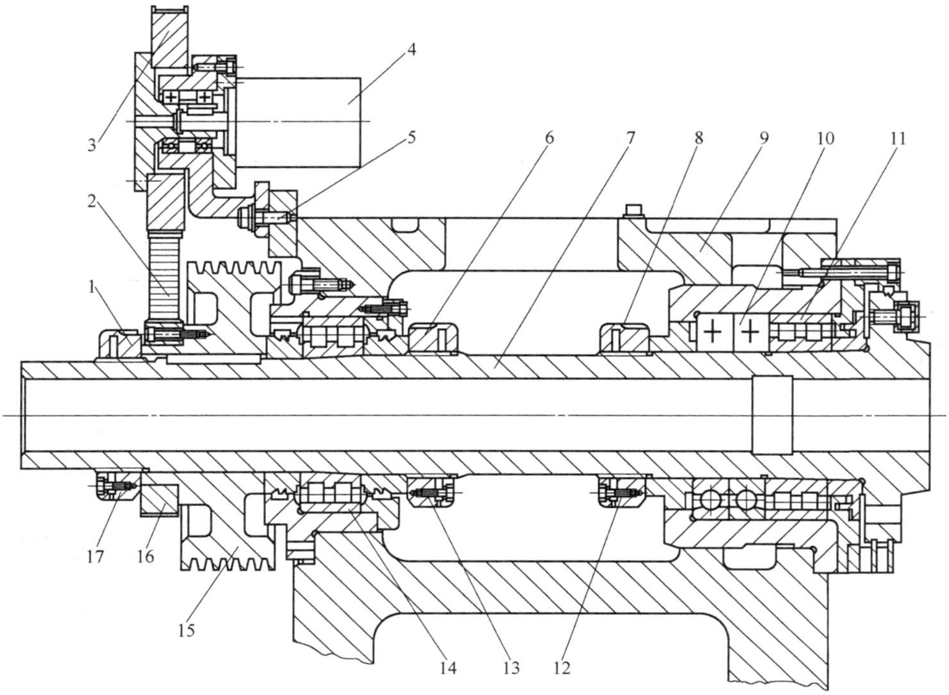

图 3-14　MJ-50 数控车床主轴箱结构简图

1、6、8—螺母　2—同步带　3、16—同步带轮　4—脉冲编码器　5、12、13、17—螺钉　7—主轴　9—主轴箱体　10—角接触球轴承　11、14—双列圆柱滚子轴承　15—带轮

2. 液压卡盘结构

如图 3-15 所示，液压卡盘固定安装在主轴 5 前端，回转液压缸 1 与接套 6 用螺钉 8 连接，接套通过螺钉与主轴后端面连接，使回转液压缸随主轴一起转动。卡盘的夹紧与松开由回转液压缸通过一根空心拉杆 2 来驱动，拉杆后端与液压缸内的活塞 7 用螺纹连接，连接套 3 的两端螺纹分别与拉杆 2 和滑套 4 连接。图 3-15b 为卡盘内楔形机构示意图，当液压缸内的压力油推动活塞和拉杆向卡盘方向移动时，滑套 4 向右移动，由于滑套上楔形槽的作用，使得卡爪座 12 带着卡爪 13 沿径向向外移动，则卡盘松开。反之液压缸内的压力油推动活塞和拉杆向主轴后端移动时，通过楔形机构，使卡盘夹紧工件。卡盘体 10 用螺钉 11 固定安装在主轴前端。9 为回转液压缸的箱体。

二、进给传动系统及传动装置

（一）进给传动系统的特点

数控车床的进给传动系统是控制 X、Z 坐标轴的伺服系统的主要组成部分，它将伺服电动机的旋转运动转化为刀架的直线运动，而且对移动精度要求很高，X 轴最小移动量为 0.0005mm（直径编程），Z 轴最小移动量为 0.001mm。采用滚珠丝杠螺母传动副，可以有效地提高进给系统的灵敏度、定位精度和防止爬行。另外，消除丝杠螺母的配合间隙和丝杠两端的轴承间隙，也有利于提高传动精度。

数控车床的进给系统采用伺服电动机驱动，通过滚珠丝杠螺母带动刀架移动，所以

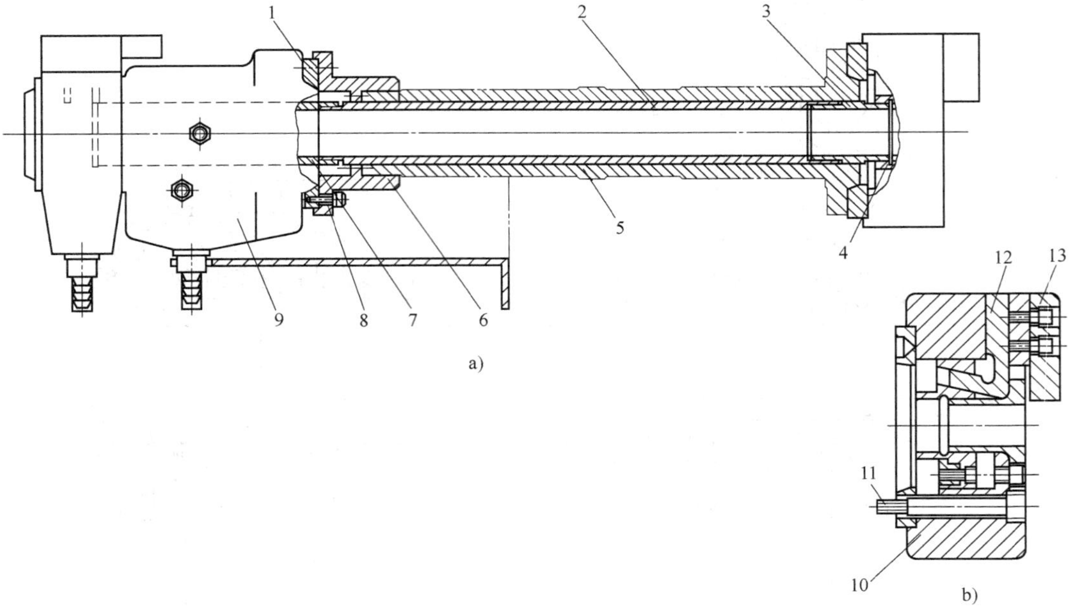

图 3-15　液压卡盘结构简图

1—回转液压缸　2—拉杆　3—连接套　4—滑套　5—主轴　6—接套　7—活塞

8、11—螺钉　9—回转液压缸箱体　10—卡盘体　12—卡爪座　13—卡爪

刀架的快速移动和进给运动均为同一传动路线。

（二）进给传动系统

如图 3-12 所示，MJ-50 数控车床的进给传动系统分为 *X* 轴进给传动和 *Z* 轴进给传动。*X* 轴进给由功率为 0.9kW 的交流伺服电动机驱动，经 20/24 的同步带轮传动到滚珠丝杠上，螺母带动回转刀架移动，滚珠丝杠螺距为 6mm。

Z 轴进给也是由交流伺服电动机驱动，经 24/30 的同步带轮传动到滚珠丝杠，其上螺母带动滑板移动。该滚珠丝杠螺距为 10mm，电动机功率为 1.8kW。

（三）进给系统传动装置

1. *X* 轴进给传动装置

图 3-16 是 MJ-50 数控车床 *X* 轴进给传动装置的结构简图。如图 3-16a 所示，AC 伺服电动机 15 经同步带轮 14 和 10 以及同步带 12 带动滚珠丝杠 6 回转，其上螺母 7 带动（见图 3-16b）刀架 21 沿滑板 1 的导轨移动，实现 *X* 轴的进给运动。电动机轴与同步带轮 14 用键 13 连接。滚珠丝杠有前后两个支承。前支承 3 由三个角接触球轴承组成，其中一个轴承大口向前两个轴承大口向后，承受双向的轴向载荷。前支承的轴承由螺母 2 进行预紧。其后支承 9 为一对角接触球轴承，轴承大口相背放置，由螺母 11 进行预紧。这种丝杠两端固定的支承形式，其结构和工艺都较复杂，但是可以保证和提高丝杠的轴向刚度。脉冲编码器 16 安装在伺服电动机的尾部。图中 5 和 8 是缓冲块，在出现意外碰撞时起保护作用。

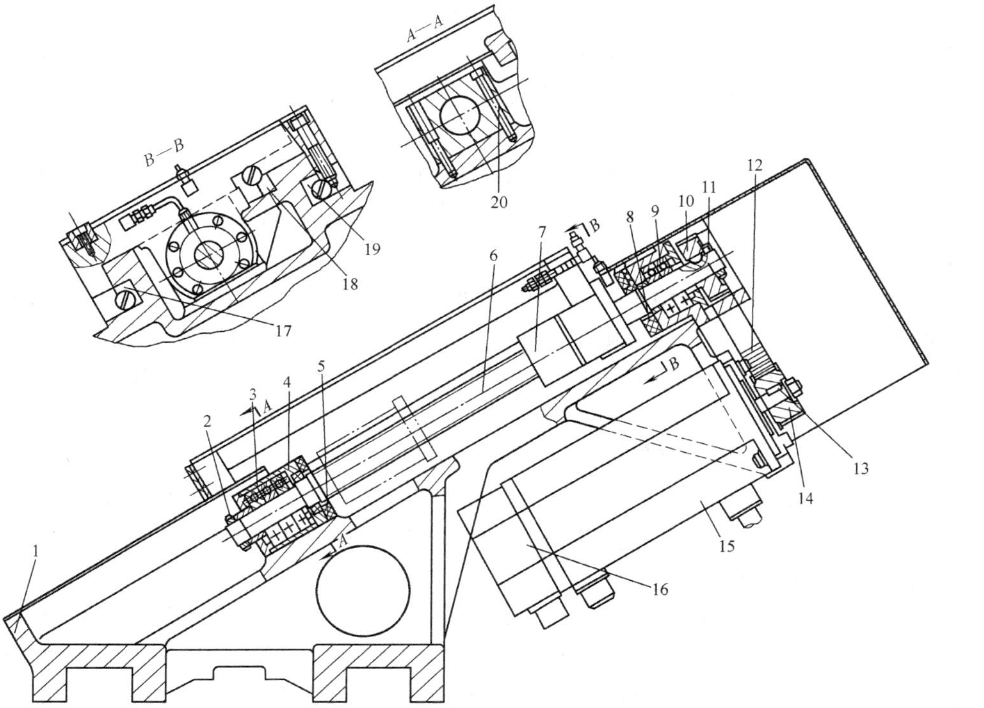

a)

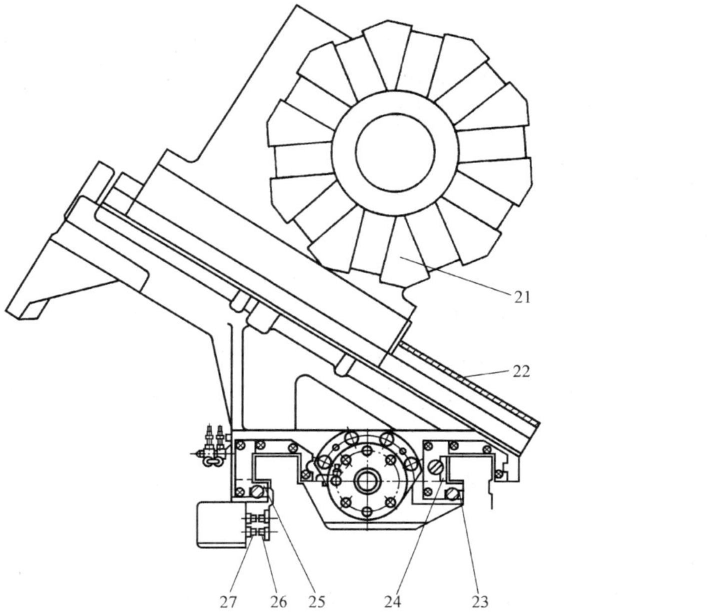

b)

图 3-16　MJ-50 数控车床 *X* 轴进给装置简图

a）*X* 轴传动结构　b）刀架结构及导轨的防护与调整

1—滑板　2、7、11—螺母　3—前支承　4—轴承座　5、8—缓冲块　6—滚珠丝杠　9—角接触球轴承　10、14—同步带轮　12—同步带　13—键　15—伺服电动机　16—脉冲编码器　17、18、19—镶条　20—螺钉　21—刀架　22—导轨护板　23、24、25—镶条　26、27—参考点限位开关和撞块

A—*A* 剖面图表示滚珠丝杠前支承的轴承座 4 用螺钉 20 固定在滑板上。滑板导轨如 *B*—*B* 剖视图所示为矩形导轨，镶条 17、18、19 用来调整刀架与滑板导轨的间隙。

图 3-16b 中 22 为导轨护板，26、27 为机床参考点的限位开关和撞块。镶条 23、24、25 用于调整滑板与床身导轨的间隙。

因为滑板顶面导轨与水平面倾斜 30°，回转刀架的自身重力使其下滑，滚珠丝杠和螺母不能以自锁阻止其下滑，故机床依靠 AC 伺服电动机的电磁制动来实现自锁。

2. *Z* 轴进给传动装置

MJ-50 数控车床 *Z* 轴进给传动装置简图如图 3-17 所示。AC 伺服电动机 14 经同步带轮 12 和 2 以及同步带 11 传动到滚珠丝杠 5，由螺母 4 带动滑板连同刀架沿床身 13 的矩形导轨移动（见图 3-16b），实现 *Z* 轴的进给运动。图 3-17b 所示为电动机轴与同步带轮 12 之间用锥环无键连接，局部放大视图中 19 和 20 是锥面相互配合的内外锥环，当拧紧螺钉 17 时，法兰 18 的端面压迫外锥环 20，使其向外膨胀，内锥环 19 受力后向电动机轴收缩，从而使电动机轴与同步带轮连接在一起。这种连接方式无需在被连接件上开键槽，而且两锥环的内外圆锥面压紧后，使连接配合面无间隙，对中性较好。选用锥环对数的多少，取决于所传递转矩的大小。

滚珠丝杠的左支承由三个角接触球轴承 15 组成，其中右边两个轴承与左边一个轴承的大口相对布置，由螺母 16 进行预紧。如图 3-17a 所示，滚珠丝杠的右支承 7 为一个圆柱滚子轴承，只用于承受径向载荷，轴承间隙用螺母 8 来调整。滚珠丝杠的支承形式为左端固定，右端浮动，留有丝杠受热膨胀后轴向伸长的余地。3 和 6 为缓冲挡块，起超程保护作用。*B* 向视图中的螺钉 10 将滚珠丝杠的右支承轴承座 9 固定在床身 13 上。

如图 3-17b 所示，*Z* 轴进给装置的脉冲编码器 1 与滚珠丝杠 6 相连接，直接检测丝杠的回转角度，从而提高系统对 *Z* 向进给的精度控制。

三、自动回转刀架

1. 自动回转刀架的换刀过程

数控车床的自动回转刀架转位换刀过程为：

（1）刀盘松开　当接收到数控系统的换刀指令后，刀架主轴带动刀盘向左移动，使动、静鼠牙盘脱开，解除刀盘在机床工作时的定位加紧状态。

（2）刀盘转位　按加工程序指定的换刀刀号，刀盘顺时针或逆时针旋转到指令要求的刀位。

（3）刀盘夹紧　刀盘随刀架主轴向右移动，使动、静鼠牙盘啮合，刀盘定位夹紧，并发出转位结束信号。

2. 自动回转刀架的结构

图 3-18 所示为 MJ-50 数控车床回转刀架的结构简图，该回转刀架的夹紧与松开、刀盘的转位均由液压系统驱动、PLC 顺序控制来实现。11 是安装刀具的刀盘，它与轴 6 固定连接。当刀架主轴 6 带动刀盘旋转时：其上的鼠牙盘 13 和固定在刀架上的鼠牙盘 10 脱开，旋转到指定刀位后，刀盘的定位是靠鼠牙盘 13 与 10 啮合来完成。

活塞 9 支承在一对推力球轴承 7 和 12 及双列滚针轴承 8 上，它可以通过推力轴承带动刀架主轴移动。当接到换刀指令时，活塞 9 及轴 6 在压力油推动下向左移动，使鼠牙盘

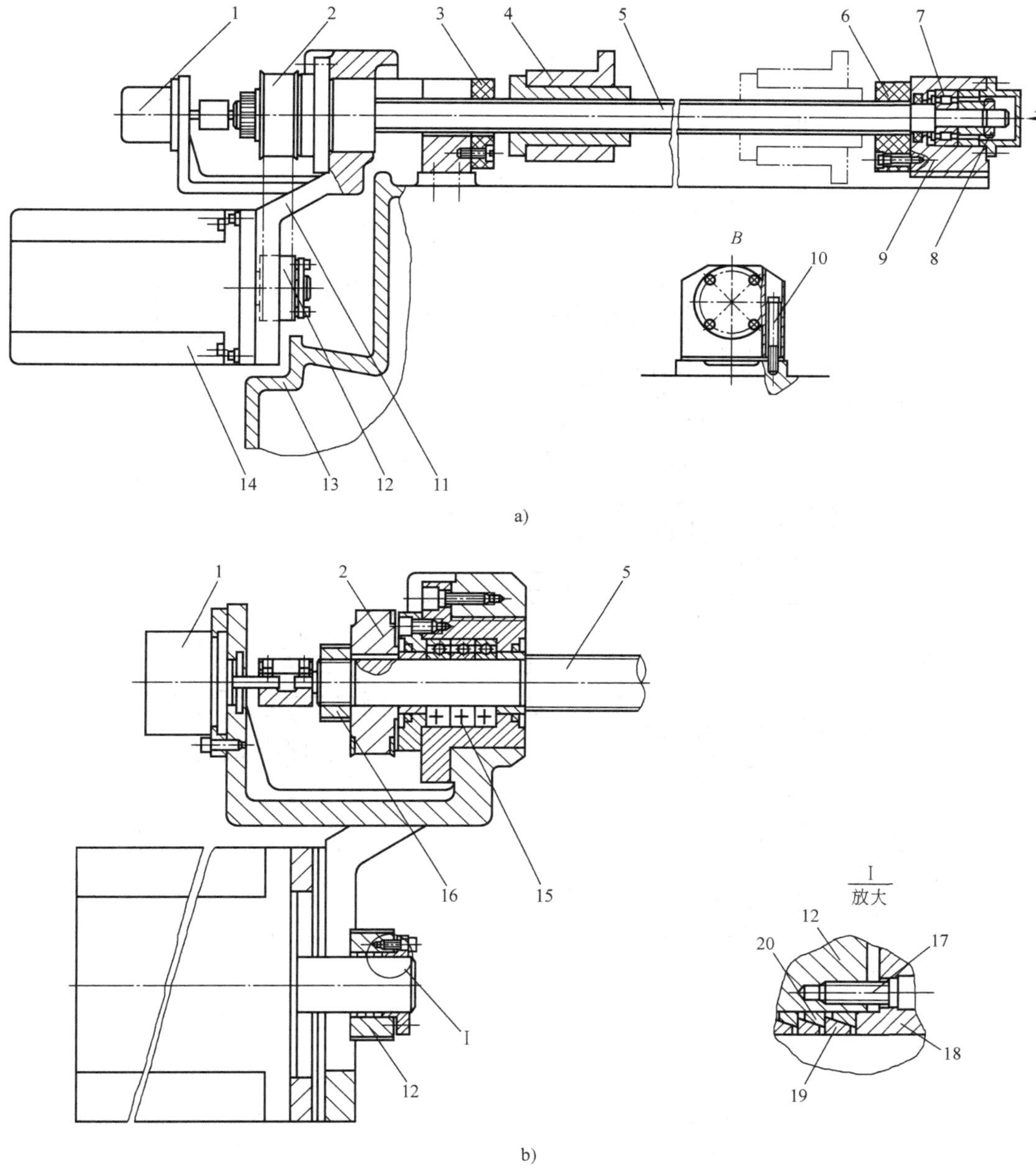

图 3-17　MJ-50 数控车床 Z 轴进给装置简图

1—脉冲编码器　2、12—同步带轮　3、6—缓冲挡块　4—螺母　5—滚珠丝杠
7—圆柱滚子轴承　8、16—调整螺母　9—右支承轴承座　10、17—螺钉　11—同步带
13—床身　14—伺服电动机　15—角接触球轴承　18—法兰　19—内锥环　20—外锥环

13 与 10 脱开，液压马达 2 起动带动平板共轭分度凸轮 1 转动，经齿轮 5 和齿轮 4 带动刀架主轴及刀盘旋转。刀盘旋转的准确位置，通过开关 PRS1、PRS2、PRS3、PRS4 的通断组合来检测确认。当刀盘旋转到指定的刀位后，接近开关 PRS7 通电，向数控系统发出信号，指令液压马达停转，这时压力油推动活塞 9 向右移动，使鼠牙盘 10 和 13 啮合，刀盘被定位夹紧。接近开关 PRS6 确认夹紧并向数控系统发出信号，于是刀架的转位换刀循环

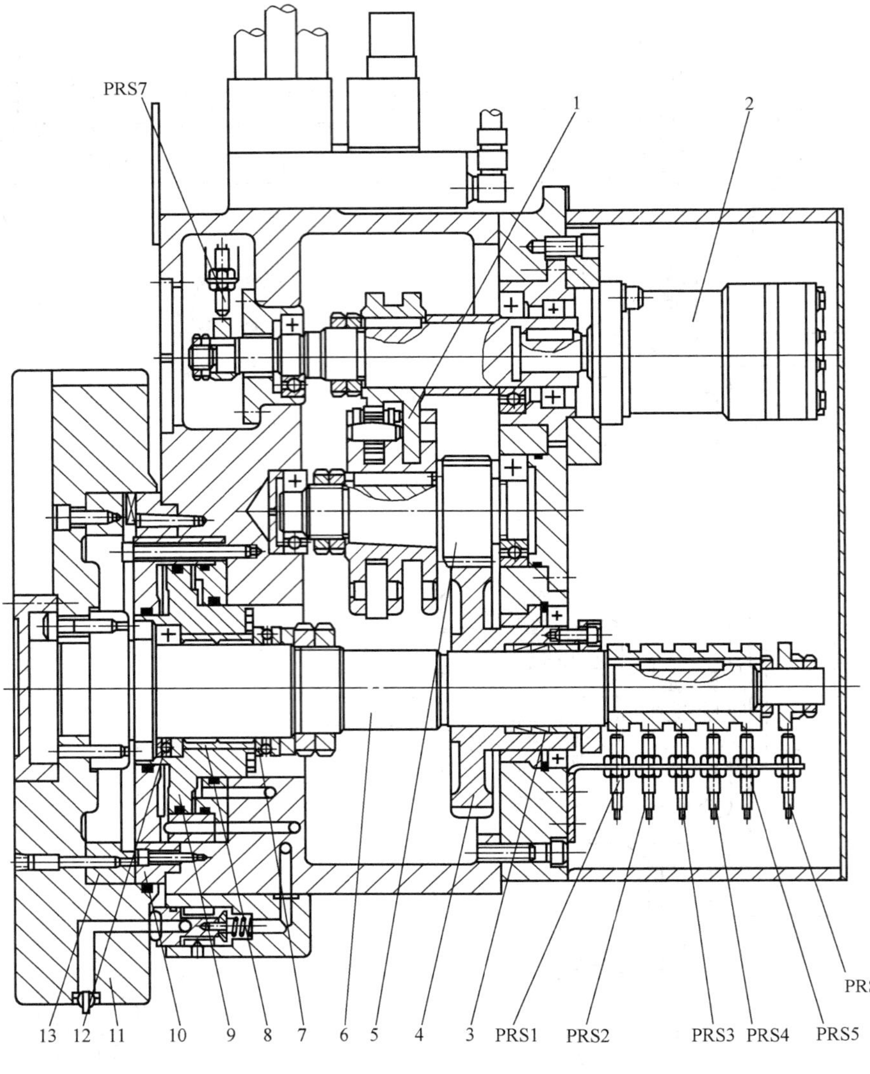

图 3-18 MJ-50 数控车床回转刀架的结构简图

1—分度凸轮 2—液压马达 3—锥环无键连接 4、5—齿轮 6—刀架主轴

7、12—推力球轴承 8—双列滚针轴承 9—活塞 10、13—鼠牙盘 11—刀盘

完成。

在机床自动工作状态下，当指定换刀的刀号后，数控系统可以通过内部的运算判断，实现刀盘就近转位换刀，即刀盘可正转也可反转。但当手动操作机床时，从刀盘方向观察，只允许刀盘顺时针转动换刀。

3. 平板共轭分度凸轮的工作原理

在 MJ-50 数控车床上，在如图 3-18 所示的控制自动回转刀架转位换刀的装置中，采用了平板共轭分度凸轮机构。该机构将液压马达 2 的连续回转运动转换为刀盘 11 的分度运动，以实现刀盘的转位换刀。

平板共轭分度凸轮的工作原理如图 3-19 所示，主动凸轮是由轮廓形状完全相同的两片凸轮 1 和 1′ 构成，在圆周方向两片凸轮互相错开 180°夹角且固定连接在一起。从动转盘 3 的左、右两端面上，沿周向均布安装有 6 个滚子 2 和 2′。当主动凸轮旋转时，在 180°范围内凸轮 1 与滚子 2 接触，推动转盘回转 30°，刀盘则转过一个刀位；同理在下一个 180°范围内凸轮 1′与滚子 2′ 接触，推动转盘回转 30°，刀盘又转过一个刀位。当主动凸轮的圆弧形轮廓与转盘上的滚子接触时，转盘停止不动。由于两凸轮片是固定连接在一起的，能同时控制从动转盘，使得凸轮与滚子之间能保持良好的封闭性。可见，两片凸轮的协调配合，完成了旋转机构的间歇运动。

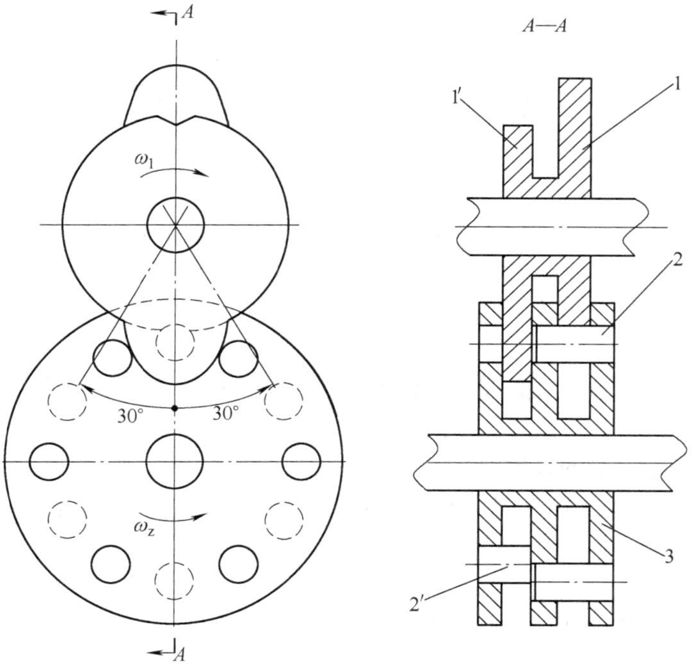

图 3-19　平板共轭分度凸轮机构简图

1、1′—主动凸轮　2、2′—滚子　3—从动转盘

四、机床尾座

MJ-50 数控车床出厂时一般配置标准尾座，图 3-20 所示为尾座结构简图。尾座体的移动由滑板带动移动。尾座体移动后，由手动控制的液压缸将其锁紧在床身上。

在调整机床时，可以手动控制尾座套筒移动。顶尖 1 与尾座套筒 2 用锥孔连接，尾座套筒可带动顶尖一起移动。在机床自动工作循环中，可通过加工程序由数控系统控制尾座套筒的移动。当数控系统发出尾座套筒伸出的指令后，液压电磁阀动作，压力油通过活塞杆 4 的内孔进入套筒液压缸 2 的左腔，推动尾座套筒伸出。当数控系统指令其退回时，压力油进入套筒液压缸的右腔，从而使尾座套筒退回。

尾座套筒移动的行程，靠调整套筒外部连接的行程杆 10 上面的移动挡块 6 来完成。图中所示移动挡块的位置在右端极限位置时，套筒的行程最长。当套筒伸出到位时，行程杆上的挡块 6 压下确认开关 9，向数控系统发出尾座套筒到位信号。当套筒退回时，行程杆上的固定挡块 7 压下确认开关 8，向数控系统发出套筒退回的确认信号。

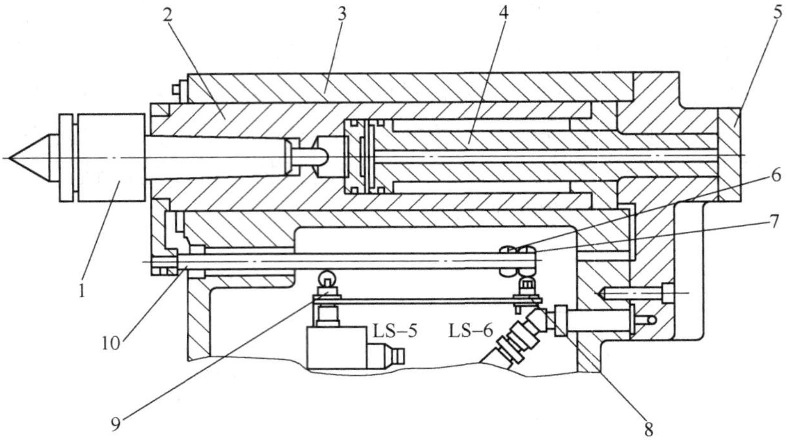

图 3-20　MJ-50 数控车床尾座结构简图

1—顶尖　2—尾座套筒　3—尾座体　4—活塞杆　5—端盖　6—移动挡块
7—固定挡块　8、9—确认开关　10—行程杆

第三节　数控车床的液压原理图及换刀控制

MJ-50 数控车床卡盘的夹紧与松开、卡盘夹紧力的高低压转换、回转刀架的松开与夹紧、刀架刀盘的正转与反转、尾座套筒的伸出与退回都是由液压系统驱动的，液压系统中各电磁阀电磁铁的动作是由数控系统的 PLC 控制实现的。

一、液压系统原理图

图 3-21 所示为 MJ-50 数控车床液压系统原理图。机床的液压系统采用单向变量液压泵，系统压力调整至 4×10^{6}MPa，由压力表 14 显示。液压泵出口的压力油经过单向阀进入控制油路。

（一）卡盘动作的控制

主轴卡盘的夹紧与松开，由一个二位四通电磁换向阀 1 控制。卡盘的高压夹紧与低压夹紧的转换，由电磁换向阀 2 控制。当卡盘处于正卡（也称外卡）且在高压夹紧状态下，夹紧力的大小由减压阀 6 来调整，由压力表 12 显示卡盘压力。系统压力油经减压阀 6 ⟶电磁换向阀 2（左位）⟶电磁换向阀 1（左位）⟶液压缸右腔，活塞杆左移，卡盘夹紧。这时液压缸左腔的油液经电磁换向阀 1（左位）直接回油箱。反之，系统压力油经减压阀 6 ⟶电磁换向阀 2（左位）⟶电磁换向阀 1（右位）⟶液压缸左腔，活塞杆右移，卡盘松开。这时液压缸右腔的油液经电磁换向阀 1（右位）直接回油箱。当卡盘处于正卡且在低压夹紧状态下，夹紧力的大小由减压阀 7 来调整。系统压力油经减压阀 7 ⟶电磁换向阀 2（右位）⟶电磁换向阀 1（左位）⟶液压缸右腔，卡盘夹紧。反之，系统压力油经减压阀 7 ⟶电磁换向阀 2（右位）⟶电磁换向阀 1（右位）⟶液压缸左腔，卡盘松开。

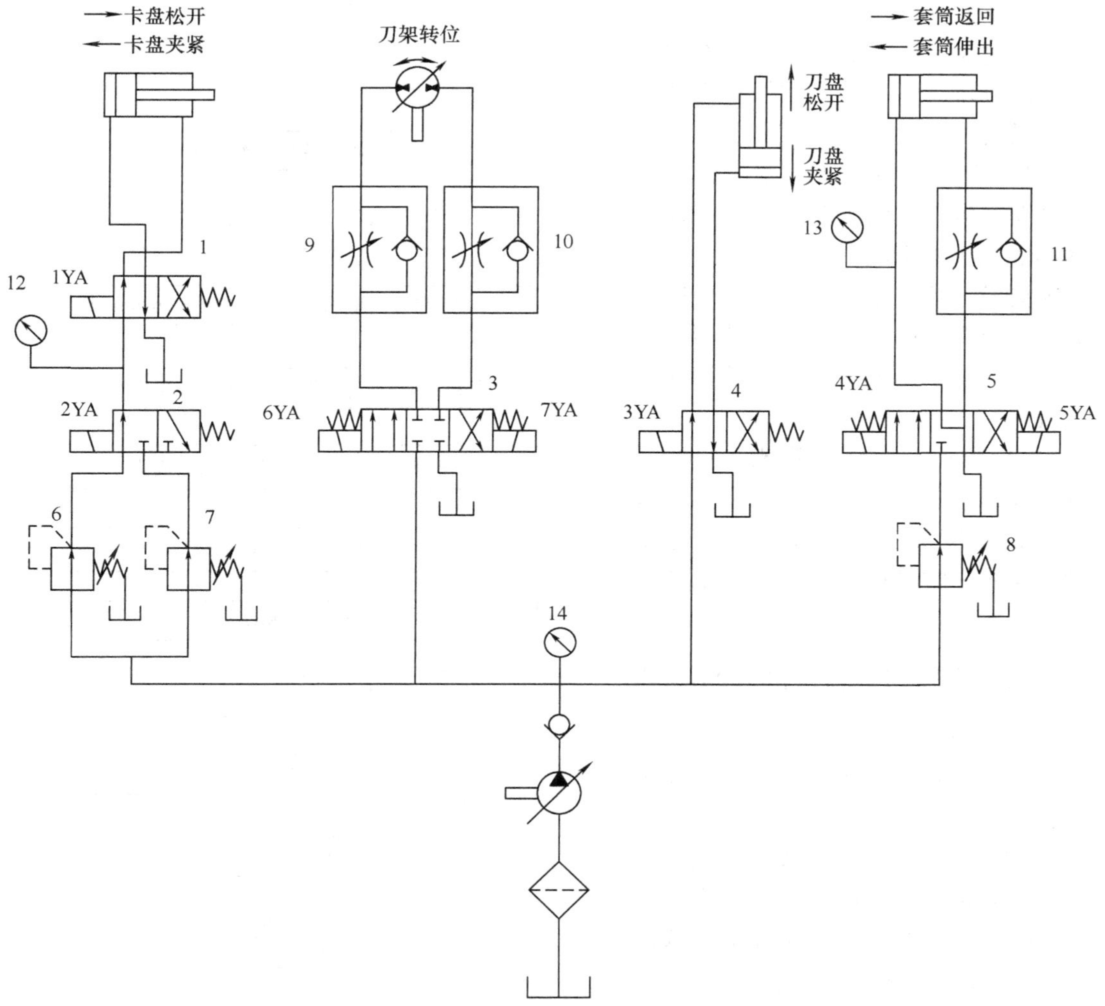

图 3-21　MJ-50 数控车床液压系统原理图

（二）回转刀架动作的控制

回转刀架换刀时，首先是刀盘松开，之后刀盘就近转位到达指定的刀位，最后刀盘复位夹紧。刀盘的夹紧与松开，由一个二位四通电磁换向阀 4 控制。刀盘的旋转有正转和反转两个方向，它由一个三位四通电磁换向阀 3 控制，其旋转速度分别由调速阀 9 和 10 控制。电磁换向阀 4 在右位时，刀盘松开，系统压力油经电磁换向阀 3（左位）⟶调速阀 9 ⟶液压马达，刀架正转。若系统压力油经电磁换向阀 3（右位）⟶调速阀 10 ⟶液压马达，则刀架反转。电磁换向阀 4 在左位时，刀盘夹紧。

（三）尾座套筒动作的控制

尾座套筒的伸出与退回由一个三位四通电磁换向阀 5 控制，套筒伸出工作时的预紧力大小通过减压阀 8 来调整，并由压力表 13 显示。系统压力油经减压阀 8 ⟶电磁换向阀 5（左位）⟶液压缸左腔，套筒伸出。这时液压缸右腔油液经调速阀 11 ⟶电磁换向阀 5（左位）回油箱。反之，系统压力油经减压阀 8 ⟶电磁换向阀 5（右位）⟶调速阀 11

——→液压缸右腔，套筒退回。这时液压缸左腔的油液经电磁换向阀 5（右位）直接回油箱。

通过对液压系统中各执行件动作过程的分析，可以看出数控车床液压系统具备两个特点：

1）由于数控机床控制的自动化程度要求较高，因此对液压系统控制动作的顺序要求较严格，并有一定的速度要求。数控车床液压系统一般由数控系统内置的 PLC 控制，执行件的动作顺序多采用电磁换向阀的切换来实现。

2）数控车床液压系统的执行元件主要承担各种辅助功能，虽然其载荷变化幅度较小，但要求稳定。因此，系统中常采用减压阀来保证各支路的压力恒定。

二、回转刀架转位换刀的控制

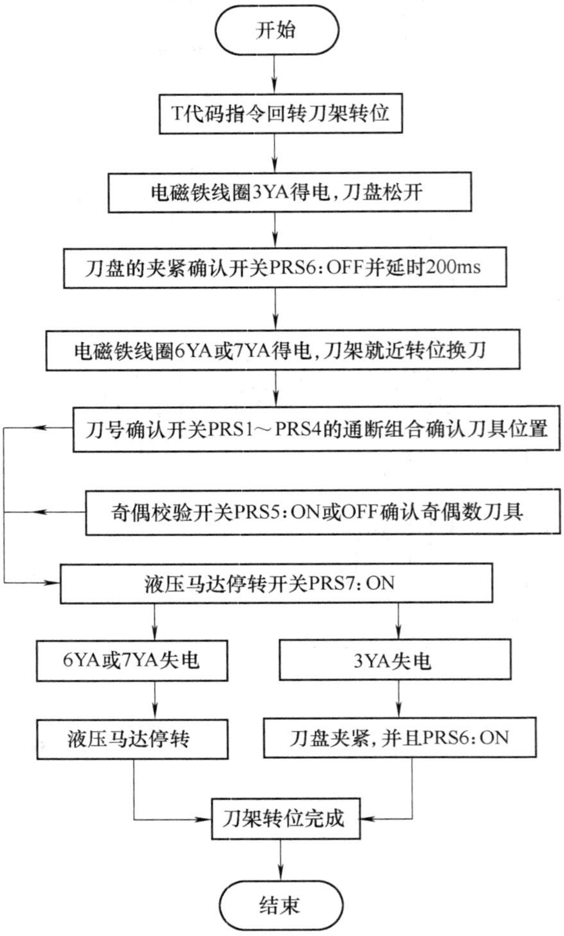

图 3-22　回转刀架转位换刀流程图

回转刀架转位换刀的流程图如图 3-22 所示。回转刀架的自动转位换刀是由数控系统的 PLC 顺序控制实现的。在机床自动加工过程中，当完成一个工步需要换刀时，加工程序中的 T 代码指令回转刀架转位换刀。这时由 PLC 输出执行信号，首先使电磁铁线圈 3YA 得电动作，刀盘松开，同时刀盘的夹紧确认开关 PRS6 断电，并延时 200ms。之后，根据 T 代码指定的刀具号，由液压马达驱动刀盘，就近转位选刀，若 6YA 得电则刀架正转，若 7YA 得电则刀架反转。刀架转位后是否到达 T 代号指定的刀具位置，由一组刀号确认开关 PRS1～PRS4 并与奇偶校验开关 PRS5 来确认。如果指令的刀具到位，开关 PRS7 通电，发出液压马达停转信号，使电磁铁线圈 6YA 或 7YA 失电，液压马达停转。同时，3YA 失电，刀盘夹紧。这时，开关 PRS6 通电，确认刀盘已夹紧，机床可以进行下一个动作。

第四节　数控车削中心

一般在数控车床上仅限于回转体表面的加工，实际上有许多回转体工件，除了加工内外回转表面之外，还有铣平面、铣键槽、钻轴向孔、钻径向孔及加工轴向或径向螺纹孔等工序内容。有些情况下，由于零件的加工精度要求很高，不允许多次定位装夹，同时需要车、铣、钻等多工序加工，为了满足这一类零件的加工要求，在数控车床的基础上又发展了车削中心。车削中心的主要特征，一是主轴可以分度（称为 C 轴）和做圆周进给；二是在回转刀架上除了安装车削刀具外，同时可以安装钻削和铣削等自驱动刀具。

一、车削中心的工艺范围

在车削中心上，工件一次安装能自动完成车削、铣平面、铣键槽、铣螺旋槽及钻轴向孔、径向孔、攻螺纹等工艺内容，有效地提高了生产效率，进而提高了数控车削的柔

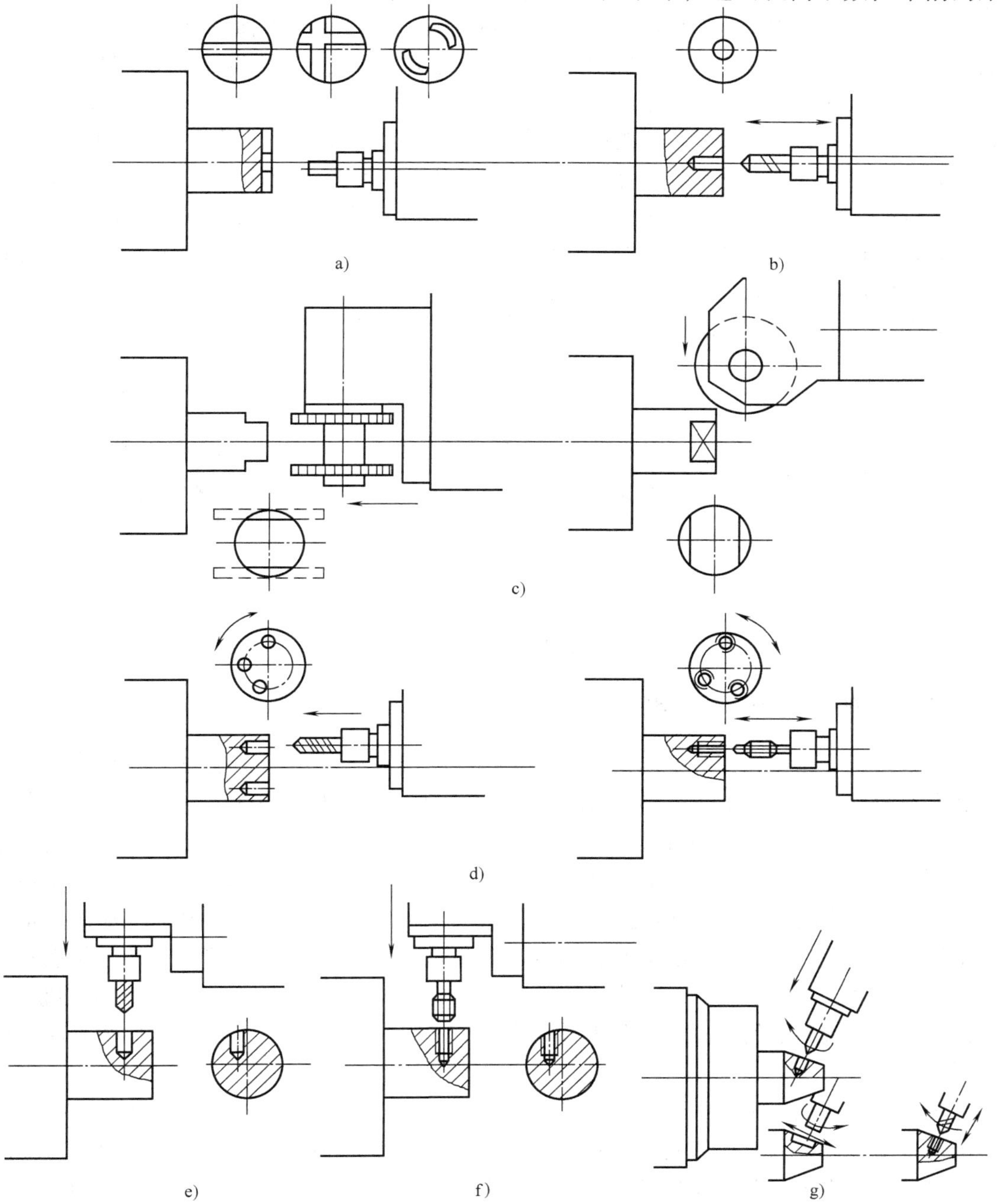

图 3-23　车削中心可以完成的铣削、钻削等工序

性化和自动化水平。如图 3-23 所示，车削中心除了对工件进行车削工序的加工之外，还可以进行铣削、钻削和攻螺纹等工序的加工。

图 3-23a 为铣端面槽。加工中主轴不转，装在回转刀架上的铣刀轴带着铣刀旋转。铣削端面槽时，随槽的形状和分布位置不同机床需要不同的运动。当端面槽为直线槽且位于端面中央时，则主轴不转，铣刀随刀架做 X 向进给通过工件中心；当端面槽为直线槽但不在端面中央时，X 轴和 C 轴联动使铣刀定位在槽的起点，之后主轴不转，铣刀随刀架做 X 向进给；当端面槽为圆弧槽时，则铣刀旋转，主轴带动工件做圆周进给，若工件端面圆周上分布多个槽，主轴不仅带动工件做圆周进给，还要分度，以逐个槽铣削。

图 3-23b 为端面钻孔、攻螺纹，且孔的中心与主轴中心重合。加工时主轴或刀具旋转，刀架做 Z 向进给。图 3-23c 铣扁方零件。机床主轴不转，回转刀架上的铣刀轴旋转，同时做 Z 向进给或 X 向进给，如果用单刀铣削多边形，需要主轴带工件分度。图 3-23d 为端面分度钻孔、攻螺纹。装有钻头或丝锥的刀具轴旋转并随刀架做 Z 向进给，每加工完一个孔，主轴带工件分度。图 3-23e、f 所示为径向钻孔、攻螺纹。图 3-23g 所示为在斜面上钻孔、铣槽、攻螺纹等。

如图 3-24 所示的插头、活塞及医用器件都适合于在车削中心上加工。

a)　　b)　　c)

图 3-24　车削中心加工的典型零件

a) 插头　b) 活塞　c) 医用器件

二、C 轴功能与伺服控制

与数控车床相比，车削中心的加工工艺范围更宽，一是由于车削中心的回转刀架上安装有自驱动刀具，能对工件进行铣削、钻削和攻螺纹等工步的加工，二是主轴具备 C 轴坐标功能，即机床主轴的旋转除实现车削的主运动外，还可做分度运动或圆周进给运动，而且在数控装置伺服系统的控制下，可以实现 C 轴和 X 轴的联动，或 C 轴和 Z 轴的联动。图 3-25 所示为 C 轴功能与伺服控制。图 3-25a 所示，当 C 轴定向时，刀具沿 X 轴进给铣削端面上的槽，刀具沿 Z 轴进给铣削圆柱面上的槽；图 3-25b 所示，当主轴做圆周进给时，C 轴与 Z 轴联动，可以铣削零件上的螺旋槽；图 3-25c 所示，C 轴与 X 轴联动，可以铣削零件端面上的圆弧槽；图 3-25d 所示，C 轴与 X 轴联动，可以在圆柱体表面上铣削平面。

车削中心在加工过程中，驱动刀轴的伺服电动机与驱动主轴旋转的主轴电动机是互锁的。也就是说，当 C 轴进行分度或圆周进给时，脱开主轴电动机，接合自驱动刀具的伺服电动机；当进行普通车削时，脱开自驱动刀具的伺服电动机，接合主轴电动机。

车削中心的主传动系统包括了主轴的旋转运动和 C 轴的传动控制，典型的车削中心的 C 轴的传动控制包括采用可啮合和脱开的精密蜗轮副传动结构、经滑移齿轮控制的 C 轴传动结构和由安装在伺服电动机轴上的滑移齿轮控制的 C 轴传动结构。目前，C 轴的传动控制多采用带 C 轴功能的主轴电动机直接进行分度和定位。

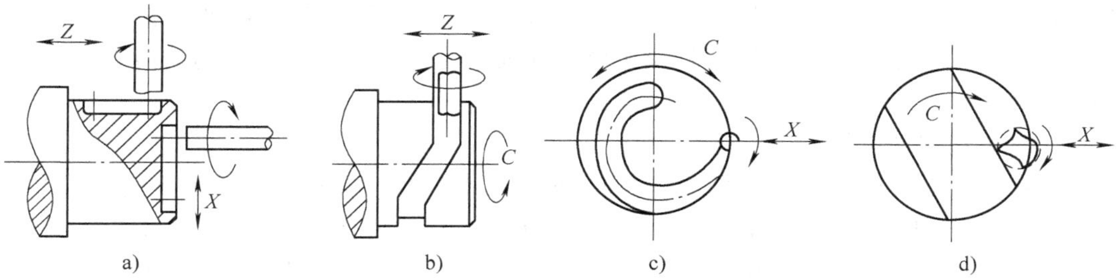

图 3-25　C 轴功能与伺服控制

三、自驱动刀具的典型结构

自驱动刀具是指那些具备独立驱动源的刀具。车削中心的自驱动刀具一般是由动力源、变速传动装置和刀具附件组成，刀具附件包括钻削附件和铣削附件等。自驱动刀具的主轴伺服电动机，通过变速传动机构驱动刀具主轴旋转，并自动控制主轴无级变速。

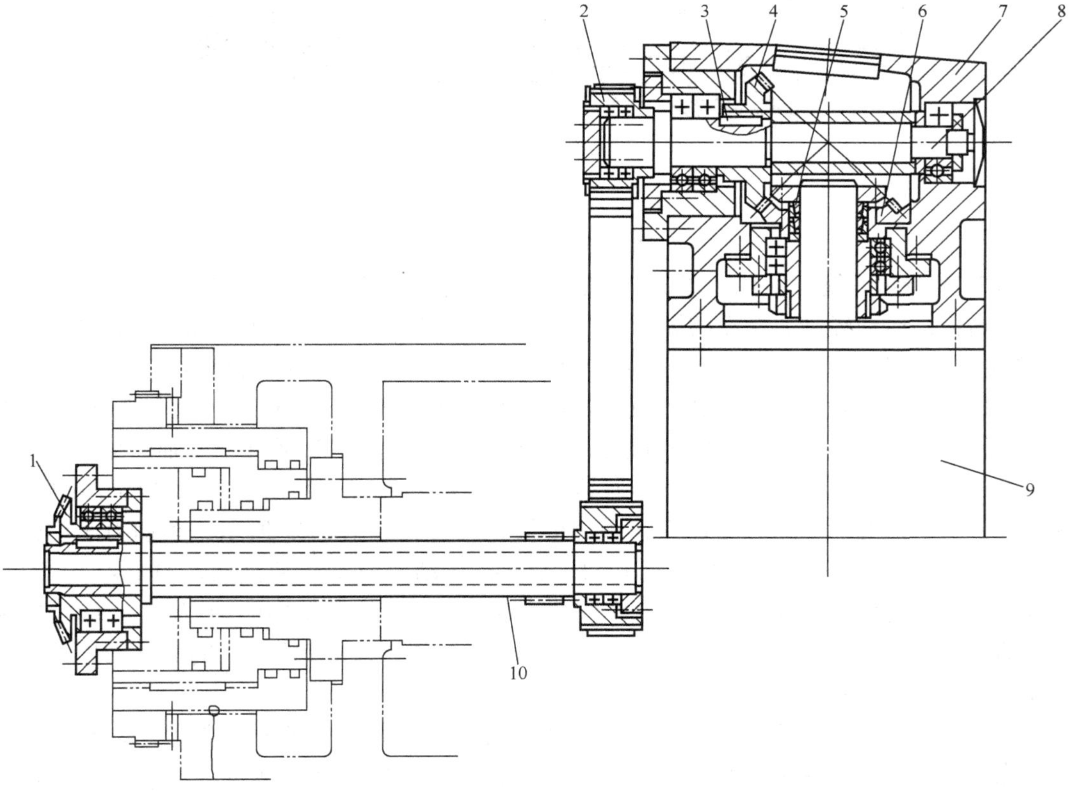

图 3-26　自驱动刀具传动装置

1—中央锥齿轮　2—同步齿形带轮　3—键　4、6—锥齿轮　5—锥环
7—传动箱　8—传动轴　9—伺服电动机　10—空心轴

1. 变速传动装置

车削中心自驱动刀具的传动装置如图 3-26 所示。传动箱 7 安装在回转刀架体（图中未画出）的上方，伺服电动机 9 经锥环 5 无键连接传动锥齿轮 6 和锥齿轮 4，锥齿轮 4 和传动轴 8 之间经键 3 连接传动同步齿形带轮 2，将动力传至位于刀架回转中心的空心轴 10，其上的中央锥齿轮 1 可以分别与不同的刀具附件相连接，将动力和运动传给自驱动刀具的刀轴。

2. 自驱动刀具附件

自驱动刀具附件有用于铣削、钻削和攻螺纹等许多种，图 3-27 所示为高速钻孔附件，轴套的 *A* 部装入回转刀架的刀具孔中。刀具主轴 3 的右端装有锥齿轮 1，它与图 3-26 中的中央锥齿轮 1 啮合。主轴 3 的前支承采用三个角接触球轴承 4，后支承采用滚针轴承 2。主轴端部有弹簧夹头 5，拧紧夹头外面的套，利用锥面的夹紧力夹持刀具。

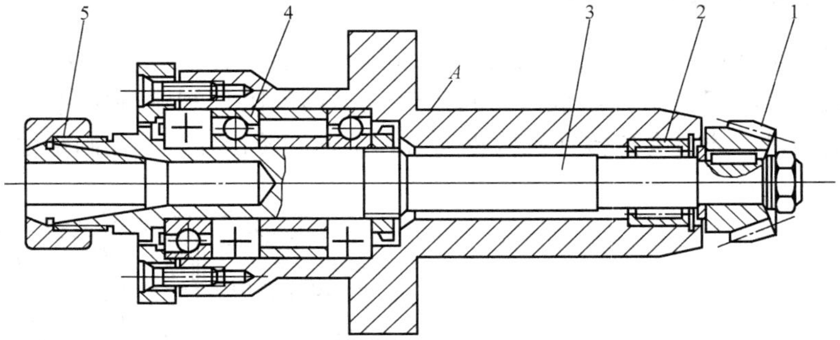

图 3-27　高速钻孔附件

图 3-28 所示为铣削附件，图 3-28a 是中间传动装置，锥齿轮 1 与图 3-26 中的中央锥齿轮 1 啮合，运动经轴 2 左端的锥齿轮副 3、横轴 4 和圆柱齿轮 5 传至图 3-28b 中的齿轮 6，铣主轴 7 上装铣刀 8，使铣刀旋转。在中心 *A*—*A* 处，除了可以安装图 3-28b 所示的铣主轴之外，还可以安装其他的钻孔或攻螺纹刀具主轴。显然，图中铣刀轴与图 3-27 中的钻削主轴在空间相差 90°角，可以分别进行平行于 *Z* 轴的加工和平行于 *X* 轴的加工。

近年来，国外车削中心的自驱动刀具结构有了新的发展，哈斯公司生产的车削中心，在盘式刀塔上配置的动力刀驱动系统采用模块化设计，如图 3-29 所示，其动力驱动模块置于刀盘的外侧，动力刀模块穿过刀盘的刀座孔与动力驱动模块连接。具有结构简单，安装方便，驱动可靠的优点。动力刀模块分为径向驱动刀座和轴向驱动刀座，图 3-30a 所示的轴向驱动刀座可沿工件轴向进行铣削和孔加工，图 3-30b 所示的径向驱动刀座可沿工件径向进行铣削和孔加工。

图 3-31 所示为 SAUTER 公司生产的车削中心盘式刀塔，自驱动刀具的电动机采用了高性能电动机，并集成到刀盘内直接驱动刀具。和普通的带有自驱动刀具的盘式刀塔相比，没有变速机构、没有齿轮和带传动，刀盘、电动机和驱动元件构成一个完整的封闭系统。该刀塔的结构紧凑，同时可避免外部因素的影响，无振动，运转平稳，提高了自驱动刀具工作的可靠性。

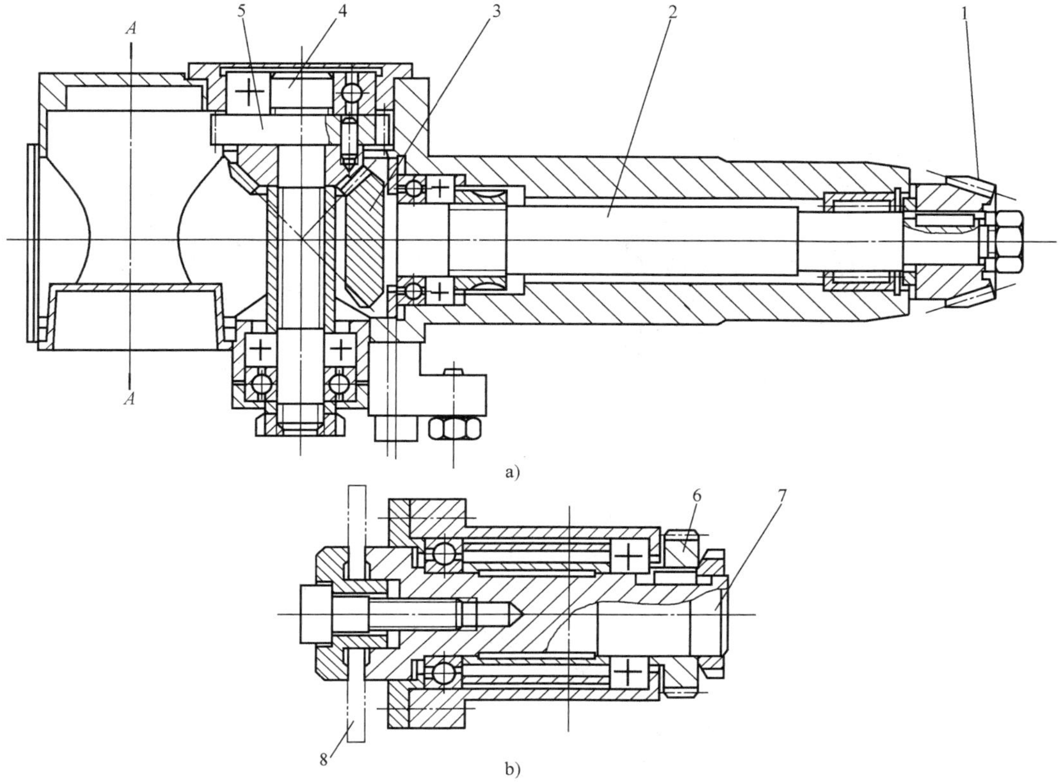

图 3-28　铣削附件

a）中间传动装置　b）铣轴结构

1—锥齿轮　2—轴　3—锥齿轮副　4—横轴　5—圆柱齿轮　6—齿轮　7—铣主轴　8—铣刀

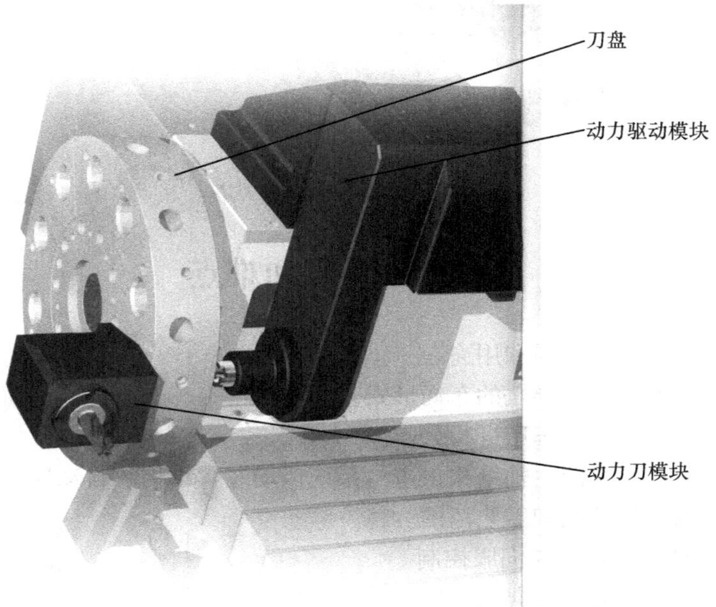

图 3-29　车削中心动力刀驱动系统

图 3-30　车削中心动力刀模块

a）轴向驱动刀座　b）径向驱动刀座

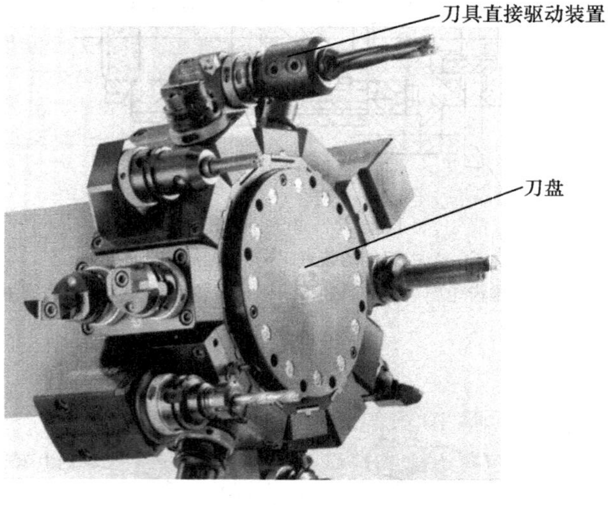

图 3-31　车削中心盘式刀塔

本章教学重点和难点

1. 数控车床的组成、布局和用途。
2. 数控车床刀架相对于导轨的布局形式。
3. 按不同的方法对数控车床进行分类。
4. 典型卧式数控车床的主轴结构、进给系统传动装置结构、自动回转刀架结构。
5. 车削中心的主要特征和工艺范围。
6. 车削中心的 C 轴功能与伺服控制。
7. 车削中心自驱动刀具的典型结构及动力刀模块的结构。

复习思考题

1. 数控车床的机械部分是由哪几个主要部件组成的？各部件的作用是什么？

2. 在数控车床上如何实现加工螺纹的功能？

3. 数控车床的床身导轨与刀架的布局有哪几种形式？分析中小型数控车床多采用水平床身配上倾斜放置的滑板和斜床身配置倾斜滑板布局形式的原因。

4. 与数控车床相比，车削中心有何特征？

5. 分析 MJ-50 数控车床回转刀架的工作原理及换刀过程。

6. 简述车削中心的工艺范围，在车削中心上如何实现轴向孔、槽和径向孔、槽的加工？

第四章　数 控 铣 床

第一节　数控铣床概述

数控铣床是一种用途广泛的数控机床，它和普通铣床原理相同，布局与结构相似，加工工艺相近，不同之处在于数控铣床是利用计算机程序控制零件切削过程的自动加工机床。数控铣床在功能方面与加工中心相比较有着本质上的区别，即不具备自动换刀功能。数控铣床的 CNC 系统所控制的进给运动坐标轴数多为三坐标，其中任意两轴可以联动，也称作两轴半控制，因此只能用来加工平面曲线轮廓。三坐标联动的数控铣床，可以加工三维曲面轮廓。

一、数控铣床的组成与布局

（一）数控铣床的布局

图 4-1 所示为 XK5040A 型数控立式升降台铣床的外观图，床身 6 固定在底座 1 上，

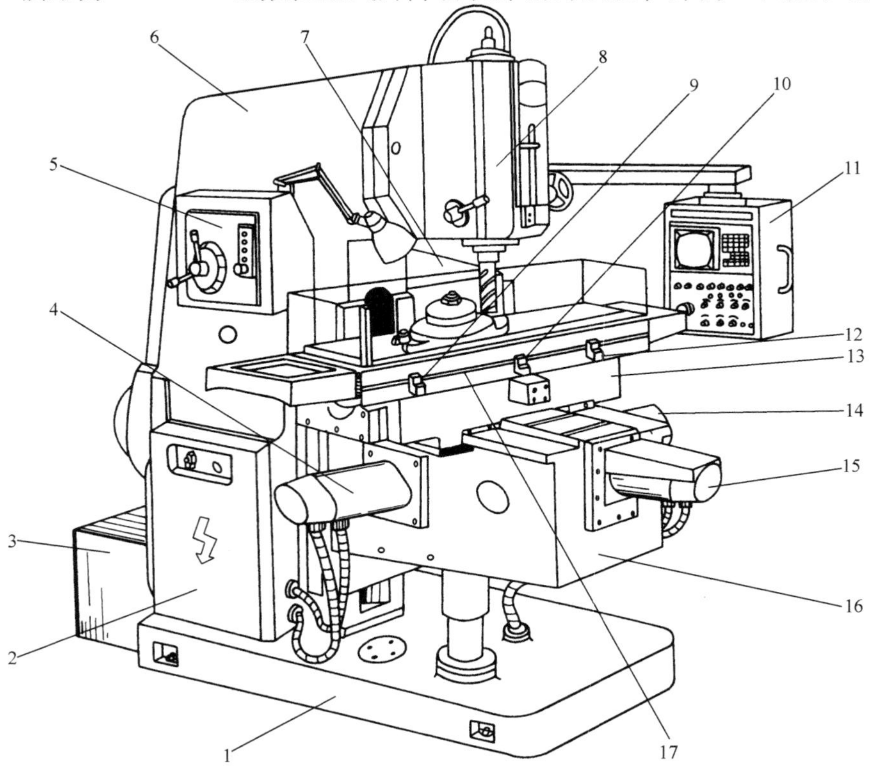

图 4-1　XK5040A 型数控立式升降台铣床的外观图

1—底座　2—强电柜　3—变压器箱　4、14、15—进给伺服电动机　5—主轴变速手柄和按钮版　6—床身　7—数控柜　8—铣头　9、12—保护开关　10—挡块　11—操纵台　13—滑座　16—升降台　17—工作台

用于安装与支承机床各部件。主轴安装在铣头 8 内，其轴线垂直于工作台 17，主轴变速手柄和按钮板 5 用于手动调整主轴的正、反转。升降台 16 支承在底座上，它由伺服电动机 4 驱动沿床身导轨做垂直进给运动，工作台 17 和滑座 13 安装在升降台上，分别通过进给伺服电动机 14 和 15 的驱动，完成纵向和横向的进给运动，保护开关 9、12 及挡块 10 可控制纵向进给行程的硬限位。数控柜 7 置于机床右后方，通过操纵台 11 上的数控系统面板和机床操作按钮可以输入加工程序和调整机床。

（二）数控铣床的组成

从数控立式升降台铣床的布局可以看出，数控铣床主要由基础部件、主传动系统、进给伺服系统、数控装置、辅助装置等组成。

1. 基础部件

数控铣床的基础件主要包括底座、床身、立柱、横梁等，是整个机床的支承基础和框架，因此是机床中体积和重量最大的部件。基础部件既要承受机床的静载荷，又要承受在加工时产生的切削载荷，这些大件通常是铸铁件或是钢结构焊接件，以满足机床刚度的要求。

2. 主轴单元

主轴单元是切削加工的功率输出部件，主要由主轴箱体（或铣头）、主轴电动机及变速机构、主轴和主轴轴承等零件组成。我国早期生产的数控铣床，其主轴变速是通过人工调整变速手柄和按钮实现的，而现在的数控铣床主轴的起、停和变转速等动作均由数控系统控制，无需操作者参与。

3. 数控装置

数控装置包括伺服控制单元、可编程序控制器、驱动装置以及操作面板等。它是执行顺序控制动作和完成加工过程的控制中心。其中的进给伺服系统由进给伺服电动机和进给执行机构组成，并按照加工程序设定指令实现刀具和工件之间的相对运动，包括直线插补运动和圆弧插补运动。

4. 辅助装置

数控铣床的辅助装置包括液压与气动、冷却、润滑、防护系统等部分。

5. 机床附件

数控铣床配上数控立卧回转工作台、数控可倾回转工作台和数控分度头等附件，可以扩大加工的工艺范围。

（三）数控铣床的特点

1）对零件加工的适用性强，可以加工轮廓形状特别复杂或难以控制尺寸的零件，如模具、壳体类零件。

2）能加工普通铣床难以加工或无法加工的零件，如复杂曲线类零件及三维空间曲面类零件。

3）能加工一次安装后需要进行铣、镗、钻、扩、铰、攻螺纹等多道工序加工的零件。

4）与普通铣床相比，加工精度高，加工质量稳定可靠。

二、数控铣床的用途

在制造业，数控铣床有着十分广泛的用途，它可以加工各种平面、成型表面、螺旋槽、沟槽和孔，也可以加工各种平面曲线轮廓和三维曲面轮廓，如样板、凸轮、模具等零件。可见，数控铣床所加工的零件在普通铣床上是难以加工或无法完成的。因此，数控铣床适合应用于一般机械加工、汽车制造、模具制造业及航空航天领域。

数控铣床主要加工对象有以下几种类型：

1. 平面类零件

它的特点是加工表面可以平行或垂直于水平面，也可以与水平面的夹角成定角。数控铣床上加工的绝大多数零件属于平面类零件，也是数控铣削加工中最简单的一类零件，一般需要用两轴半联动或三轴联动的数控铣床加工。在加工过程中，加工面与数控刀具为面接触。图 4-2 所示为槽形凸轮零件，加工其封闭的凸轮轮廓属于平面类零件。

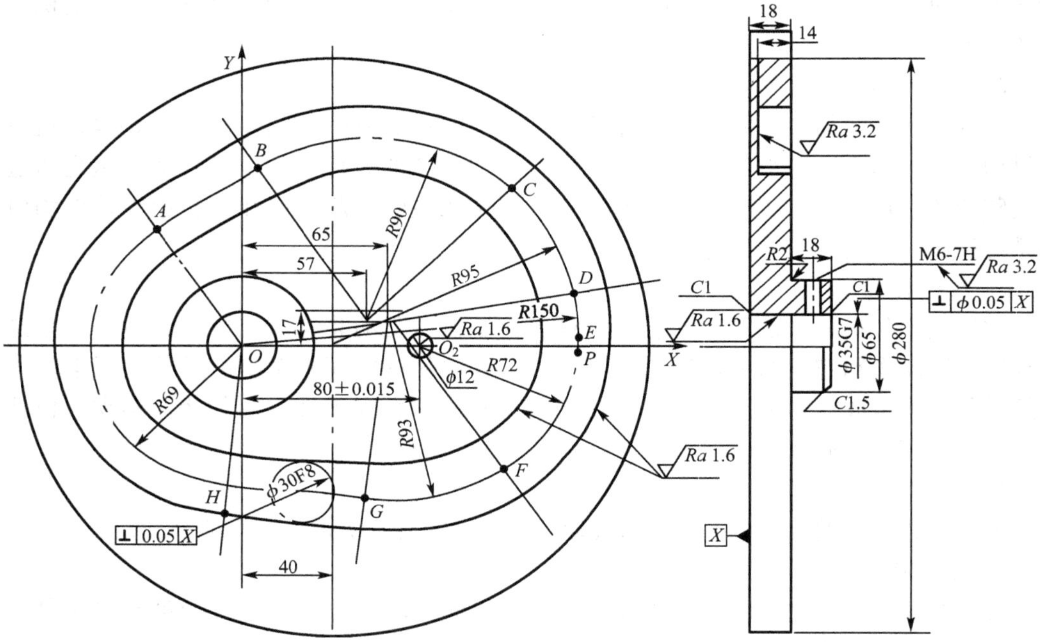

图 4-2　槽形凸轮零件

2. 曲面类零件

曲面零件的特点是加工表面为空间曲面，一般采用三轴联动数控铣床加工。在加工过程中，加工面与铣刀始终为点接触，其精加工要采用球头铣刀。图 4-3 所示的餐盘凸模是典型的三维曲面零件。

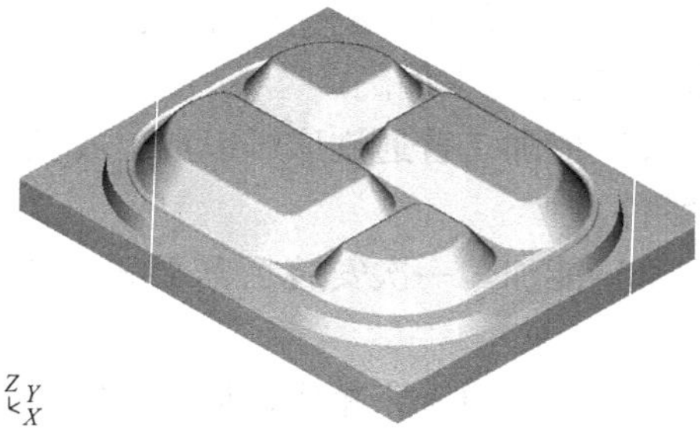

图 4-3　餐盘凸模

3. 变斜角类零件

加工面与水平面的夹角呈连续变化的零件称为变斜角类零件。这类零件多为飞机零件，如飞机的整体梁、框、缘条与肋等。图 4-4 所示的飞机梁缘条即是变斜角类零件。

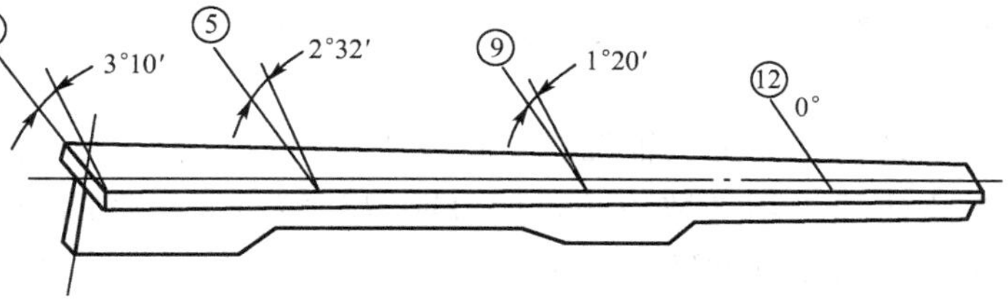

图 4-4　飞机梁缘条

4. 带有孔及螺纹的零件

普通铣床只能进行铣削加工，而数控铣床具备镗、钻、铰、攻螺纹的功能。因此，对于带有孔及螺纹的零件，可采用定尺寸刀具进行钻、扩、铰、镗及攻螺纹等加工。

三、数控铣床的分类

（一）按主轴布置形式分类

1. 立式数控铣床

立式数控铣床的结构特征是主轴轴线垂直于工作台面安装。从数控系统控制的坐标数量来看，目前三坐标立式数控铣床占据大多数，且一般可进行 3 坐标联动加工，但也有部分机床只能进行两轴半联动加工。图 4-5 为立式数控铣床的外观图，图 a 所示为升降台式立式数控铣床，主轴带着刀具旋转，工作台的纵向移动为 X 轴进给，滑座的横向移动为 Y 轴进给，升降台的垂直移动为 Z 轴进给。图 b 所示为主轴头升降式立式数控铣床，也称作数控床身铣床，其工作台的纵向移动为 X 轴进给，滑座沿床身导轨的横向移动为 Y

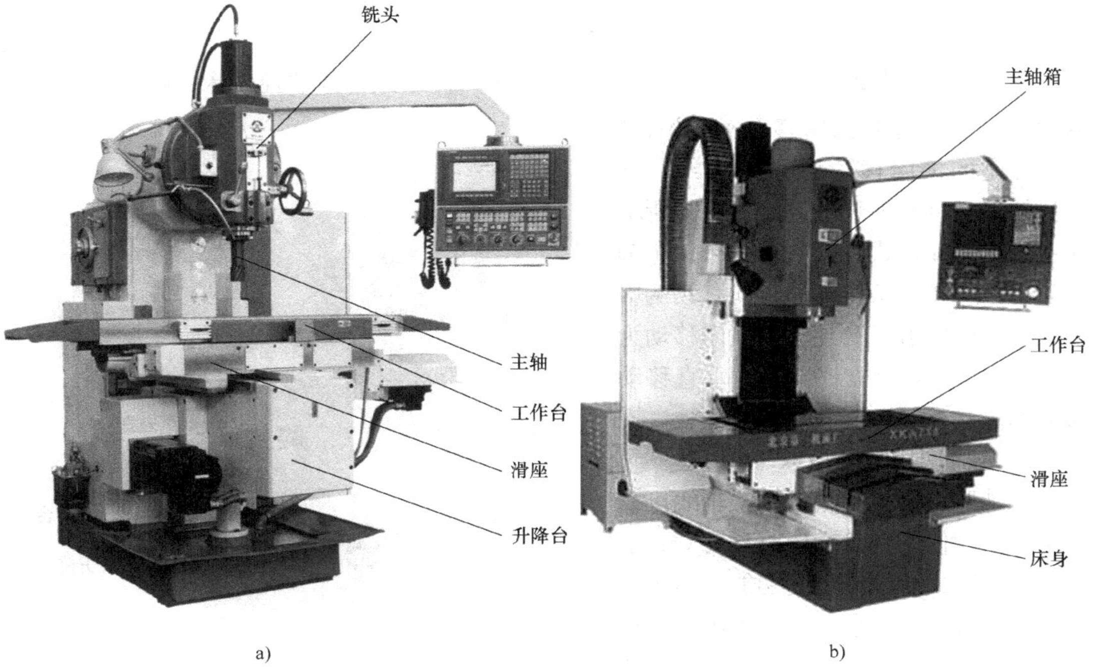

图 4-5　立式数控铣床外观图

轴进给，主轴箱的垂直移动为 Z 轴进给。

立式数控铣床结构简单，工件安装方便，加工时便于观察，但不便于排屑。

2. 卧式数控铣床

卧式数控铣床的结构特征是主轴轴线平行于工作台面安装。为了扩大加工范围和扩充功能，卧式数控铣床通过增加数控转盘或万能数控转盘来实现四坐标或五坐标加工。这样，不但工件侧面上的连续回转轮廓可以加工出来，而且可以实现工件一次安装，通过转盘改变工位，进行四面加工。

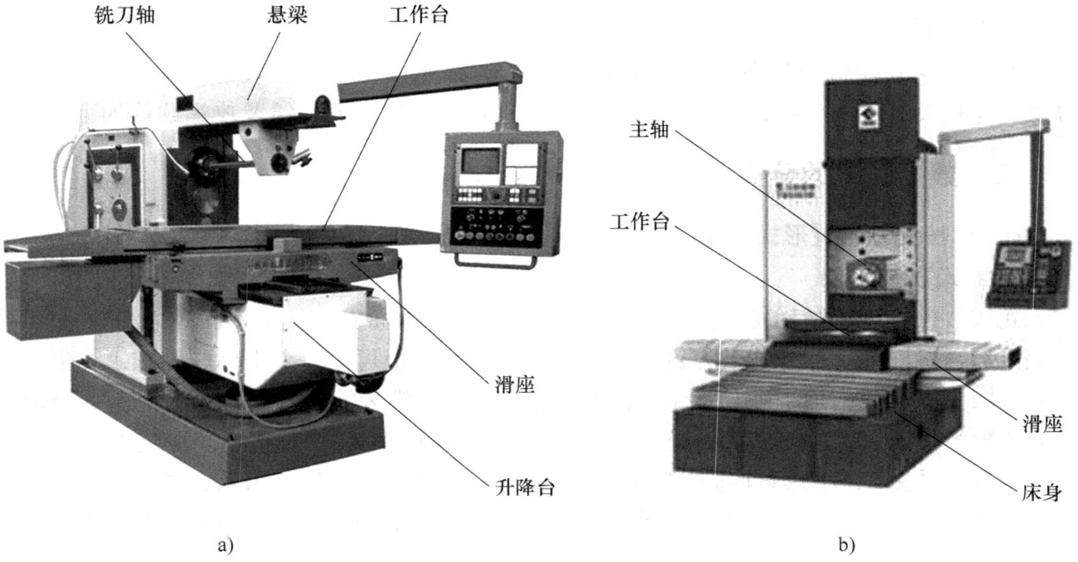

图 4-6　卧式数控铣床外观图

图 4-6 为卧式数控铣床的外观图，图 a 所示为升降台式卧式数控铣床，铣刀轴支承在悬梁上，工作台的纵向移动为 X 轴进给，滑座的横向移动为 Z 轴进给，升降台的垂直移动为 Y 轴进给。图 b 所示为主轴头升降台式卧式数控铣床，主轴带动刀具旋转，工作台的纵向移动为 X 轴进给，滑座沿床身导轨的横向移动为 Z 轴进给，主轴沿立柱导轨的垂直移动为 Y 轴进给。

3. 立卧两用数控铣床

立卧两用数控铣床的主轴轴线可以变换方向，使一台机床同时具备立式数控铣床和卧式数控铣床的功能，但主轴单元的结构比较复杂。该类机床的使用范围更广，适应性更强，选择加工对象的余地更大，给用户带来不少方便。特

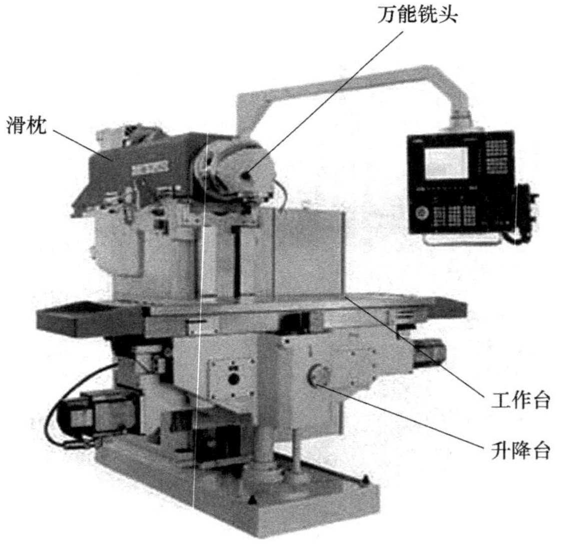

图 4-7　XK5750 数控铣床

别是生产批量小，品种较多，需要立、卧两种方式加工时，用户只需买一台这样的机床就满足加工的需要。如图 4-7 所示，XK5750 数控铣床具有立卧两用数控铣床的功能。

立卧两用数控铣床变换主轴轴线的方向一般为手动方式。对于具备万能铣头的立卧两用数控铣床，转动主轴头可以任意改变其方向，加工出与水平面成不同角度的工件表面。当立卧两用数控铣床增加数控转盘以后，可以对工件进行五面加工，使工件在一次安装中可以加工除定位面以外的其余各表面。

（二）按机床结构形式分类

1. 工作台升降式数控铣床

这类数控铣床采用工作台移动、升降，而主轴不动的方式，见图 4-5a、图 4-6a。小型数控铣床一般采用此种结构形式。

2. 主轴头升降式数控铣床

这类数控铣床采用工作台纵向和横向移动，而主轴沿垂直导轨上下移动的方式，见图 4-5b、图 4-6b。中型数控铣床多采用此种结构形式。主轴头升降式数控铣床在精度保持、承载能力、结构组成等方面具有很多优点，已成为数控铣床的主流。

3. 数控龙门铣床

如图 4-8 所示的数控龙门铣床是北京第一机床厂生产的，属于大型数控设备。工作台载着工件沿床身导轨纵向作 X 坐标方向进给运动，铣头沿横梁导轨作 Y 坐标方向进给运动，铣头随横梁沿立柱导轨作 Z 坐标方向进给运动。由于采用了龙门式的框架结构，机床刚性好、精度高。

该机床配置了高速、精度高、大扭矩主轴，适合模具、汽车、航空航天等行业多种材料的大中等尺寸零件的加工。

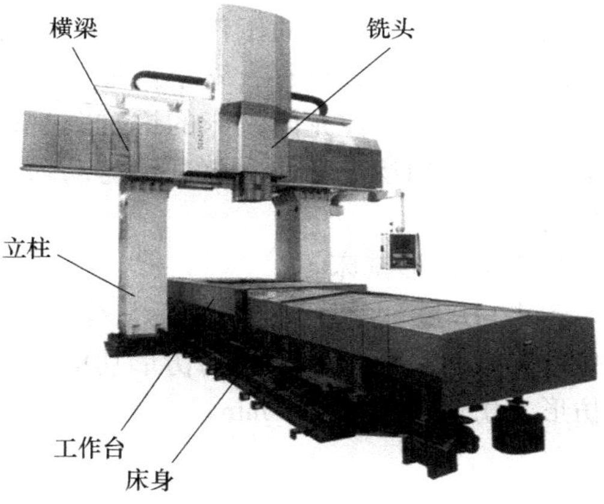

图 4-8　数控龙门铣床

（三）按机床功能特征分类

1. 数控万能工具铣床

图 4-9 所示的 XK8150A 数控万能工具铣床为昆明机床股份有限公司生产的产品，采用德国 HEIDENHAIN TNC310 三轴联动数控系统，4 个坐标轴为：工作台纵向运动为 X 轴进给，滑枕横向运动为 Y 轴进给，升降台垂直移动为 Z 轴进给，铣头绕 Y 轴左右倾斜为 B 轴，倾斜范围 ±90°。各移动坐标轴采用交流伺服电动机驱动全闭环伺服控制系统，具有 RS232C/V24 接口，可用于通信及 DNC 功能。

该数控万能工具铣床适用于加工具有复杂曲面形状的各类模具，夹具，刀具等，同时也能完成铣、镗、钻、插等基本加工工序。

2. 数控龙门镗铣床

图 4-10 所示的 XKAV2420 五轴联动数控龙门镗铣床是北京第一机床厂的产品。该机床的铣头为直角铣头，其回转轴线可分别在平行于工作台面和垂直于工作台面的状态进行加工，即在工件一次装夹的情况下，能对 5 个面进行各种平面、曲面和孔的加工。因此，适用于重机、机车、造船、发电设备、机床、轻工、模具、航空等制造行业，对于

单件小批量生产的复杂、大型零件和框架结构零件，实现自动、高效、高精度加工。

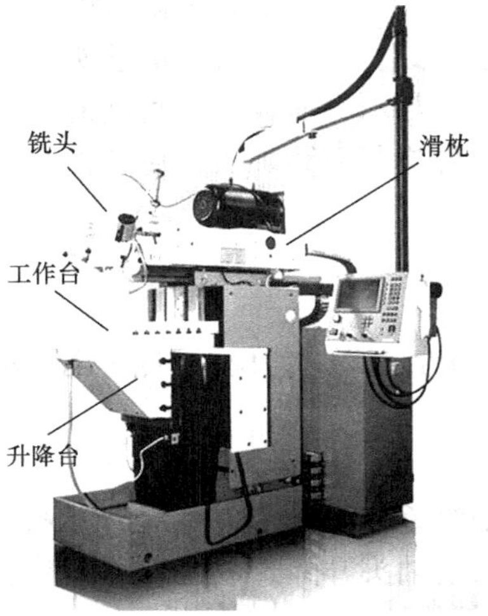

图 4-9　数控万能工具铣床

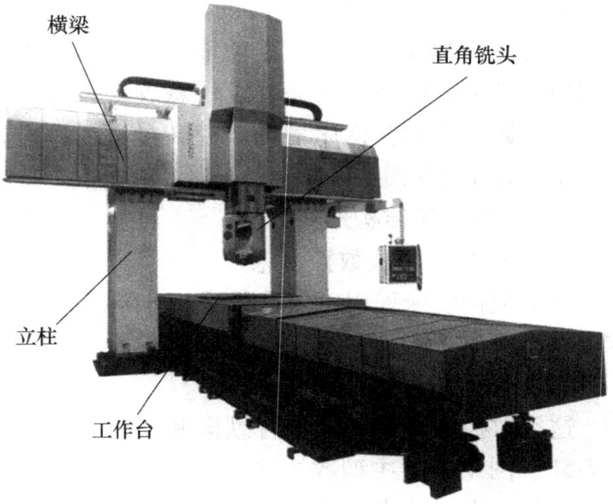

图 4-10　五轴联动数控龙门镗铣床

当加工更大、更重的工件时，由工作台载着工件做进给运动，在结构上是难于实现的，同时考虑到扩大行程，缩小占地面积和机床重量等问题，通常是采用龙门架移动的布局方案。这类数控龙门铣床的铣轴既可以沿龙门架的横向与垂向运动，还可以随龙门架沿床身作纵向运动，使全部进给运动均由铣头运动来完成，这种布局形式被称作龙门架移动式。

3. 数控仿形铣床

图 4-11a 所示是北京第一机床厂生产的数控定梁仿形龙门镗铣床的外观图，图 b 所示的仿形头具有手动仿形和自动仿形功能。自动仿形时可以进行单向仿形、二维或三维轮廓仿形，仿形速度为 2m/min。

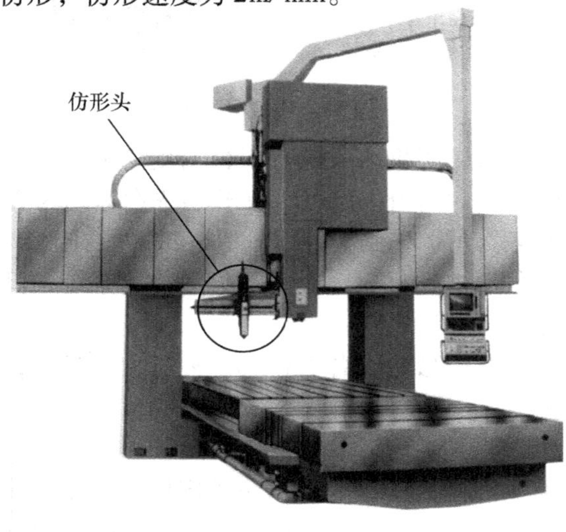

a)

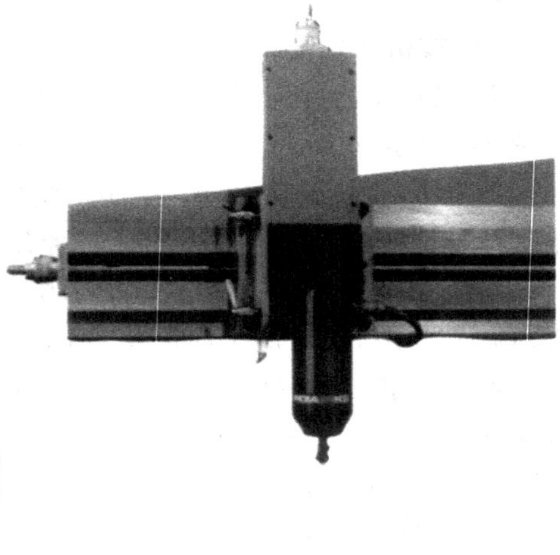

b)

图 4-11　数控仿形铣床

数控仿形铣床主要用于各种复杂型腔模具或工件的铣削加工，特别是对不规则的三维曲面和复杂边界构成的工件更显示出其优越性。

第二节　XK5750 型数控铣床

一、XK5750 型数控铣床的用途、布局及技术参数

XK5750 型数控铣床又称作滑枕式数控铣，它与一般的数控铣床的区别在于横向移动由床身顶部的滑枕来完成，而工作台只做纵向移动和升降台的垂向移动，滑枕前端装有万能铣头。由于滑枕较长，故横向行程比滑座移动的铣床大。

国内有多个厂家生产 XK5750 立卧两用数控铣床，本节以北京第一机床厂生产的产品为例进行介绍。

1. XK5750 型数控铣床的用途

XK5750 型数控铣床是带有万能铣头具备立卧两用功能的数控铣床，可以实现三坐标联动，滑枕前端的铣头具有互成 45°夹角的两个回转面，主轴可在前半个球体范围调整到

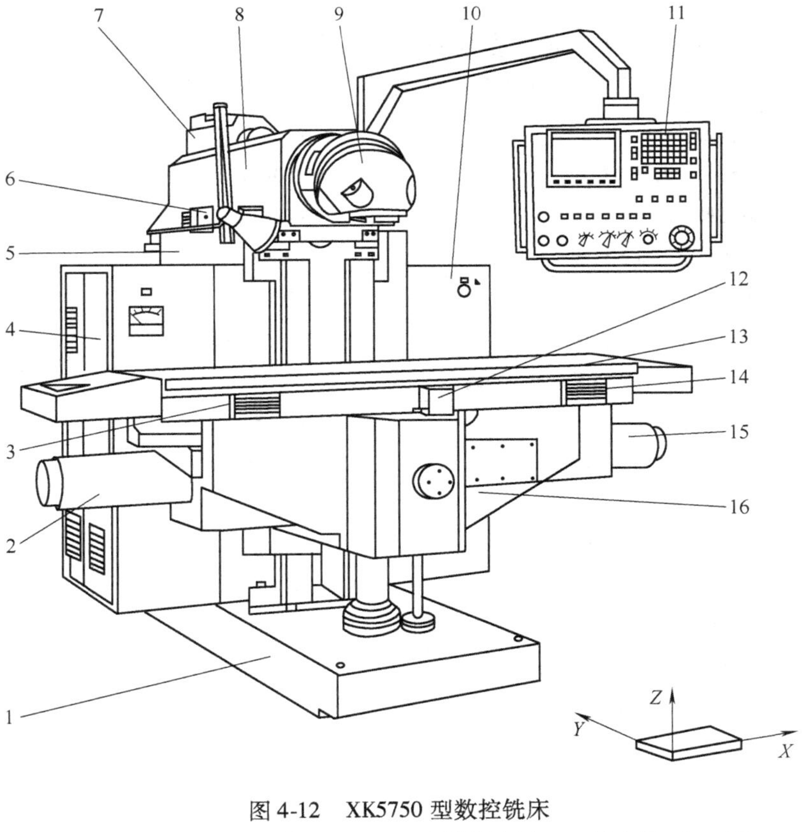

图 4-12　XK5750 型数控铣床

1—底座　2、15—伺服电动机　3、14—行程限位挡铁　4—强电柜　5—床身　6—横向限位开关　7—后壳体　8—滑枕　9—万能铣头　10—数控柜　11—操纵台　12—纵向限位开关　13—工作台　16—升降台

立式位置、卧式位置或其他倾斜位置。因此，能够铣削具有复杂曲线轮廓的零件，例如样板、凸轮、模具和叶片等零件。

2. XK5750 数控铣床的布局

图 4-12 所示为 XK575 型数控铣床的组成与布局，其外观图见图 4-7。

XK575 型数控铣床为三坐标联动的立卧两用数控铣床。床身 5 固定在底座 1 上，用于安装与支承机床各部件，7 为后壳体。工作台 13 安装在升降台 16 上，由伺服电动机 15 驱动沿升降台顶面导轨的纵向移动为 *X* 轴的进给运动；滑枕 8 沿床身 5 顶面导轨的横向移动为 *Y* 轴的进给运动；升降台由伺服电动机 2 驱动沿床身导轨的垂直移动为 *Z* 轴的进给运动。行程限位挡铁 3 和 14 及纵向限位开关 12 可以控制 *X* 轴行程的硬限位，横向限位开关 6 等用于 *Y* 轴行程的硬限位。

数控柜 10 内装有机床数控系统，操纵台 11 上半部有显示器和数控系统操作面板，下半部是机床操作按钮和各种开关及指示灯。强电柜 4 装有机床电气部分的接触器、继电器、变压器等。

万能铣头 9 不仅可以调整到立式或卧式位置，而且还可以在前半个球体范围内，使铣轴中心线调整到任意倾斜位置。

3. XK5750 数控铣床的主要技术参数

XK5750 型数控铣床的主要技术参数如表 4-1 所示。

表 4-1　XKA5750 型数控铣床的主要技术参数

工作台	工作台尺寸	1600mm × 500mm
	工作台最大纵向行程	1200mm
	滑枕最大横向行程	700mm
	工作台最大垂直行程	500mm
主　轴	主轴锥孔	ISO50
	主轴端面到工作台面距离	50 ~ 550mm
	主轴中心线至床身垂直导轨距离	28 ~ 728mm
	主轴转速范围	50 ~ 2500r/min
进　给	切削进给率:*X* 轴、*Y* 轴	6 ~ 3000mm/mim
	Z 轴	3 ~ 1500mm/mim
	快速移动速度:*X* 轴、*Y* 轴	6m/min
	Z 轴	3m/min
电动机	主轴电动机功率	11kW
	X 轴电动机转矩	9.3N · m
	Y 轴电动机转矩	9.3N · m
	Z 轴电动机转矩	13N · m
	润滑电动机功率	60W
	冷却电动机功率	125W
数控系统	控制轴数	3(可选 4 轴)
	同时控制轴数(联动轴数)	3

（续）

数控系统	最小设定单位	0.001mm/0.0001 英寸(1 英寸 =25.4mm)
	插补功能	直线/圆弧
	编程功能	多种固定循环、用户宏程序
	程序容量	64KB
	显示方法	9 英寸单色 CRT
一般规格	机床外形尺寸	2393mm(长)×2264mm(宽)×2180mm(高)

二、XK5750 型数控铣床的主传动系统与结构

（一）主运动传动系统

XKA5750 型数控铣床的传动系统图如图 4-13 所示。其中主运动传动系统由功率为 11kW 的交流主轴调速电动机驱动，经 40/96 的弧齿同步齿形带轮传动到轴 I，再经万能铣头内 33/34 和 26/25 两对弧齿锥齿轮副，将运动传到主轴（Ⅳ）。主轴电动机的转速在 120～6000r/min 范围内变化，经过同步带和锥齿轮变速传动，使主轴的实际转速范围为 50～2500r/min。

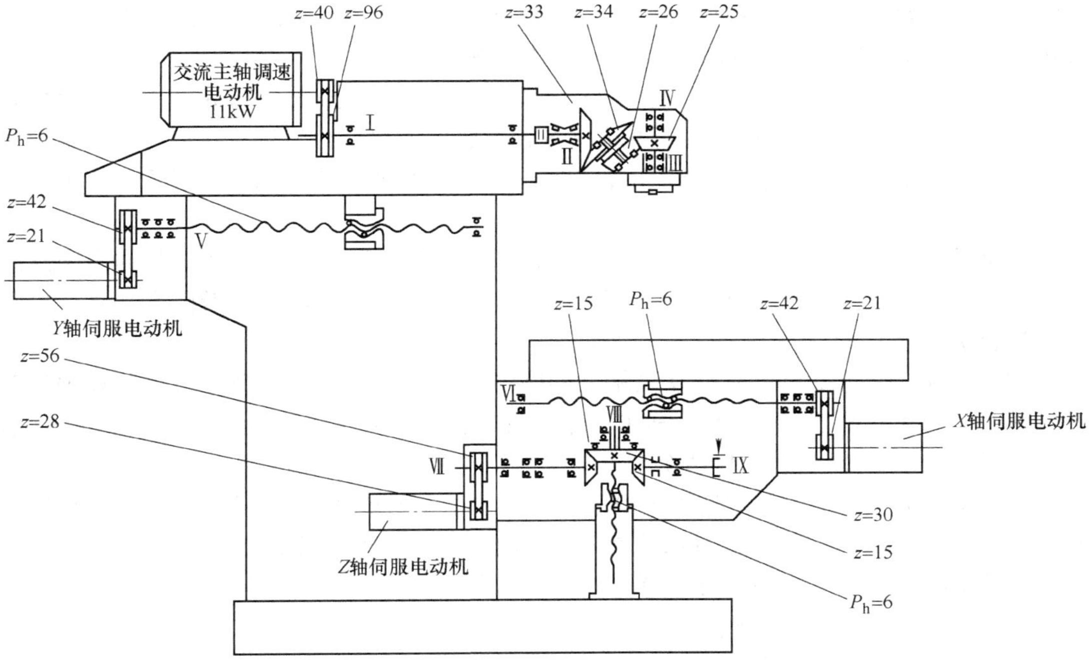

图 4-13 XK5750 型数控铣床的传动系统图

主轴的功率转矩特性为：当机床处在连续运转状态下，主轴转速在 50～625r/min 范围内，为恒转矩输出，在此范围内主轴各级转速并不需要传递全部功率；主轴转速在 625～2500r/min范围内，为恒功率输出，在此范围内主轴能够传递电动机的全部功率，主轴的输出转矩则随着主轴转速的增高而变小，当主轴转速达到 2500r/min 时，输出转矩下降到额定转矩的 1/3。

（二）万能铣头结构

图 4-14 所示为万能铣头的结构示意图，图示状态主轴（Ⅳ）轴线垂直于工作台面。

1. 驱动主轴旋转

交流主轴调速电动机经同步带轮将运动和动力传动到滑枕内的轴Ⅰ（见 4-11），再经连接盘 2 和键 1 使轴Ⅱ回转。轴Ⅱ右端的弧齿锥齿轮 23 传动轴Ⅲ上的弧齿锥齿轮 22，再经弧齿锥齿轮 21 和 28 啮合，带动主轴（Ⅳ）旋转。

2. 主轴及传动轴的结构

XKA5750 型数控铣床的万能铣头用螺栓和定位销安装在滑枕前端，作为一个整体部件直接带动刀具运动，因此要求它能传递较大的功率，具有足够的旋转精度、刚度和抗振性。

主轴为空心轴，通孔内安装有刀具夹紧机构，主轴前端的锥孔尺寸符合 ISO50 锥孔标准，可安装标准 XT50 型的铣刀或夹头。主轴端面有径向槽，并装有两个端面键 18，用于主轴向刀具传递转矩。主轴前支承采用双列圆柱滚子轴承 13，该轴承内孔有 1∶12 的锥度，只承受径向载荷；后支承采用一对角接触球轴承 9 和 11，轴承 9 大口朝上，轴承 11 大口朝下，该支承能同时承受径向载荷和轴向载荷。为了保证主轴的旋转精度，主轴支承必须消除间隙并进行适当的预紧。前支承消除间隙和预紧是靠改变轴承内圈在主轴圆锥轴颈上的位置，使内圈外胀实现的。后支承消除间隙和预紧是两轴承外圈固定，通过配磨轴承隔套 10 的尺寸使两角接触球轴承消除间隙实现预紧。

主轴前支承调整方法：先拧下法兰 15 前端面上的 4 个螺钉 16，卸下法兰 15，再松开主轴后端螺母 8 上的锁紧螺钉 7，拧松螺母 8 使主轴向前移动约 2mm；之后拧下主轴前端的两个螺钉 17，将半圆环垫片 14 取出，根据间隙大小磨薄垫片。调整合适后，将上述零件重新安装好。

主轴后支承调整方法：取下隔套 10，根据对角接触球轴承端面的测量数据修磨此隔套的厚度到合适尺寸，重新装好，转动螺母 8 顶紧轴承 9 和 11 的内圈及隔套，最后拧紧锁紧螺钉 7 防松。

传动轴Ⅱ的两个支承均采用 D 级精度的圆锥滚子轴承，同时承受径向载荷和轴向载荷，承载能力大，安装方便。传动轴Ⅱ左端用螺钉固定在连接盘 2 上，是运动的输入端，右端的弧齿锥齿轮 23 将运动传递至轴Ⅲ。

传动轴Ⅲ的两个支承分别选用了 D 级精度的向心滚针轴承 20、27 和推力短圆柱滚子轴承 19 和 26，弧齿锥齿轮 21 和 22 是空套在轴Ⅲ上，绕着轴Ⅲ旋转，向心滚针轴承 20 和 27 承受径向载荷，推力圆柱滚子轴承 19 和 26 承受轴向载荷。

3. 万能铣头立卧位置的转换

如图 4-14 所示，万能铣头的主轴Ⅳ可以分别绕传动轴Ⅱ和传动轴Ⅲ转动 0 ~ 45°，以调节主轴的方位。在法兰 3 的回转面 A 上开有 T 形圆环槽 a，在万能铣头后壳体 5 的回转面 B 上开有 T 形圆环槽 b，A 面和 B 面的夹角为 45°。调整万能铣头主轴位置的方法：松开 T 形螺栓 4 和 25，转动铣头主轴，调整到要求的位置时将 T 形螺栓拧紧即可；松开 T 形螺栓 6 和 24，转动铣头主轴，调整到合适的位置后将 T 形螺栓拧紧。主轴绕水平轴线和 45°轴线转动的综合结果，使铣头主轴在前半个球体范围内可处于立、卧或其他倾斜位置。

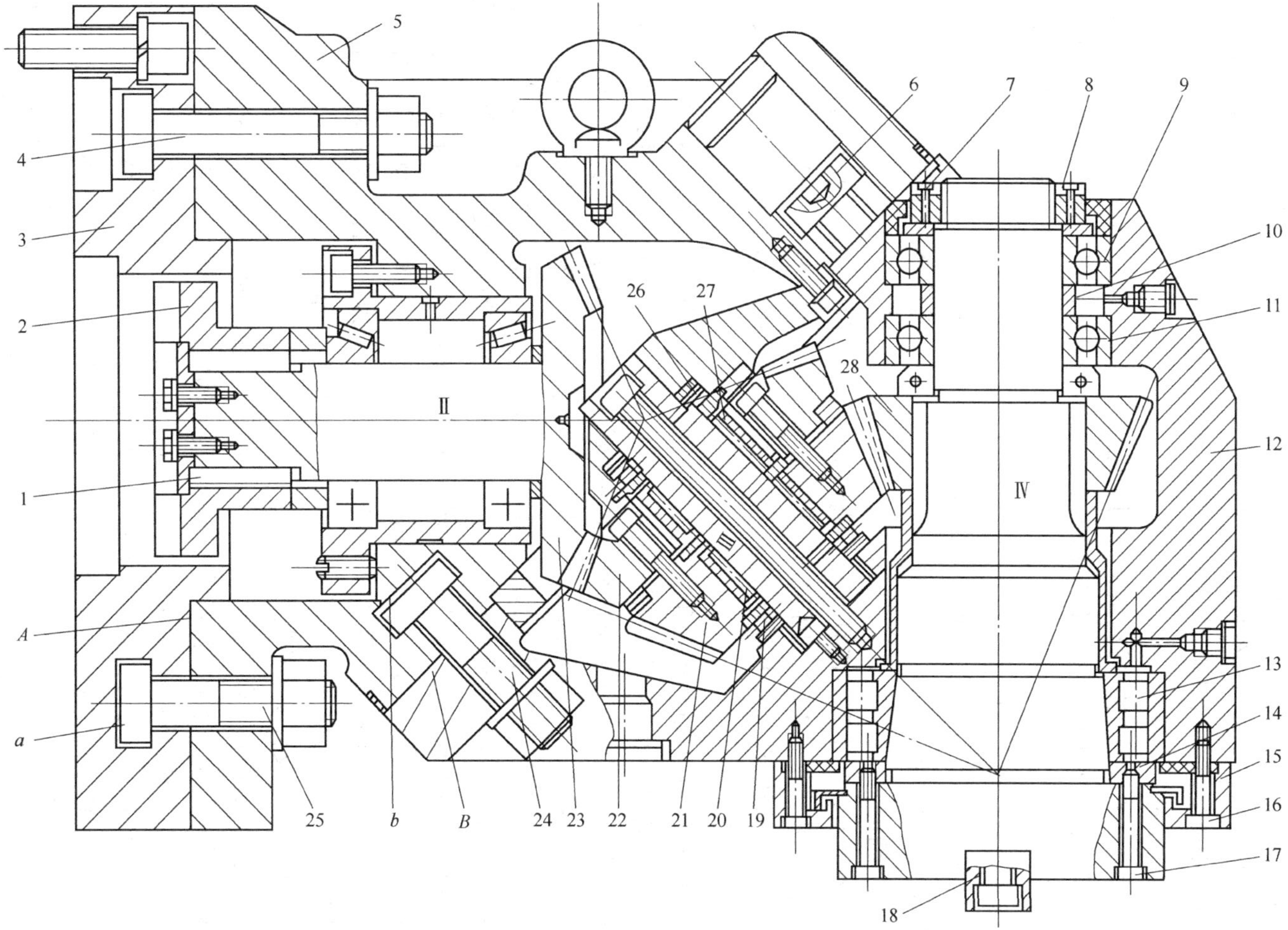

图 4-14　万能铣头结构示意图

1—键　2—连接盘　3—法兰　4、6、24、25—T 形螺栓　5—后壳体　7—锁紧螺钉　8—螺母　9、11—角接触球轴承　10—隔套　12—前壳体　13—圆柱滚子轴承　14—半圆环垫片　15—法兰　16、17—螺钉　18—端面键　19、26—推力圆柱滚子轴承　20、27—向心滚针轴承　21、22、23、28—弧齿锥齿轮

三、XK5750 型数控铣床的进给传动系统与结构

（一）进给运动传动系统

在图 4-13 中，工作台的纵向（*X* 轴）进给运动由交流伺服电动机驱动，经 21/42 同步圆弧齿形带轮将运动传动至滚珠丝杠轴Ⅵ，螺母带动工作台纵向移动；滑枕的横向（*Y* 轴）进给运动由交流伺服电动机驱动，经 21/42 同步圆弧齿形带轮将运动传动至滚珠丝杠轴Ⅴ，螺母带动滑枕横向移动。

升降台的垂直（*Z* 轴）进给运动由交流伺服电动机驱动，通过 28/56 同步齿形带轮传动到轴Ⅶ，再经 15/30 弧齿锥齿轮将运动传至滚珠丝杠轴Ⅷ，螺母带动升降台垂直运动。垂直滚珠丝杠轴上的弧齿锥齿轮同时带动轴Ⅸ上的锥齿轮，经单向超越离合器与自锁器相连，防止升降台因自重而下滑。

X 轴、*Y* 轴和 *Z* 轴的滚珠丝杠导程均为 6mm。

（二）进给运动传动装置

1. 工作台 *X* 轴传动装置

工作台 *X* 轴传动装置如图 4-15 所示。交流伺服电动机 9 的输出轴上装有圆弧同步齿形带轮 16，通过同步齿形带 12 和圆弧同步齿形带轮 8 传动滚珠丝杠 18 回转，螺母 17 带动工作台 1 移动。伺服电动机有内置脉冲编码器，可将检测到的工作台位移量反馈给数控系统，形成半闭环控制。

两圆弧同步齿形带轮与电动机轴和滚珠丝杠轴之间，均采用内外锥环 13、14 无键的连接方式，这种连接方法不需要开键槽，而且配合无间隙，对中性好。滚珠丝杠两端采用角接触球轴承支承，前端的三个角接触球轴承为成组轴承，精度等级为 P4，可同时承受径向载荷和轴向载荷。3、4 轴承的大口向右，承受向左的轴向载荷；轴承 5 的大口向左，承受向右的轴向载荷。前支承轴承的预紧力，由轴承 4、5 的内、外圈轴向尺寸差实现。当转动螺母 7 通过隔套将轴承内圈压紧时，由于轴承外圈比内圈轴向尺寸稍短，仍有微量间隙，再拧动螺钉 6 通过法兰盘 10 压紧轴承外圈，就会消除间隙并产生预紧力。调整时需要修磨垫片 11 的厚度尺寸。丝杠后端的角接触球轴承通过螺母 19 调整预紧力，使丝杠产生预拉伸，以提高丝杠的刚度和减小丝杠的热变形。2 为工作台纵向移动时的限位行程挡铁。同步齿形带可以张紧，以减少传动间隙，噪声亦可降低。

2. 升降台 *Z* 轴进给及自动平衡装置

升降台 *Z* 轴进给及自动平衡装置简图如图 4-16 所示。交流伺服电动机 1 的输出轴与同步齿形带轮 2 用键连接，经同步齿形带和带轮 3 传动轴Ⅶ，轴Ⅶ右端的锥齿轮 7 与锥齿轮 8 啮合，传动滚珠丝杠轴Ⅷ回转。螺母 23 通过支承套 22 固定在机床底座上，丝杠通过锥齿轮 8 与升降台连接，当丝杠旋转时，升降台上升或下降，实现垂直进给。

垂直滚珠丝杠轴Ⅷ上端支承由三个轴承组成，深沟球轴承 9 和角接触球轴承 10 承受径向载荷；推力圆柱滚子轴承 11 承受轴向载荷，此三个轴承在装配时要通过调整环节消除轴承间隙并施加预紧力。传动轴Ⅶ有左、中、右三个支承，左、右各有一个球轴承，中间的支承为一对角接触球轴承，同时承受径向载荷和轴向载荷，实现轴向定位。用螺母 4 调整两个角接触球轴承相对传动轴Ⅶ的轴向位置，并对轴承预紧，可通过修磨两轴承的内外圈隔套 5 和 6 的厚度来控制预紧量。螺钉 24 用于调整传动轴Ⅶ的轴向定位。

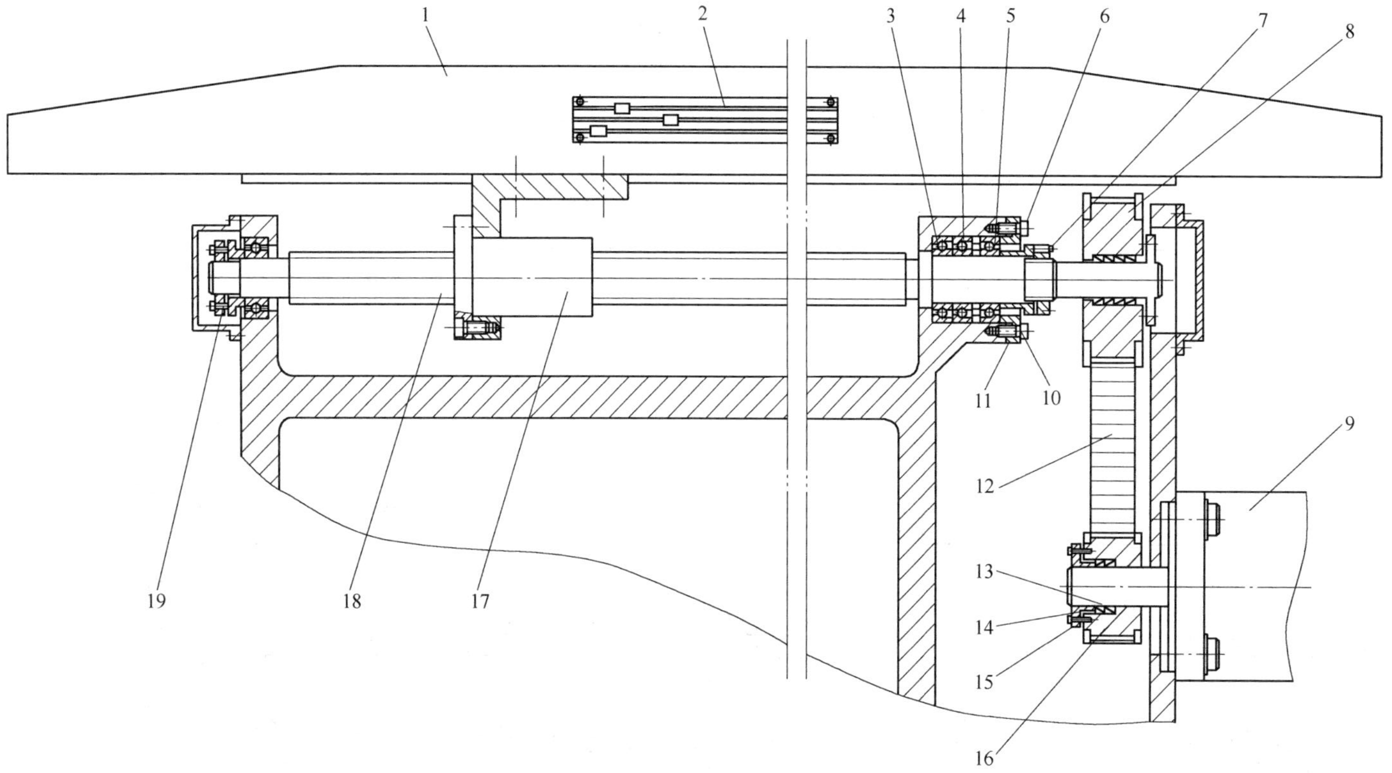

图 4-15　工作台 X 轴传动装置简图

1—工作台　2—限位挡铁　3、4、5 —角接触球轴承　6—螺钉　7、19—螺母　8、16—圆弧同步齿形带轮　9—交流伺服电动机
10—法兰盘　11—垫片　12—同步齿形带　13—内锥环　14—外锥环　15—端盖　17—螺母　18—滚珠丝杠

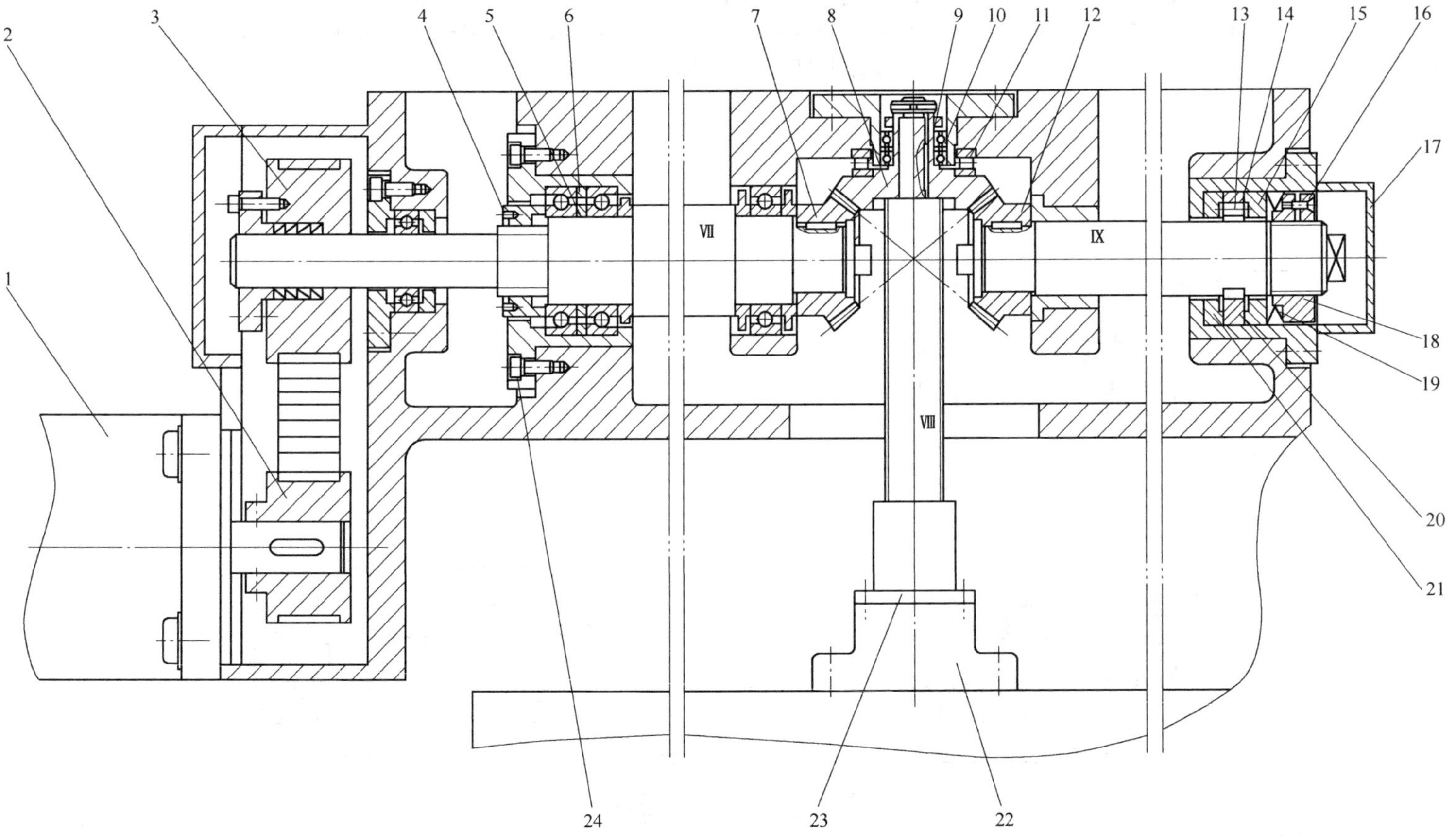

图 4-16　升降台 Z 轴进给及自动平衡装置简图

1—交流伺服电动机　2、3—齿形带轮　4、18—螺母　5、6—内、外隔套　7、8、12—锥齿轮
9—深沟球轴承　10—角接触球轴承　11—滚子轴承　13—滚子　14—外环　15、21—摩擦环
16、24—螺钉　17—端盖　19—碟形弹簧　20—星轮　22—支承套　23—螺母

与丝杠轴上的锥齿轮 8 同时啮合的还有锥齿轮 12，传动轴Ⅸ旋转。其图中轴Ⅸ在空间的实际安装位置是在水平面内，与轴Ⅶ的轴线呈 90°相交（图示为展开画法）。轴Ⅸ右端的单向超越离合器和自锁器等构成自动平衡机构。因为滚珠丝杠无自锁能力，当垂直放置时，会在部件的重力作用下自动下滑。所以升降台部件除了要选用带有制动器的伺服电动机外，还在传动机构中装有自动平衡机构，以平衡升降台的自重力和上升下降时的驱动力。自动平衡机构工作原理为：丝杠旋转的同时，通过锥齿轮 12 和轴Ⅸ带动单向超越离合器的星轮 20 转动。当升降台上升时，星轮的转向使滚子 13 与超越离合器的外环 14 脱开，外环 14 不随星轮 20 转动，摩擦环不起作用；当升降台下降时，星轮 20 的转向使滚子 13 楔在星轮与外环之间，使外环 14 随轴一起转动，外环与两端固定的摩擦环 15、21 之间产生相对运动，在碟形弹簧 19 的作用下，产生摩擦力，增加升降台下降时的阻力，使升降台上升与下降的力量得以平衡。阻力的大小是可以调整的，调整时先拆下端盖 17，松开螺钉 16，适当旋紧螺母 18，压紧碟形弹簧 19，即可增大自锁力。调整前需用辅助装置支承升降台。

四、数控铣床的数控回转工作台

在数控铣床上选用回转工作台或数控分度头附件，可使铣床增加一个数控轴，从而扩大数控铣床的功能。机床使用数控回转工作台，适合加工板类和箱体类零件的连续回转表面或多面加工；使用数控分度头可加工轴类、套类工件的圆柱面上和端面上的圆弧槽、螺旋槽及孔。数控回转工作台和数控分度头可通过接口由机床的数控装置控制，也可由独立的数控装置控制。

1. 数控回转工作台的结构与安装

图 4-17 所示为立卧式数控回转工作台，有两个相互垂直的定位面 *A* 和 *B*，它在主机工作台上进行立式或卧式安装，用定位键 22 限位。如图所示为以 *A* 面定位，其回转轴线垂直于工作台面。工件在数控回转工作台上安装时，可由主轴 6 的内孔定心，也可直接装夹在工作台面 4 的 T 形槽内。

数控回转工作台由直流伺服电动机 17 驱动，经两对齿轮副和一对蜗轮副传动，可以完成任意角度的分度和连续进给运动。伺服电动机尾部装有检测用的脉冲编码器，实现半闭环控制。齿轮副消隙采用双片齿轮错齿调整法，调整时卸下电动机 17 和法兰盘 16，松开螺钉 18，转动双片齿轮 19 消除间隙。蜗轮副采用变齿厚双导程蜗杆消隙法消隙，调整时松开螺钉 24 和螺母 25，转动螺纹套 23，使蜗杆 21 轴向移动，改变蜗杆 21 与蜗轮 20 的啮合部位，消除间隙。工作台导轨面 7 采用贴塑导轨。

2. 数控回转工作台的工作原理

如图 4-17 所示，数控回转工作台工作时，首先气液转换装置 14 中的电磁换向阀换向，使其中的气缸下腔进气，上腔排气，气缸活塞杆 15 向上退回，油腔 12 及管路中的油压下降，夹紧液压缸 1 上腔减压，活塞 2 在弹簧 5 的作用下向上移动，拉杆 3 松开工作台 4。同时触头 11 向右退回，松开夹紧信号开关 9，压下松开信号开关 10，则伺服电动机 17 开始驱动工作台回转或分度。工作台回转完毕或分度到位，气液转换装置 14 中的电磁阀换向，使气缸上腔进气，下腔排气，活塞杆 15 向下伸出，油腔 12、油管及夹紧液压缸 1 上腔的油压增加，使活塞 2 压缩弹簧 5，拉杆 3 下移，将工作台 4 压紧在底座 8 上，同

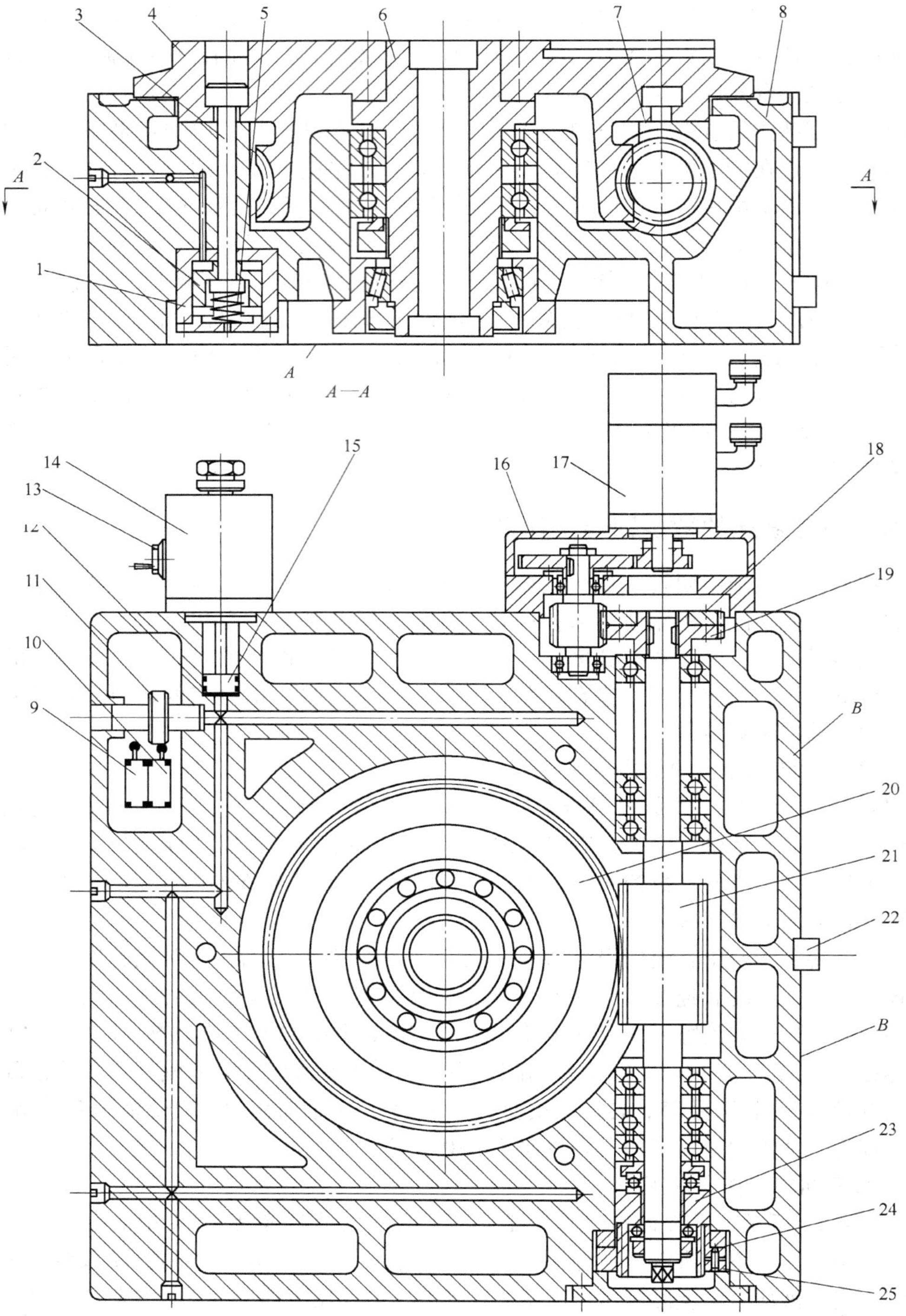

图 4-17　立卧式数控回转工作台

1—夹紧液压缸　2—活塞　3—拉杆　4—工作台　5—弹簧　6—主轴　7—工作台导轨面　8—底座
9、10—信号开关　11—触头　12—油腔　13—脉冲发生器　14—气液转换装置　15—活塞杆
16—法兰盘　17—直流伺服电动机　18、24—螺钉　19—双片齿轮　20—蜗轮　21—蜗杆
22—定位键　23—螺纹套　25—螺母

时触头11在油压作用下向左伸出，放开松开信号开关10，压下夹紧信号开关9。工作台完成一个工作循环时，零位信号开关（图中未画出）发信号，使工作台返回零位。手摇脉冲发生器13可用于工作台的手动微调。

3. 双导程蜗杆副的工作原理及特点

在要求连续精确分度的结构中，通常采用双导程蜗杆副传动，它不同于普通蜗杆副，其左右两侧具有不同的导程（齿的左、右两侧面模数不同），而同一侧的导程是相等的。但双导程蜗杆副的啮合原理与普通蜗杆副的啮合原理相同，即蜗杆的轴截面仍相当于基本齿条，蜗轮相当于同它啮合的齿轮。

双导程蜗杆副齿形如图4-18所示，$t_{左}$ 表示蜗杆齿左侧面导程，$t_{右}$ 表示蜗杆齿右侧面导程，S 为齿厚，C 为槽宽。

$$t_{左} = S_1 + C_1, t_{右} = S_2 + C_1$$

设 $t_{右} > t_{左}$

则 $S_2 > S_1$，同理 $S_3 > S_2 \cdots\cdots$

由此可见，蜗杆的齿厚从一端到另一端均匀地逐渐增厚或减薄，故又称变齿厚蜗杆。由于同一侧面的齿距（导程）相同，并没有破坏蜗轮蜗杆的啮合条件，当轴向移动蜗杆后，仍能保证良好的啮合。这样就可以调整蜗轮蜗杆的间隙达到最佳状态，当使用过程中蜗轮蜗杆的间隙变大时，可以通过调整蜗杆的轴向位置，使蜗轮蜗杆的间隙变小。

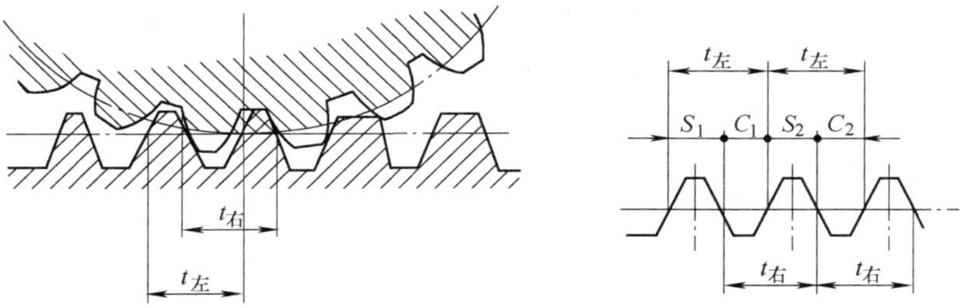

图4-18 双导程蜗杆副齿形

双导程蜗杆副具有以下特点：

1）双导程蜗杆副的啮合间隙一般可调整至0.01～0.015mm，而普通蜗轮副只能达0.03～0.08mm，因此，双导程蜗杆副能在较小的侧隙下工作，有利于提高数控回转工作台的分度精度。

2）普通蜗杆副是用蜗杆沿蜗轮径向移动来调整啮合侧隙，因而改变了传动副的中心距，由此引起齿面接触情况变差，甚至加剧磨损，不利于保持蜗轮副的精度；而双导程蜗杆是用蜗杆轴向移动来调整啮合侧隙，不会改变传动副的中心距，可避免上述缺点。

3）双导程蜗杆通常是用修磨调整环来控制调整量的，调整准确，方便可靠。

4）双导程蜗杆副的加工制造比较麻烦，若不具备数控车床和数控螺纹磨齿，而采用普通车削和磨削方法加工蜗杆左、右齿面时，螺纹传动链要选配不同的两套挂轮，精确配算挂轮繁琐、费时。同样，在制造加工蜗轮的滚刀时，需根据双导程蜗杆的参数设计制造，通用性差。

XKA5750型数控铣床采用递进式润滑系统，对机床导轨副、滚珠丝杠副及齿轮副等进行自动的定时定量润滑，每次加油量和两次间的时间间隔都是可调的，以保证各润滑点的油量合理。

第三节　XKA21 系列数控龙门镗铣床

一、XKA21 系列数控龙门镗铣床的用途、布局及技术参数

XKA21 系列数控龙门镗铣床为工作台固定，横梁移动式龙门镗铣床，是北京第一机床厂的产品。按照工作台面的宽度尺寸不同，有五种规格构成 XKA21 数控龙门镗铣床系列，工作台面的宽度分别为：2000mm、2500mm、3000mm、4000mm、5000mm。

1. 机床的用途

XKA21 系列数控龙门镗铣床适用于大型黑色金属（钢或高强度铸铁）和有色金属零件的粗、精加工，广泛应用于机床、工程机械、船用柴油机、汽轮机、机车车辆、电力机械、模具、矿山冶金机械、重机等各机械制造行业进行复杂零件的加工。为满足不同典型零件的工艺要求，在滑枕镗铣头上配置多种附件铣头，可在工件一次装夹中完成五面的铣、镗、钻、铰、攻螺纹等多工序加工，以及斜面、斜孔、二维曲面、三维曲面加工，还可对零件型腔内部的孔和平面进行加工。

2. 机床的布局

图 4-19 所示为 XKA21 系列数控龙门镗铣床总体布局。双立柱和顶梁构成封闭的框架结构，在龙门框架上配置可垂直运动的横梁，横梁上配置的溜板可沿横梁前导轨作水平运动（Y 坐标）；溜板上配置的滑枕式镗铣头，可沿溜板前导轨作垂向运动（Z 坐标）；工作台可沿床身导轨纵向运动（X 坐标）。横梁沿立柱导轨的垂直移动定义为 W 坐标，参

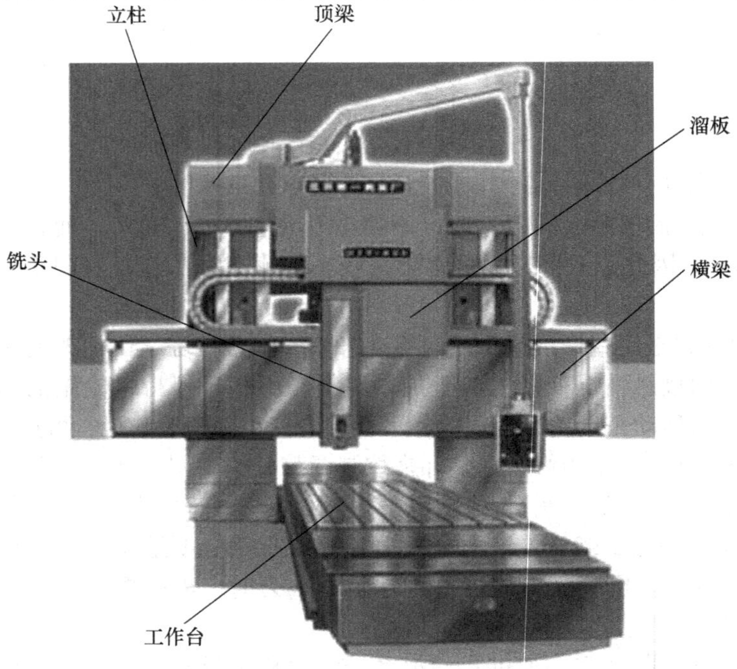

图 4-19　数控龙门镗铣床

与工件加工的进给运动，以扩大机床的加工范围。

3. 机床的主要技术参数

以 XKA2120 数控龙门镗铣床为例，介绍机床的主要技术参数：

工作台工作面积（宽×长）	2000mm×6000mm
两立柱间距离	2500mm
镗铣头主轴端面至工作台面距离	0～2050mm
工作台 T 形槽数	9
工作台 T 形槽宽	28mm
工作台纵向行程	6720mm
工作台进给范围（无级）	1～10000mm/min
工作台快速移动	10000mm/min
横梁上溜板横向行程	3210mm
溜板进给量范围（无级）	1～6000mm/min
溜板沿横梁快速移动	6000mm/min
横梁升降行程	1550mm
横梁进给量范围（无级）	1～ 2000mm/min
横梁快速移动	2000mm/min
工作台最大承重	10000 kg

滑枕式镗铣头的主要参数：

滑枕截面	500mm×500mm
镗铣头主电动机功率	40 kW
镗铣头主轴前端规格	No. 60（GB3837. 1）
主轴转速（无级）	6～1250r/min ，8～2000r/min
滑枕垂向行程	1250mm
滑枕进给范围（无级）	1～3000mm/min
滑枕快速移动	3000mm/min
滑枕垂向进给电动机转矩	36N·m（AC）

XKA2120 数控龙门镗铣床采用德国 BIEMENS 840D 数控系统，*X*、*Y*、*Z* 三坐标联动。

二、XKA21 系列数控龙门镗铣床的部件结构

1. 机床基础部件

机床的床身、工作台、立柱、横梁等基础部件，均采用高强度铸铁及树脂砂造型，合理的布置筋格结构，使机床具有高的刚性和稳定性。

横梁上的 *Y* 向两条直线导轨采用阶梯式结构，其受力条件好，抗颠覆能力高，使机床具有高精度和运动平稳。

2. 滑枕式镗铣头

图 4-20 所示的滑枕式镗铣头由主轴单元、滑枕箱体、变速箱、隔热层及电气液压控制单元等组成，完成机床 *Z* 轴的垂直进给运动。滑枕式镗铣头主轴 2 由交流无级变频调速电动机驱动，主轴支承采用德国 FAG 公司的主轴轴承支承结构，具有高精度、高刚度、

高负荷、高转速、低温升的特点。主轴内部还装有爪形液压松刀——蝶形弹簧拉紧的自动拉刀装置。滑枕箱体和齿轮变速箱采用分离结构，齿轮箱和主轴电动机装在滑枕外侧，齿轮变速箱和滑枕之间有油冷却的隔热板，防止齿轮变速箱的热量传给滑枕，减小滑枕热变形。

图 4-20　滑枕式镗铣头

滑枕箱体 1 采用球墨铸铁铸件，使方形滑枕有较高的刚度。滑枕端面上设有 4 个定位卡爪 3，附件铣头在滑枕前端面安装时，图 4-21 所示的附件铣头主轴锥孔拉钉装入主轴锥孔中，端面拉钉与滑枕端面上的定位卡爪 3 对接，自动定位并拉紧附件铣头。对于如图 4-21b 所示的可转位直角附件铣头，定位卡爪可配合控制系统实现附件铣头的自动转位，而且在自动转位过程中可防止附件铣头脱落。

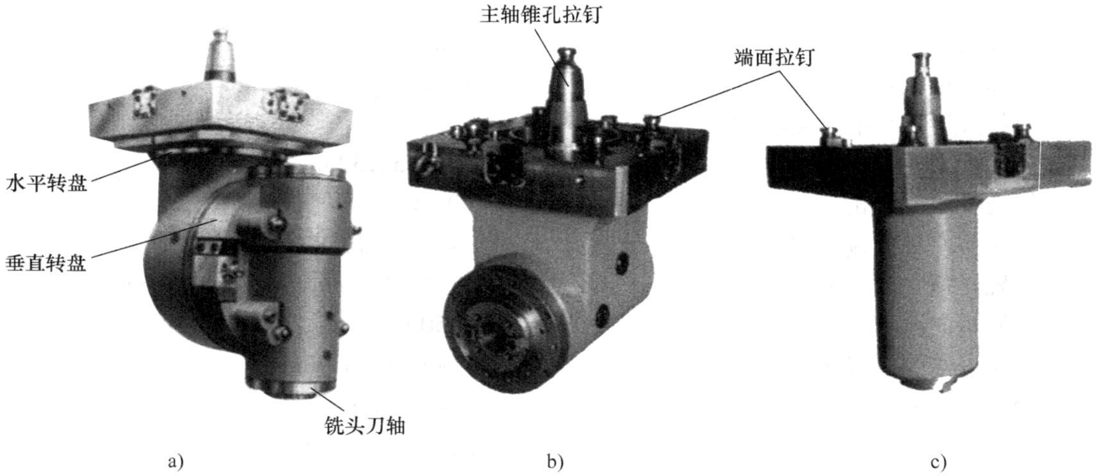

图 4-21　与滑枕式镗铣头相配的附件铣头

滑枕镗铣头垂直运动设有平衡油缸装置，该装置采用高性能平衡阀，具有当升降方向不同和主轴前端装与不装附件铣头时的自动切换平衡压力功能，使滑枕运行平稳。横梁溜板上装有滑枕铣头的自动倾角调整装置，可以调整主轴中心线对工作台 X 轴方向倾角，以利于铣削平面时的加工精度和表面粗糙度。

机床滑枕式镗铣头可与九种附件铣头连接，以适应工件特殊部位，复杂型面的加工要求。机床出厂时标准配置有如图 4-21 所示的三种附件铣头，图 4-21a 为万能附件铣头，平行于工作台面的水平转盘可以调整角度，使铣头刀轴可加工倾斜表面；垂直于工作台面的垂直转盘也可以调整角度，使铣头刀轴处于倾斜位置。图 4-21b 为直角附件铣头，该附件铣头可绕镗铣头主轴轴线整体转动 90°，可分别加工工件的 4 个侧面。图 4-21c 为延伸附件铣头，可以方便的深入到箱体、机架、壳体等工件内部加工平面、沟槽等。附件铣头与滑枕式镗铣头连接有手动和机动两种方式，机床配有轨道系统及运载小车，方便附件铣头的存储和更换。

图 4-22 所示为 XKA2140 数控龙门镗铣床使用附件铣头加工鼓风机内腔的实例。

3. 进给传动装置

（1）进给系统的传动与结构　XKA2140 数控龙门镗铣床 X、Y、Z 三坐标进给传动系统均采用交流伺服电动机驱动，其位置检测均采用金属直线光栅尺检测，为全闭环控制系统。

图 4-22　加工鼓风机内腔

如图 4-23 所示，机床工作台 X 轴进给采用静压导轨支承，传动结构采用静压蜗杆蜗条传动副，其中蜗条表面带有 BNT 减磨涂层，使 X 轴进给传动具有无磨损、低摩擦、低速运动平稳性好的特点。在静压导轨面和静压蜗杆蜗条副之间可控制静压油膜的厚度为恒定值，以利于保证工作台的运动精度，同时可提高工作台的抗偏载能力和承载能力。

图 4-23　静压蜗杆蜗条副

滑枕与溜板之间采用镶钢带和耐磨涂塑导轨副，即滑枕移动导轨为耐磨涂塑导轨，溜板固定导轨为并镶钢带导轨，导轨副配有定量自动润滑系统。

横梁上配有自动调平装置，以保障横梁导轨在横梁上升、下降及滑枕镗铣头横向往复运动，始终保持对工作台面平行。

（2）静压蜗杆蜗条传动副的工作原理及特点　大型数控机床不宜采用丝杠螺母副传动，因特长的丝杠制造困难，且容易弯曲下垂，影响传动精度，同时轴向刚度与扭转刚度也难提高。如加大丝杠直径，因转动惯量增加，伺服系统的动态特性不易保证，因此，一般不采用丝杠螺母副传动，而采用静压蜗杆蜗条副。

静压蜗杆蜗条传动副如图 4-24 所示，其工作原理与静压丝杠螺母副相同，蜗条 1 实质上相当于很长的螺母沿轴向剖开后的一部分，蜗杆 2 相当于一根短丝杠。蜗杆是旋转的，蜗杆与蜗条的接触区在 90°～120°之间。

静压蜗杆蜗条副是在蜗杆与蜗条的啮合齿面注入压力油，以形成一定厚度的油膜，使两啮合齿面间成为液体摩擦，其工作原理如图 4-25 所示。油腔 g 设置在蜗条齿的两则，其张角为 γ，压力油 p_s 经配油盘 4 上的油孔 a、b、弧形槽 c 和油孔 d，再经蜗杆 3 的轴向长孔 e、节流孔 f 进入压力油腔 g，最后经蜗条与蜗杆齿侧的缝隙流回油箱。件 5 将配油

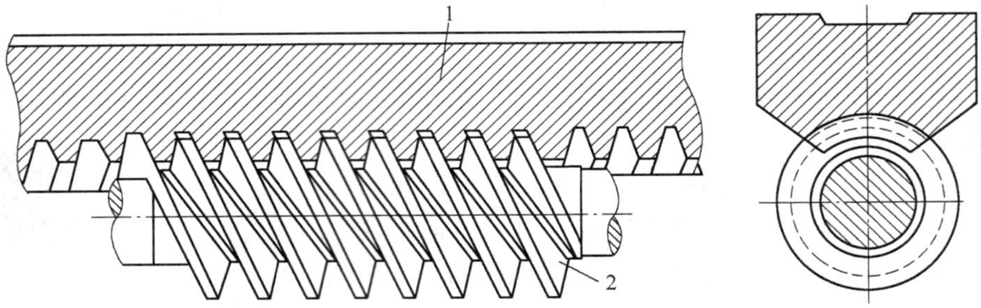

图 4-24　静压蜗杆蜗条传动副

1—蜗条　2—蜗杆

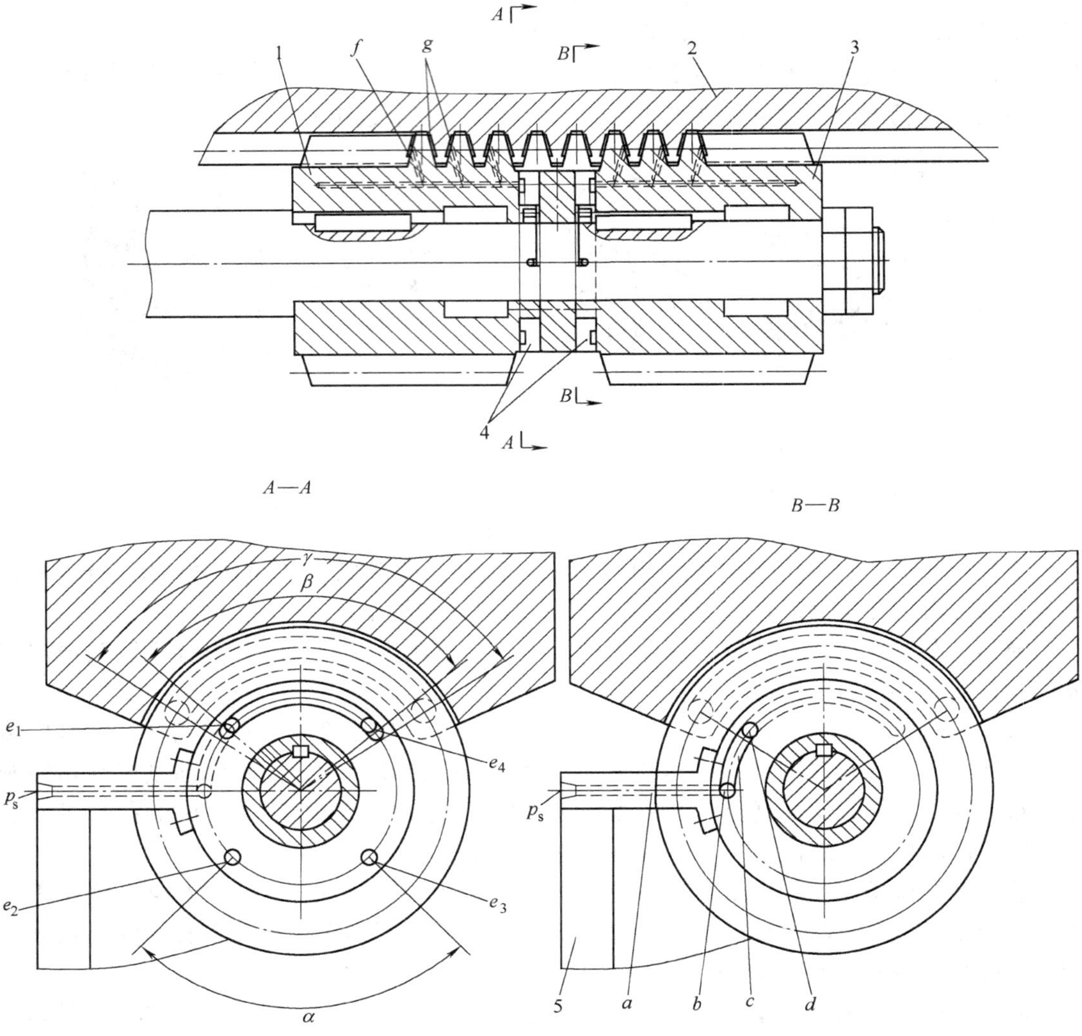

图 4-25　静压蜗杆蜗条副工作原理

1、3—蜗杆　2—蜗条　4—配油盘　5—夹紧件

盘 4 固定，以防转动。在蜗杆周向均匀地分布有 4 个轴向深孔 e，压力油顺序通过 e_1、e_2、e_3、e_4 连续地向油腔供油。为了保证油腔的供油不中断，相邻两个轴向长孔内缘之间的张角 α 应小于配油槽 d 外端的张角 β；而配油槽的张角 β 又应小于蜗条油腔外端的张角 γ，这样才得以保证将脱离的孔先切断油源，再离开油腔。目前国内用得最多的为双蜗杆单面作用式，分别在蜗杆 1 的左侧和蜗杆 3 的右侧通油，调节两蜗杆的轴向相对位置，就可以调节其间隙。

静压蜗杆蜗条传动由于既有纯液体摩擦的特点，又有蜗杆蜗条机械结构上的特点，因此特别适合于重型机床进给驱动系统。静压蜗杆蜗条副主要有以下特点：

1）摩擦阻力小。起动摩擦因数可小至 0.0005，功率消耗少，传动效率可高达 94% ~ 98%，在低速运动时也很平稳。

2）使用寿命长。蜗杆蜗条的齿面不直接接触，不易磨损，精度保持好。

3）抗振性能好。蜗杆蜗条之间的静压油腔内的压力油膜有良好的吸振能力。

4）轴向刚度大。

5）蜗条可无限接长，适合长行程运动部件。

4. 辅助装置

XKA2120 数控龙门镗铣床配有如图 4-26a 所示的液压站，其中电动机和液压泵是液压站的动力源，由液压阀及通道体等组成集成块或阀组合，外接引线的端子板或全套控制电器组成电气盒。液压泵站的电动机带动液压泵旋转，泵从油箱中吸油供油。液压油通过集成块或阀组合实行方向、压力及流量调节后，经外接管路输送至液压缸或液压马达中，从而控制数控铣床的相关执行件完成规定动作。

液压站还配有如图 4-26b 所示的自动控制恒温油箱，使机床液压油、冷却油、静压油的温度处于恒定状态，以提高机床工作的可靠性和精度。

a)

b)

图 4-26　机床辅助装置

本章教学重点和难点

1. 数控铣床的组成、布局和用途。
2. 数控铣床的分类。

3. 典型数控铣床的传动系统。

4. 典型数控铣床的升降台自动平衡装置。

5. 数控龙门镗铣床的布局及部件结构。

复习思考题

1. 简述数控铣床的特点。

2. 简述数控铣床的用途及主要加工对象。

3. 数控铣床有几种分类方法？按主轴布置形式可将数控铣床分为哪三类？

4. XK5750 型数控铣床的万能铣头是如何实现任意角度位置的旋转？

5. 说明 XK5750 型数控铣床万能铣头的主轴轴承的类型与配置形式，简述主轴前支承和后支承的调整方法。

6. 简述 XK5750 型数控铣床升降台自动平衡装置的工作原理。

第五章　加 工 中 心

第一节　加工中心概述

加工中心是一种将数控铣床、数控镗床、数控钻床的功能集聚于一身，工序高度集中的机电一体化设备。加工中心正以其高效率和高精度，得到越来越快速的发展，并已成为数控机床的代表性产品。

一、加工中心的组成及特点

（一）加工中心的组成

加工中心布局、结构和外形各不相同，但主要是由以下几大部分组成的：

1. 基础部件

基础部件一般指床身、立柱、滑鞍和工作台等，它们是组成加工中心的结构基础。这些大件是铸铁件或焊接的钢结构件，在加工中心中重量和体积最大。由于它们要承受加工中心的静载荷以及在加工时的切削载荷，因此应是刚度很高的部件。

2. 主轴单元

主轴部件一般由主轴箱体、主轴电动机、主轴和主轴支承等零件组成，主轴的起动、停止和速度变化等均由数控系统控制，并通过装在主轴上的刀具参与切削运动，是切削加工功率的输出部件。主轴部件是加工中心的关键功能部件，其结构特征直接关系到加工中心的使用性能和品质。

3. 数控系统

单台加工中心的数控系统由数控装置、可编程序控制器、伺服驱动单元及电动机等部分组成。它们是加工中心加工过程控制和执行顺序动作的控制中心。

4. 自动换刀系统

自动换刀系统由刀库、机械手等部件组成，刀库是存放加工过程中所要使用的全部刀具的装置。当需要换刀时，根据数控系统的指令，由机械手或其他装置将刀具从刀库中取出装入主轴孔中。刀库有盘式、鼓式和链式等多种形式，刀库容量从几把刀具到数百把刀具。机械手的结构根据刀库与主轴的相对位置及结构的不同也有多种形式，如单臂式、双臂式、回转式和轨道式等，有的小型加工中心无机械手，而是利用主轴箱或刀库之间的相互移动来实现换刀交换。

5. 辅助装置

辅助装置包括润滑、冷却、排屑、防护、液压与气动、随机检测系统等。加工中心上的辅助系统虽不直接参与切削运动，但对机床的加工效率、加工精度和各执行件的工作可靠性起到保障作用，也是加工中心不可缺少的功能部件。

6. 自动交换工件台系统

为缩短非切削加工时间，一些加工中心配有两个可交换工件台，当一个工作台在工作位置承载工件进行切削加工时，另一个工作台处于机床切削加工区域之外的位置，可安全方便地进行工件装卸。当完成一个工件的加工后，由交换托盘托带两个工作台相互交换位置，机床对新工件继续进行切削加工。由于装卸工件的辅助时间与加工时间重合，提高了加工效率。

（二）加工中心的特点

加工中心是综合了现代控制技术、计算机应用技术、精密测量技术及新材料、新工艺等多项技术的数控加工设备。与普通机床相比，加工中心简化了机械结构，突出了数字控制功能，具备以下几个特点：

1. 工序高度集中

加工中心集中了钻床、铣床、镗床等金属切削设备的加工方法，能实现工件一次装夹后的铣、镗、钻、铰、锪、攻螺纹等多工序加工。对于中等加工难度的批量工件，其生产效率是普通设备的5～10倍；对形状较复杂、精度要求高的单件加工或中小批量生产更为适用。

2. 工件一次安装自动完成多面加工

卧式加工中心一般带有自动分度回转工作台，工件一次安装后，可以自动完成多个平面或多个角度位置的加工。

3. 具备自动换刀装置

加工中心与数控镗铣床的主要区别是加工中心具有储存加工所需刀具的刀库，且通过刀具交换装置实现自动换刀。

4. 中大型卧式加工中心配置可交换工作台

一般在中大型卧式加工中心上，通常配置可交换的两个工作台，处于工作位置的工作台在承载工件进行加工的同时，在非工作位置的工作台上进行工件的装卸。这样可减少辅助加工时间，有效提高生产效率。

5. 数控系统的控制功能强

加工中心可实现两轴以上的多轴联动控制，完成复杂曲面的加工，还具有工件与加工过程图形显示、刀具破损报警、刀具寿命管理、故障自动诊断、工件在线检测等各种辅助控制功能，以保证工件的加工精度和质量。

二、加工中心的应用

加工中心在机械制造领域承担精密、复杂的多任务加工，按给定的工艺指令自动加工出所需几何形状的工件，完成大量人工直接操作普通设备所不能胜任的加工工作，在现代化机械制造工厂里加工中心的应用普及率在不断提高。

加工中心既可以单机使用，也能在计算机辅助控制下多台同时使用，构成柔性生产线，还可以与工业机器人、立体仓库等组合成无人化工厂。随着21世纪现代制造业的技术发展，机械加工的工艺与装备在数字化基础上正向智能化、信息化、网络化方向迈进，高端加工中心的发展速度势必进一步加快。目前，世界加工中心年产量已超过9万台，产值占世界机床产值近六分之一，中国加工中心产量居世界第三，产值居世界第五，而且加工中心已成为我国数控金属切削机床中产值仅次于数控车床的第二大类产品。预计随着我国数控机床生产的高速发展，加工中心在机床生产中占比将继续增加。从我国加工中心的消费情况看，国产加工中心的市场占有率不断上升，2001 年国产加工中心市场占有率为 8.4%，2008 年上升到 32.7%，这一年我国消费的加工中心达到 2.9 万台，约占世界产量的三分之一。

加工中心的造价较高，使用成本也高。在正常情况下加工中心能创造高产值，但无论设备自身原因造成的意外停机还是人为原因的事故停机，都会造成较大的浪费。为使加工中心在生产中高效运行，要求操作人员必须具有较高的素质。

三、加工中心的分类

现代加工中心机床单台的综合功能极强，而且不同类型的机床其功能相互交叉，目前对加工中心的分类有以下几种方式：

（一）按机床布局方式分类

1. 立式加工中心

立式加工中心主轴的轴线为竖直设置。如图 5-1 所示的立式加工中心多为固定立柱式，一般具有三个直线运动坐标，主轴箱可沿立柱导轨上、下运动，工作台为长方形，在水平面内可沿纵向和横向运动。标准配置的工作台无回转分度功能，如果在工作台上安装一个水平轴（第四轴）的数控回转台，就可以用来加工螺旋线类工件。

立式加工中心适合于加盘类、套类、板类等工件，配备数控回转工作台等附件后，可满足多种工件的加工。

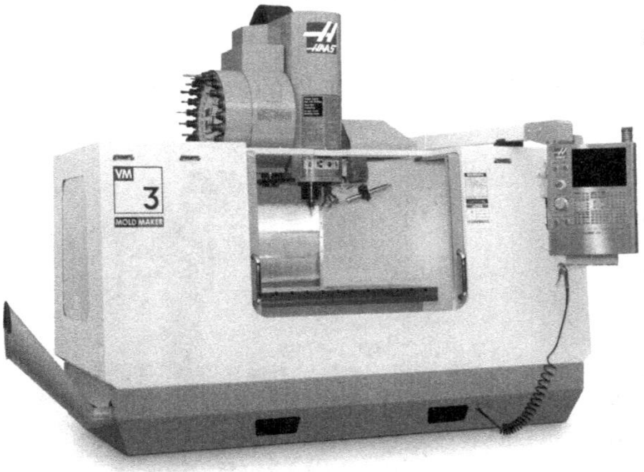

a)

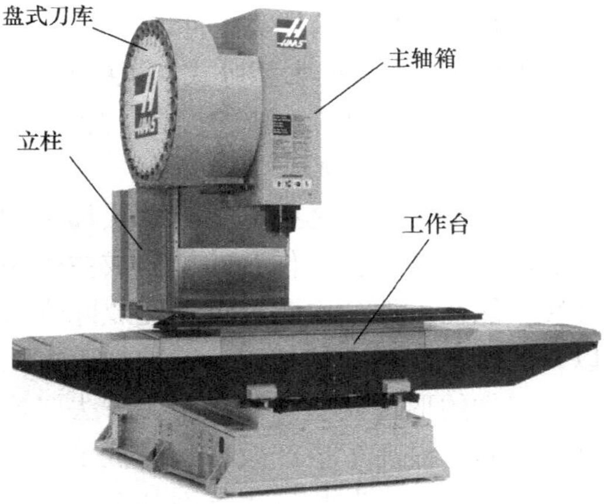

b)

图 5-1　立式加工中心

a）立式加工中心外观　b）去除机床外防护装置

2. 卧式加工中心

卧式加工中心的主轴轴线为水平设置，且具有可回转工作台。卧式加工中心在布局上分为固定立柱式和固定工作台式。如图 5-2a 所示，固定立柱式卧式加工中心的立柱不运动，主轴箱可在立柱上做上、下移动（Y 轴），而装夹工件的工作台既可左、右移动（X 轴），也可以随滑座前、后移动（Z 轴）。固定工作台式（也称为动柱式）卧式加工中心，一般是立柱和主轴箱配合完成两个直线坐标运动。如图 5-2b 所示，主轴箱可沿立柱导轨上、下运动（Y轴），同时立柱可沿底座导轨纵向运动（X轴），而工作台只能沿床身导轨横向运动（Z轴）。

图 5-2　卧式加工中心

a）固定立柱式　b）固定工作台式

卧式加工中心一般具有 3～5 个运动坐标，常见的是三个直线运动坐标加一个回转运动坐标（工作台回转），它能在工件一次装夹后完成除安装面和顶面以外的其余 4 个面的加工，最适于加工箱体类工件。

如图 5-3 所示的大型卧式加工中心配置了可交换工作台，使工件的装卸、调整时间与切削加工时间重合，有效的提高了加工效率。

3. 五面加工中心

五面加工中心具有立式和卧式加工中心的功能，通过回转工作台的旋转或主轴头的旋转，能在工件一次装夹后，完成除安装面以外的所有 5 个面的加工。这种加工方式可以使工件的形位误差降到最低，省去二次装夹的时间，提高了生产效率，降低了加工成本。图 5-4 所示为龙门式五面加工中心，其上的主轴头在水平位置可以加工零件的 4 个侧面，主轴头旋转 90°至垂直时，可以加工零件的顶面。该机床适用于加工大型或形状复杂的工件。

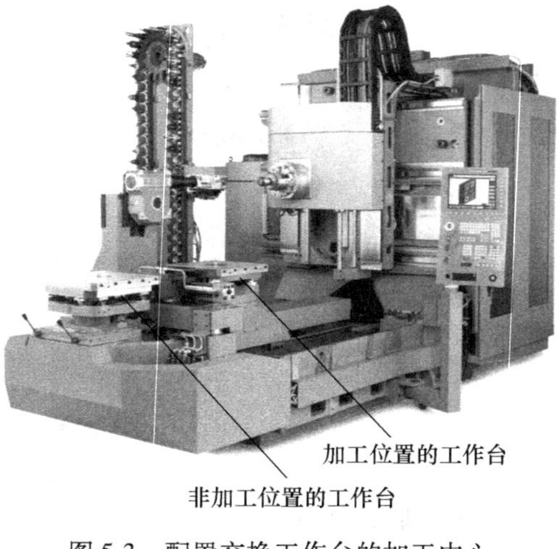

图 5-3　配置交换工作台的加工中心

（二）按机床功能特征分类

1. 镗铣加工中心

镗铣加工中心以镗、铣加工为主，适用于加工箱体、壳体以及各种复杂零件的特殊曲线和曲面轮廓的多工序加工。“加工中心”一词一般就是特指镗铣加工中心，而其他功能的加工中心前面要加定语，如车削加工中心、电加工中心等。

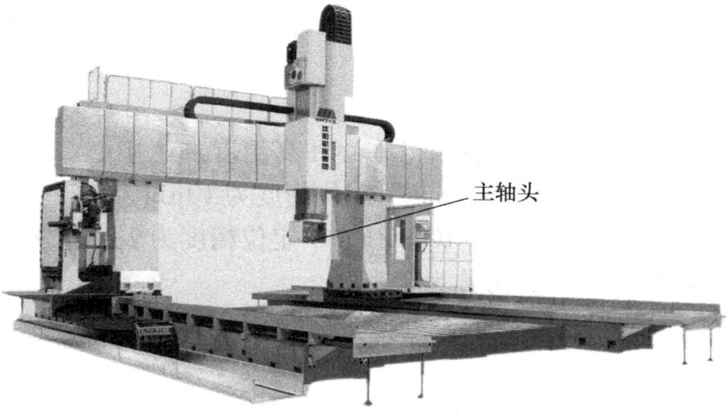

图 5-4　龙门式五面加工中心

2. 钻削加工中心

钻削加工中心以钻削加工为主，刀库形式以转塔头形式为主。适用于中小零件的钻孔、扩孔、铰孔、攻螺纹及连续轮廓的铣削等多工序加工。

3. 复合加工中心

复合加工中心除用各种刀具进行切削外，还可使用激光头进行打孔、清角，用磨头磨削内孔，用智能化在线测量装置检测、仿形等。

（三）按运动坐标数和联动轴数分类

加工中心的数控装置可实现多个坐标轴控制和多轴联动控制，因此还可以按运动坐标数和联动轴数将加工中心分为：三轴二联动、三轴三联动、四轴三联动、五轴四联动、五轴五联动等。图 5-5 所示为五轴联动加工中心，它具备 *X*、*Y*、*Z* 三个移动坐标轴和 *A*、

图 5-5　五轴联动加工中心

C 两个转动坐标轴，且数控系统可以同时控制 5 个坐标轴联动，适合于机械工业、汽车制造业和航天航空领域复杂零件的加工。

（四）按加工精度分类

加工中心按加工精度可分为普通加工中心和高精度加工中心。普通加工中心，分辨率为 1μm，最大进给速度为 15～25m/min，定位精度为 10μm 左右。高精度加工中心，分辨率为 0.1μm，最大进给速度为 15～100m/min，定位精度为 2μm 左右。而定位精度介于 2～10μm 之间的，以 5μm 较多，可称为精密级。

（五）按自动换刀装置分类

1. 转塔头加工中心

转塔头加工中心有立式和卧式两种，用转塔的转位来更换主轴头，以实现自动换刀。主轴数一般为 6～12 个，换刀时间短，主轴转塔头定位精度要求较高。图 5-6 所示的立式钻削加工中心，其上的转塔头为卧式布局，容量为 10 个主轴头。

图 5-6　转塔头换刀的钻削加工中心

2. 无机械手换刀加工中心

图 5-7 所示的立式加工中心虽无机械手，但刀库中刀具的安装位置方向与主轴装刀方向一致，通过刀库和主轴箱的配合实现换刀。换刀时，一般是刀库和主轴箱均要运动到换刀位置，利用刀库转动选刀，主轴箱运动插、拔刀，从而实现刀具的交换。

3. 机械手换刀加工中心

中大型加工中心的自动换刀系统的结构多种多样，一般刀具交换装置采用机械手。特别是双臂机械手的两卡爪可同时分别抓住刀库上所选的刀具和主轴上的刀具，换刀时间短，并且选刀时间与机加工时间重合，因此得到广泛应用。图 5-2a 所示的卧式加工中心，就是采用双臂机械手实现自动刀具的。

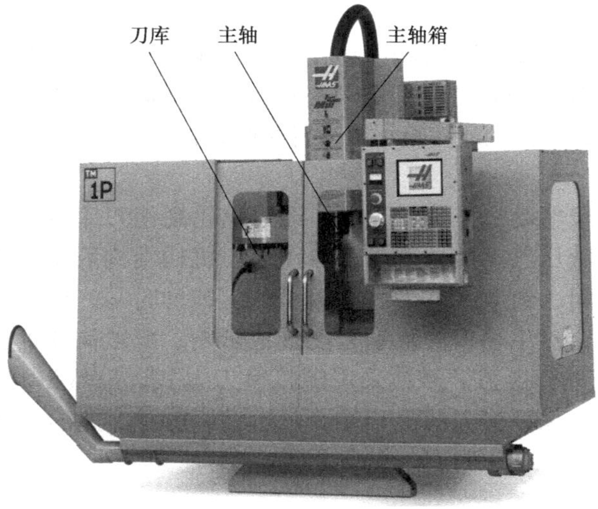

图 5-7　无机械手换刀加工中心

第二节　立式加工中心

一、立式加工中心的用途、布局及技术参数

（一）机床的用途

在 FV-800A 型立式加工中心上，工件一次装夹后，可以自动连续地完成铣、钻、铰、扩、锪、攻螺纹等多种工序的加工。所以适于中小型板类、盘类、箱体类、模具等零件的多品种小批量和单一产品的成批生产。使用该机床加工中小批量的复杂零件，一方面可以节省在普通机床上加工所需的大量的工艺装备，缩短了生产准备周期；另一方面能够确保工件的加工质量，提高生产率。此外，该型号数控机床突出人性化设计，操作者操作起来较为舒适，一定程度上降低了劳动者的劳动强度。

（二）机床的特点

杭州友嘉精密机械有限公司生产的 FV-800A 立式加工中心具有以下特点：

1. 强力切削

主轴电动机采用 FANUCαP15 型交流主轴电动机，主轴电动机额定功率为 7.5kW。电动机的运动经过同步带轮将转矩传递到主轴上。主轴转速的恒功率范围宽，低转速转矩大，机床的基础部件及主要传动部件刚度高，可实现强力切削。此外，主轴采用无齿轮传动，主轴运转时噪声低，振动小，热变形小。

2. 高速定位

进给采用交流伺服电动机，通过联轴器与滚珠丝杠副相连，采用滚动直线导轨，使 X 轴和 Y 轴获得 24m/min 的快速移动速度，Z 轴获得 15m/min 的快速移动速度。该机床在高速运动时振动小，低速运动时无爬行现象，导轨润滑好，在高精度的切削状态下具有较好的稳定性。

3. 高速切削

该机床采用 FANUCαP15 型主轴电动机，并经过同步齿形带将转矩传递给主轴。该机床的主轴转速范围为 50～8000r/min，且可高速定位，从而实现在较高的转速下和较快的进给速度下高速切削，可大大地缩短加工运行时间，提高了加工效率。

4. 随机换刀

刀库采用直流伺服电动机作为动力源，经过蜗轮副使刀库旋转。机械手的回转、取刀、装刀机构均采用液压气动装置驱动。自动换刀机构结构简单，换刀可靠，换刀速度快，点对点的换刀时间达到 7.5s，大大缩短了加工辅助时间，提高了加工效率。由于刀库安装在立柱上，不会对主轴箱的移动精度造成影响，所以保证了加工精度。此刀库的换刀形式采用机械手进行换刀，刀具采用随机换刀方式，虽然刀具号与刀座号不一致，但该系统具有记忆性，保证换刀的准确性。每次换刀时，刀库的正转和反转角度均不超过 180°，一定程度上缩短换刀时间，提高了换刀效率。

5. CNC 控制

该数控机床采用集成度很高的 FANUC 0i MA 型数控系统进行控制，控制系统体积小，集成度高，故障率低，可靠性高，运算速度快；系统人机对话界面布局合理，操作简单方便，突出人性化；电气柜内布线合理，结构紧凑。机床具有自诊断功能和自我保护功能。此机床还可通过外部接口与计算机相连，可实现机床内部信号与外部信号的传输与控制，可以作为柔性生产线上的一个生产单元。

（三）机床的布局

FV-800A 型立式加工中心的外观如图 5-8 所示，其总体布局如图 5-9 所示。

图 5-8　FV-800A 型立式加工中心外观

（四）机床的主要技术参数

FV-800A 型立式加工中心的主要技术参数如表 5-1 所示。

FV-800A 型立式加工中心配备的是 FANUC-0MA 数控系统。

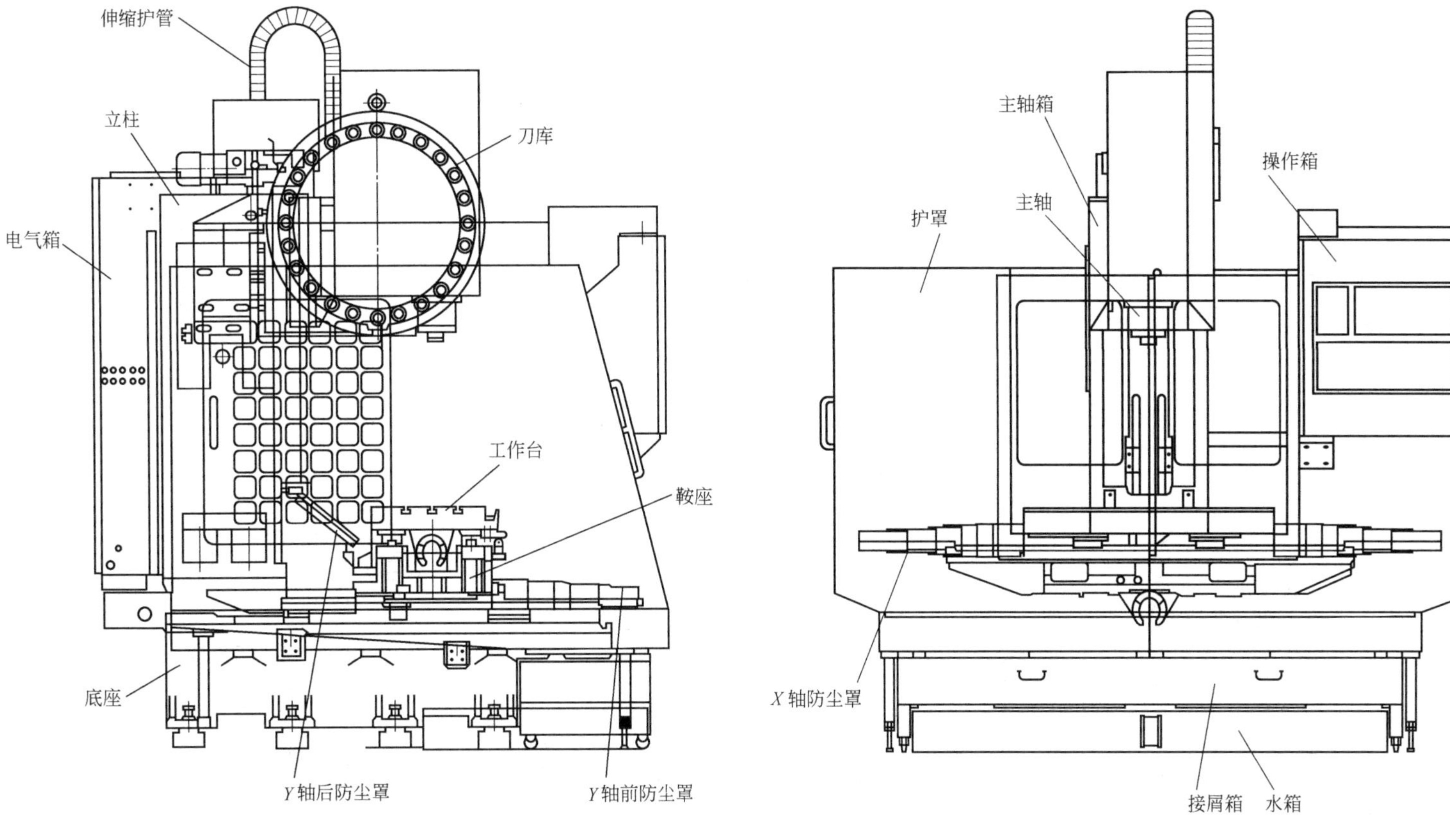

图 5-9　FV-800A 型立式加工中心的总体布局图

表 5-1 FV-800 立式加工中心的主要技术参数

行程	*X* 轴行程	800mm
	Y 轴行程	500mm
	Z 轴行程	505mm
	主轴下端据工作台面距离	100～605mm
	主轴中心至立柱轨道面距离	480mm
	工作台面至地面距离	900mm
	工作台面中心至立柱轨道面距离	255～755mm
工作台	工作台面积	425mm×950mm
	工作台最大载荷	500kg
	T 形槽（宽×槽数×间距）	18mm×3×100mm
主轴	主轴转数	50～8000r/min
	主轴孔锥度	7/24
	主轴直径	ϕ70mm
	主轴电机	7.5 / 9kW（连续 30min 超载）
进给	*X* 轴快速进给	24m/min
	Y 轴快速进给	24m/min
	Z 轴快速进给	15m/min
自动换刀	刀具数量（把）	24
	刀柄螺栓	BT-40（45°）
	最大刀具重量	7kg
	最大刀具长度	250mm
	最大刀具直径（刀库装满刀具）	ϕ80mm
	最大刀具直径（相邻刀空位）	ϕ150mm
	换刀时间（刀对刀）	4s
	换刀时间（点对点）	7.5s
其他参数	占地面积（长×宽）	2435mm×2178mm
	机器重量（净重）	5000 kg
	最大机器高度	2735mm
	气压压力	0.6～0.8MPa
	电力容量	15kVA

二、立式加工中心的传动与结构

（一）主运动系统及主轴箱结构

1. 主运动传动系统

主轴电动机通过一对同步带轮将运动传递给主轴，使主轴可以在 50～8000r/min 转速范围内实现无级调速。

该电动机的功率、转矩特性曲线，如图 5-10 所示。

电动机转速范围为 50～8000r/min，主轴的计算转速为 1000r/min，其中在 50～1000r/min 转速范围内为恒转矩区域；在 1000～8000r/min 转速范围内为恒功率区域。转矩随主轴转速的升高而逐渐减小。在恒转矩区域中，连续运转的最大转矩为 73N・m，电动机在 30min 超载时的最大输出转矩为 88N・m；在恒功率区域里，连续运转的最大功率为 7.5kW，电动机在 30min 超载时的最大输出功率为 9kW。

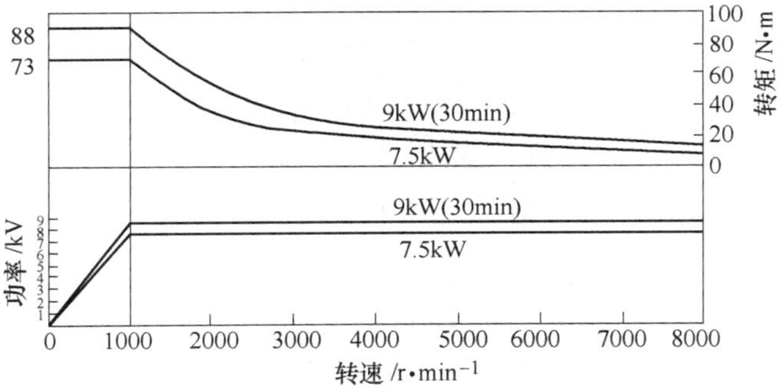

图 5-10　主轴电机功率、转矩特性曲线

2. 主轴箱结构

（1）主轴单元结构　图 5-11 为 FV-800A 型立式加工中心的主轴箱结构简图。主轴电动机通过同步带传动主轴 12，1 是安装在主轴上的同步带轮。主轴前支承由一对高精度的角接触球轴承 8 和 13 组成，用以承受径向载荷和轴向载荷，轴承 8 大口向下，轴承 13 大口朝上，通过修磨内隔套 6 和外隔套 7 的长度，给轴承 8 和 13 预紧。主轴后支承为一对角接触球轴承 3，轴承外圈没有定位。主轴的支承形式为前端定位，当主轴受热变形时可以向后端伸长。该主轴选择的轴承类型和配置形式，能够满足主轴高速转动和承受较大轴向载荷的要求。主轴内部可以通冷却液，在加工深孔时，采用可通入冷却液的钻头，可以达到较好的冷却效果，保证孔的加工精度。

11 是安装在刀柄螺孔中的拉钉，弹簧挡块 15、碟形弹簧 16、拉杆 18 及主轴后挡块 19 等组成刀柄夹紧与松开机构。

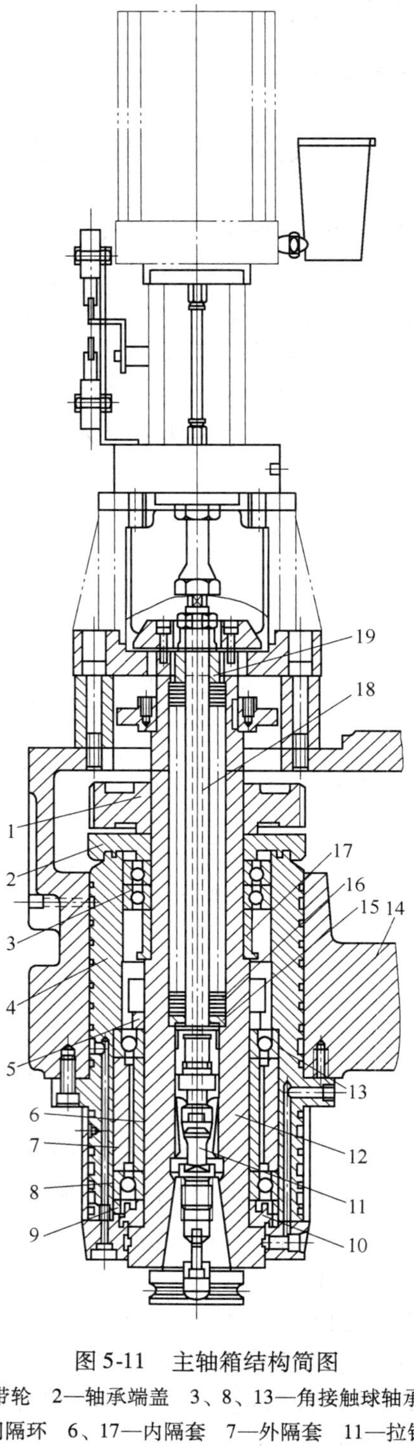

图 5-11　主轴箱结构简图

1—主轴同步带轮　2—轴承端盖　3、8、13—角接触球轴承　4—支承套
5、9、10—间隔环　6、17—内隔套　7—外隔套　11—拉钉　12—主轴
14—主轴箱箱体　15—弹簧挡块　16—碟形弹簧　18—拉杆
19—主轴后挡块

（2）主轴准停装置　机床的切削转矩由主轴上的端面键来传递，每次机械手自动装取刀具时，必须保证刀柄上的键槽对准主轴的端面键，这就要求主轴具有准确的定位功能。为了满足主轴这一功能而设计的装置称为主轴准停装置或主轴定向装置。本机采用的是如图 5-12 所示的电气式主轴准停装置，即采用磁力传感器检测定向。在主轴上安装一个发磁体，使之与主轴一起旋转，在距离发磁体外 1～2mm 处固定一个磁力传感器。磁力传感器经过放大器与主轴控制单元连接，当主轴需要定向准停时，便控制主轴停止到预定的位置。

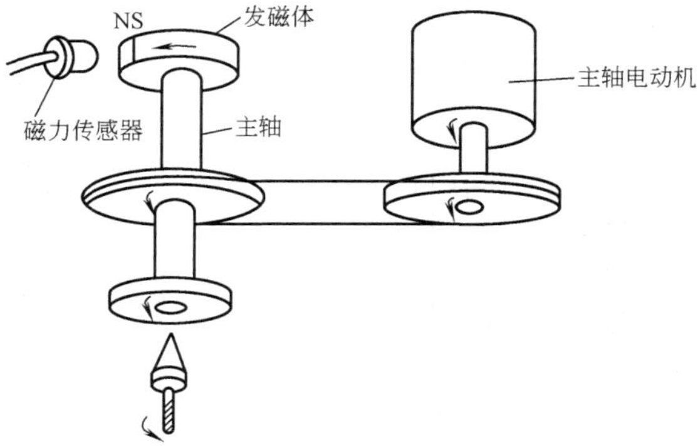

图 5-12　电气式主轴准停装置

（二）进给传动系统及传动装置

1. 进给运动传动系统

FV-800A 型立式加工中心 *X* 轴、*Y* 轴和 *Z* 轴三个坐标轴的进给运动分别由交流伺服电动机直接驱动滚珠丝杠旋转，螺母带动工作台、鞍座或主轴箱移动，各移动部件均采用滚动直线导轨支承。图 5-13 所示为工作台的滚动直线导轨支承结构，长导轨 3 安装在鞍座 5 的顶面，滑块 4 安装在工作台 1 上，当滑块沿长导轨移动时，滚动体在长导轨轨道和滑块之间的圆弧槽内滚动，使移动部件与固定导轨之间实现滚动摩擦。件 2 为固定滚动螺母的螺母座，件 6 为导轨防护罩。

2. 进给系统传动装置

为了保证各轴的进给传动系统有较高的传动精度，电动机与滚珠丝杠间采用锥环无键联轴器的连接结构。以 *X* 轴进给传动装置为例，分析电动机轴与滚珠丝杠之间的连接结构。如图 5-14 所示，交流伺服电动机 1 与滚珠丝杠 13 之间采用锥环无键联轴器 2 连接，该连接结构可以实现无间隙传动，使两连接件间的同心度好，传递动力平稳，而且加工工艺性好，安装与维修方便。滚珠丝杠左、右两端分别由一对角接触球轴承支承，左端支承的轴承 15 由锁紧螺母 18 进行预紧，右端支承的轴承 10 由锁紧螺母 5 和 8 进行预紧。螺母 12 的工作行程为 800mm，防撞缓压垫 11 起超程保护作用。

Y 轴和 *Z* 轴进给传动装置的结构与 *X* 轴进给传动装置的结构相近，在此不重复叙述。

（三）自动换刀装置

图 5-15 所示为 FV-800A 型立式加工中心刀库、机械手与主轴的相对位置示意图。加工中心自动换刀，是连接两工步间的重要环节。当上一道工序完成以后，主轴在“准停”位置上，由机械手进行刀库与主轴之间的刀具交换，其动作过程如图 5-16 所示。

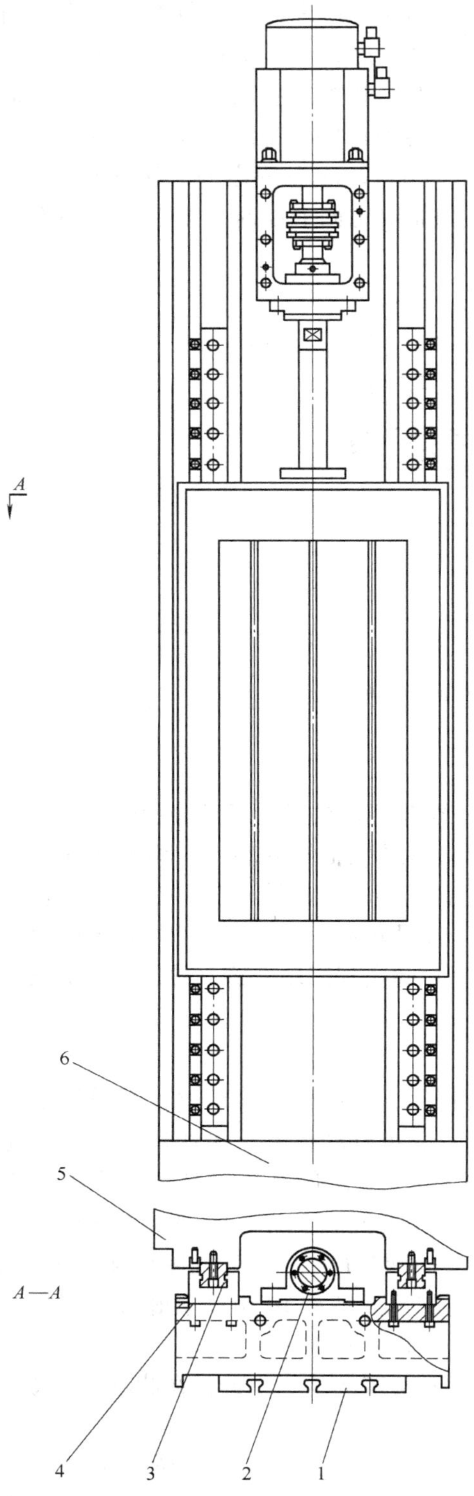

图 5-13　滚动直线导轨支承结构
1—工作台　2—螺母座　3—长导轨
4—滑块　5—鞍座　6—导轨防护罩

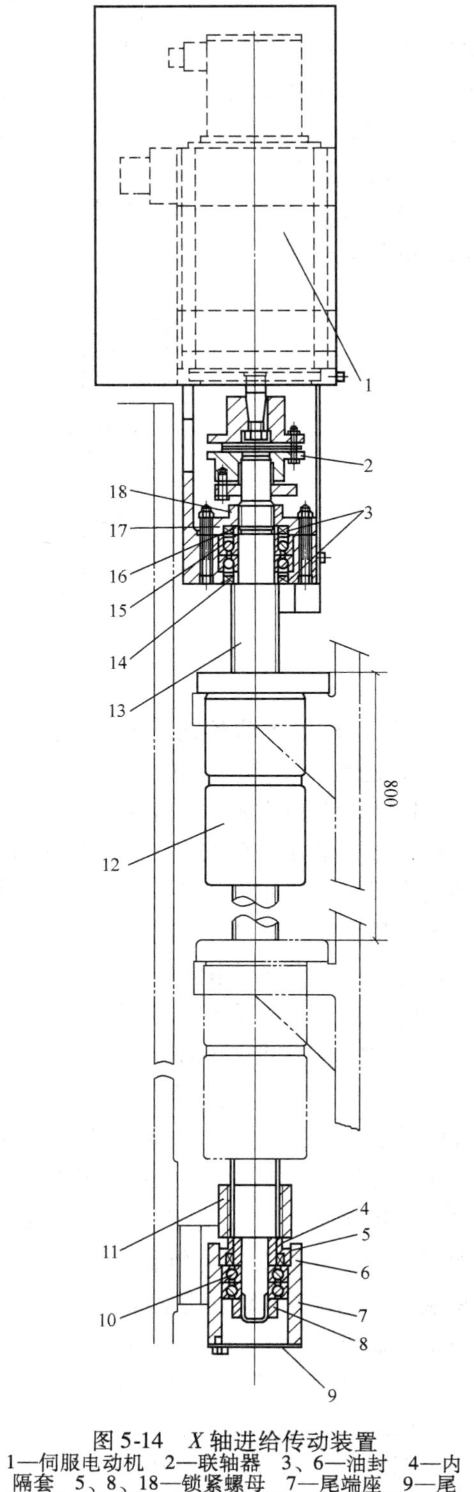

图 5-14　*X* 轴进给传动装置
1—伺服电动机　2—联轴器　3、6—油封　4—内隔套　5、8、18—锁紧螺母　7—尾端座　9—尾端座盖　10、15—角接触球轴承　11—防撞缓压垫　12—螺母　13—滚珠丝杠　14、16—间隔环　17—轴承盖

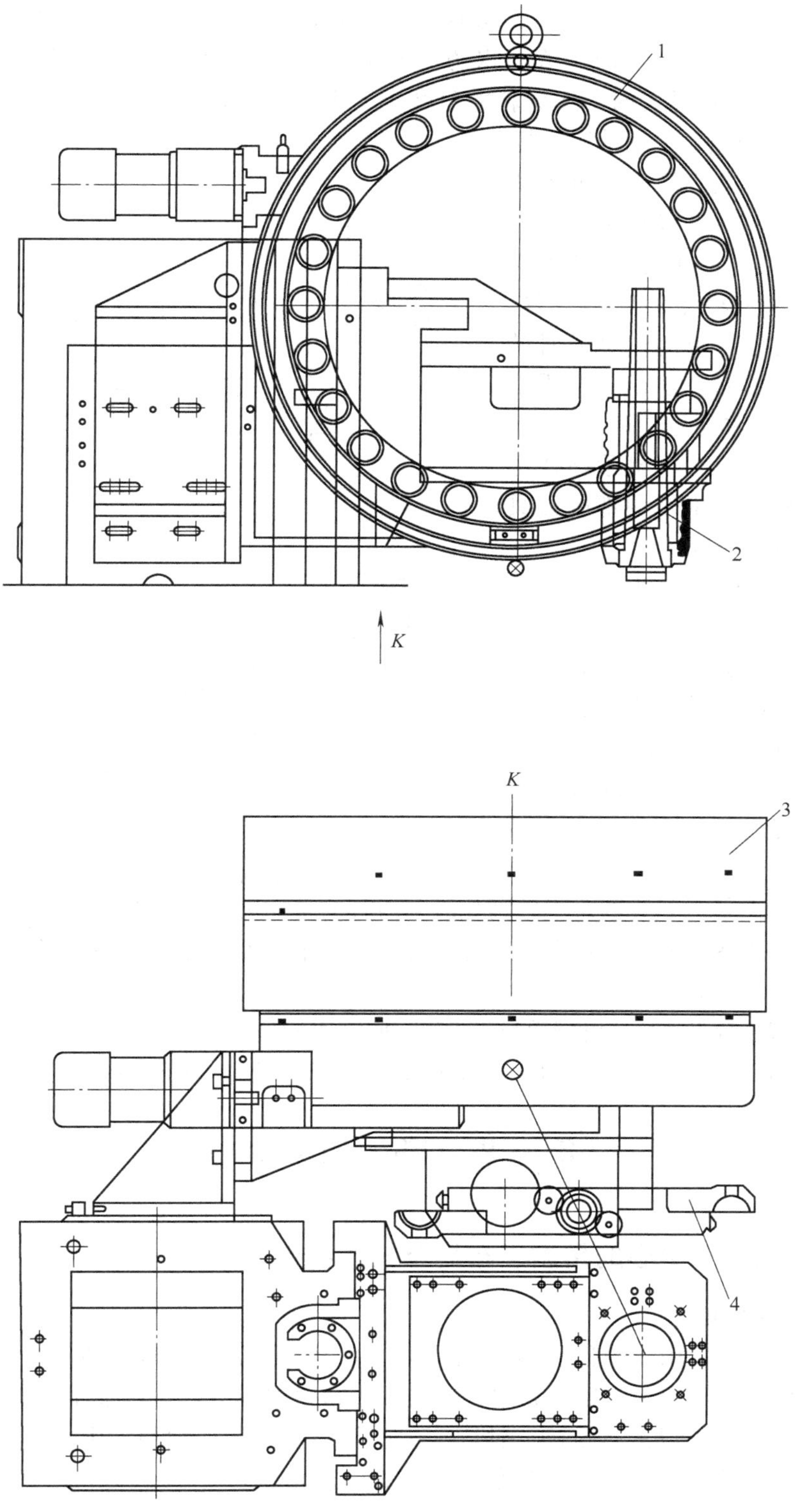

图 5-15　FV-800A 型立式加工中心自动换刀装置示意图

1—刀库　2—主轴　3—刀库防护罩　4—机械手

（1）刀套向下翻转 90° 如图 5-16 所示，FV-800A 型立式加工中心的盘式刀库 2 位于立柱 4 的左侧，刀具 3 在刀库中的安装方向与主轴 5 垂直。换刀之前，刀库将待换刀具送到换刀位置上，一般选刀时刀库旋转的角度小于 180°，之后把带有刀具的刀套向下翻转 90°，使得刀具轴线与主轴轴线平行。

（2）机械手转 75° 在机床切削时，机械手 1 的手臂与主轴中心到换刀位置的刀具中心的连线成 75°，该位置为机械手的原始位置，机械手换刀的第一个动作是逆时针转 75°（从主轴前端观察），两手爪分别抓住刀库上和主轴上的刀柄 6。

（3）刀具松开 机械手抓住主轴刀具的刀柄后，主轴内部的刀具自动夹紧机构松开刀具。

（4）机械手拔刀 机械手下降，同时拔出刀库和主轴上的刀具。

（5）交换刀具位置 机械手带着两把刀具逆时针转 180°，使主轴刀具与刀库刀具交换位置。

（6）机械手插刀 机械手上升，分别把刀具插入主轴锥孔和刀库的刀套中。

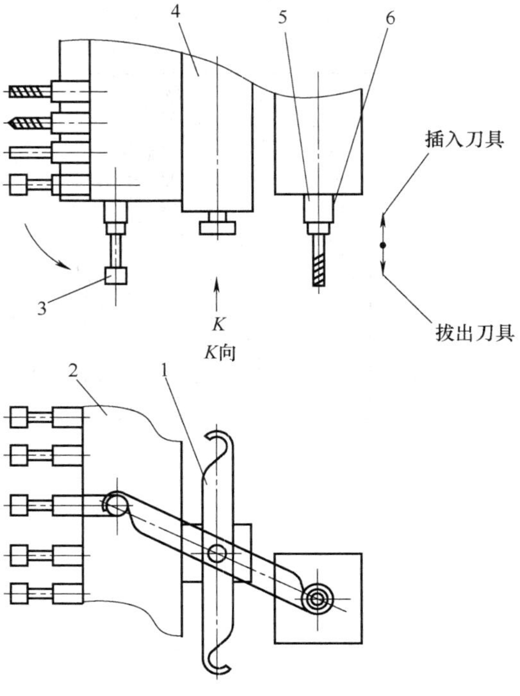

图 5-16 自动换刀过程

（7）刀具夹紧 刀具插入主轴锥孔后，刀具的自动夹紧机构夹紧刀具。

（8）驱动机械臂旋转 180°的液压缸复位 驱动机械臂旋转 180°的液压缸复位，为下次换刀做准备，而机械手无动作。

（9）机械手反转 90° 机械手反转 90°，回到原始位置。

（10）刀套向上翻转 75° 刀套带着刀具向上翻转 75°，为下一次选刀做准备。

第三节 卧式加工中心

一、卧式加工中心的用途、布局及技术参数

（一）机床的用途

卧式加工中心适用于箱体类零件和风电、航天航空等大型零件的加工。卧式加工中心工艺性能好，工件安装方便，利用分度工作台和回转工作台可以加工 4 个面或多个面。在卧式加工中心上可以进行铣削、钻削、镗削等加工，与立式加工中心相比，卧式加工中心的刀库容量较大，能够完成更为复杂的加工过程。

（三）机床的布局

MH-630 型卧式加工中心的外观如图 5-17 所示，其总体布局及相关尺寸如图 5-18 所示。

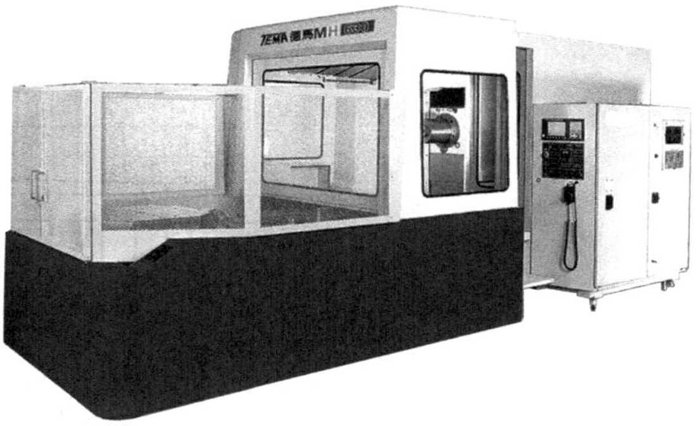

图 5-17　MH-630 型卧式加工中心外观

(三) 机床的主要技术参数

MH-630 型卧式加工中心的主要技术参数如表 5-2 所示。

MH-630 型卧式加工中心配备的是 FANUC 18i-MD 数控系统。

表 5-2　MH-630 型卧式数控加工中心规格

分度工作台	工作台尺寸	630mm × 630mm
	螺栓孔(T 形槽)	M16 × 2(18 × 5 槽)
	最大载重	1200kg
	分割角度	5°
	工作台旋转重复精度	±4″
	旋转速度	5°/s
行程范围	*X* 轴	1000mm
	Y 轴	800mm
	Z 轴	750mm
	主轴鼻端至工作台中心距离	200 ~ 950mm
	主轴中心至工作台面距离	50 ~ 850mm
主轴	主轴锥孔	ISO NO. 50
	主轴直径	ϕ100mm
	主轴转速	45 ~ 4500rpm
进给	三轴切削进给率	1 ~ 5000mm/mim
	三轴快速移动速度	20m/min
	X 轴、*Y* 轴、*Z* 轴最小设定单位	0. 001mm
	位置检测方式	光学尺
自动换刀装置	刀具容量	60 把
	机械手手臂	两个(主机械手手臂 + 副机械手手臂)
	刀具选择方式	最近选刀
	相邻刀具最大尺寸	ϕ130mm × 400mm
	刀具最大重量	20kg
	相邻刀具中心距	140mm
	换刀时间	5s
	刀具尺寸	BT-50
驱动电机	主轴交流伺服电动机	FANUC AC#12S 11kW/15kW(连续/30min 超载)
	X 轴交流伺服电动机	FANUC AC#20S 3. 5kW/2000r/min
	Y 轴交流伺服电动机	FANUC AC#20S 3. 5kW/2000r/min(附刹车)
	Z 轴交流伺服电动机	FANUC AC#30S 4. 0kW/2000r/min
	集中润滑电机	10W
一般规格	外形尺寸	5528mm(长) × 2930mm(宽) × 3565mm(高)
	净重	18500kg

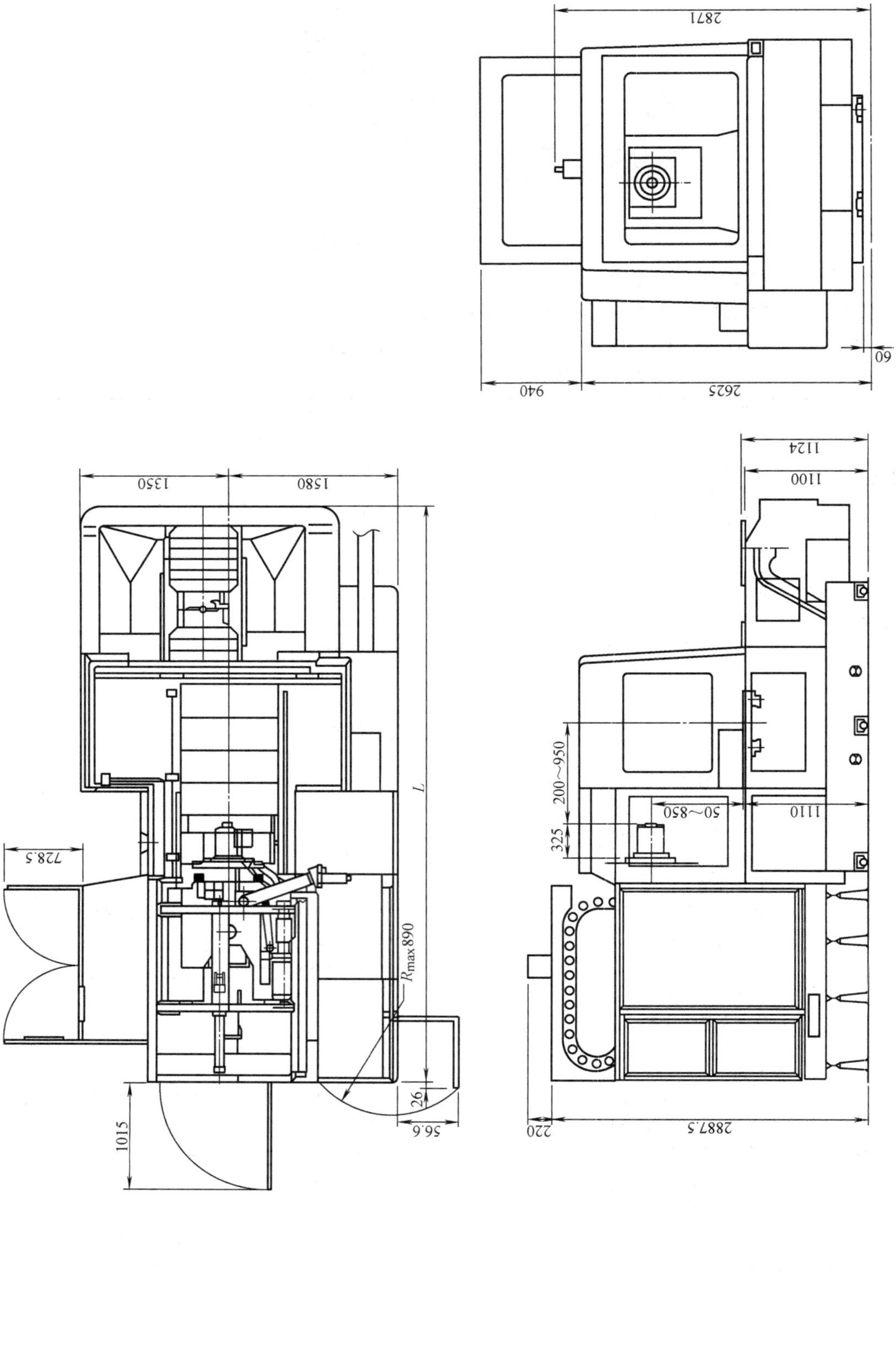

图 5-18　MH-630 型卧式加工中心的总体布局及相关尺寸

二、卧式加工中心的传动与结构

（一）主运动系统及主轴箱结构

1. 主运动传动系统

主轴电动机通过齿轮传动将运动传递给主轴，使主轴可以在 46～4500r/min 转速范围内实现无级调速。

主轴电动机采用 FANUC AC#12S 型交流主轴调速电动机，该电动机连续运转时的最大输出功率为 11kW，超载时的最大输出功率为 15kW。主轴的功率、转矩特性曲线如图 5-19 所示，主轴计算转速为 171r/min，其中在 46～171r/min 转速范围内为恒转矩区域；在 171～4500r/min 转速范围内为恒功率区域。

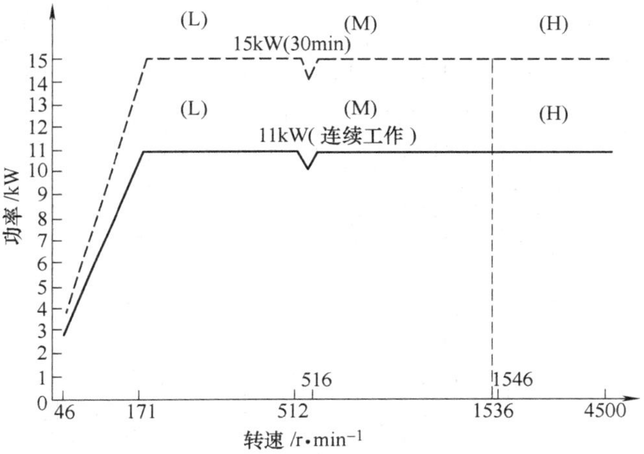

图 5-19　主轴功率、转矩特性曲线

2. 主轴箱结构

（1）主轴箱传动结构　图 5-20 所示为 MH-630 型卧式加工中心主轴箱结构简图。电动机经过齿轮变速机构带动主轴旋转，分为高速档、中速档和低速档三个速度段。用指令 M43 指定高速档，对应的主轴转速范围 1536～4500r/min，由电动机到主轴的高速档传动路线为：主轴电动机—齿轮 z_1—齿轮 z_2—齿轮 z_3—内齿轮 z_6—齿轮 z_7—齿轮 z_{10}；用指令 M42 指定中速档，对应的主轴转速范围 516～1546r/min，中速档传动路线为：主轴电动机—齿轮 z_1—齿轮 z_2—齿轮 z_3—齿轮 z_4—齿轮 z_5—齿轮 z_7—齿轮 z_{10}；用指令 M41 指定低速档，对应的主轴转速范围 46～512r/min，低速档传递路线为：主轴电动机—齿轮 z_1—齿轮 z_2—齿轮 z_3—齿轮 z_4—齿轮 z_5—齿轮 z_7—齿轮 z_8—齿轮 z_9。在每一档位中主轴转速可实现无级变速，由指令 S 控制。

（2）主轴单元结构　主轴的前支承配置了两个高精度的角接触球轴承和一个双列圆柱滚子轴承，前端轴承可以承受较大的轴向载荷和径向载荷，双列圆柱滚子轴承只能承受径向载荷。该主轴选择的轴承类型和配置形式，能够满足主轴高速转动和承受大的轴向载荷和径向载荷的要求。主轴中可以通冷却液，采用可通冷却液的钻头进行深孔钻削时，可以达到较好的冷却效果，保证孔的加工精度。

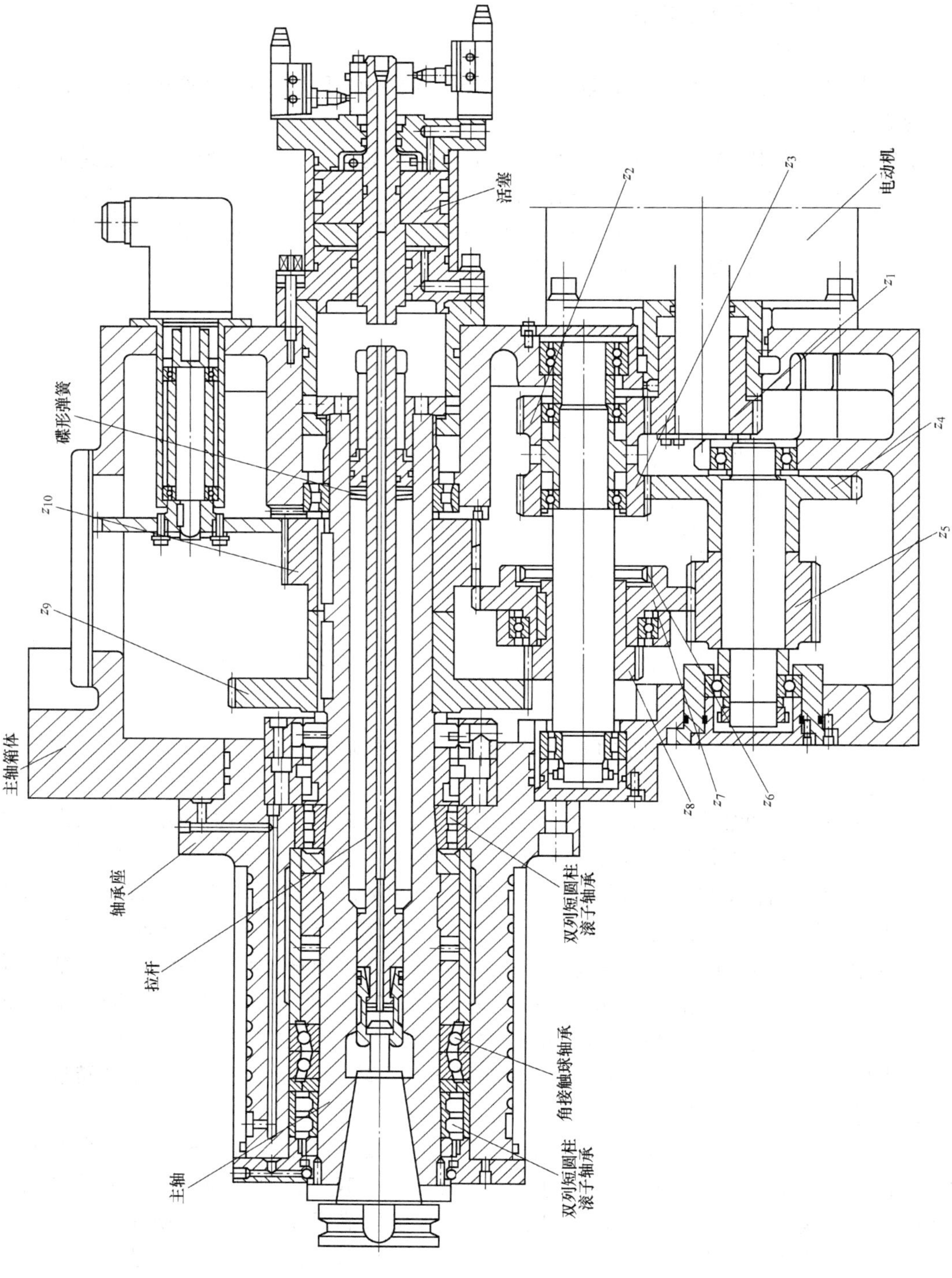

图 5-20 MH-630 型卧式加工中心主轴箱结构简图

在主轴内部设置了主轴锁退刀机构。主轴锥孔内的刀具放松时，由主轴后端的锁退刀液压缸右腔通压力油，活塞推动拉杆向左移动，使拉杆左端的锁刀爪放松刀柄，刀具脱离主轴鼻端；之后，压缩空气进入活塞和拉杆的中孔，以清洁主轴锥孔，为装入新刀具做好准备。当机械手将新刀具装入主轴锁紧时，由蝶形弹簧的弹性力作用使拉杆向右移动，并带动锁刀爪抓紧刀具柄端，使刀具固定在主轴鼻端。

2. 液压配重机构

主轴箱沿立柱导轨上下移动（*Y* 轴进给）时，其重量惯性力造成滚珠丝杠轴向受力失衡，为减少滚珠丝杠副的磨损，通常在主轴箱上设置配重机构。如图 5-21 所示，该机床主轴箱的配重机构采用液压缸与链轮、链条组合方式，动作过程平稳。当主轴箱移动时，牵引液压缸活塞正向或反向移动，经滑轮组与链条带动主轴箱，使主轴箱平衡。该配重机构具有惯性小、系统稳定性良好的特点。

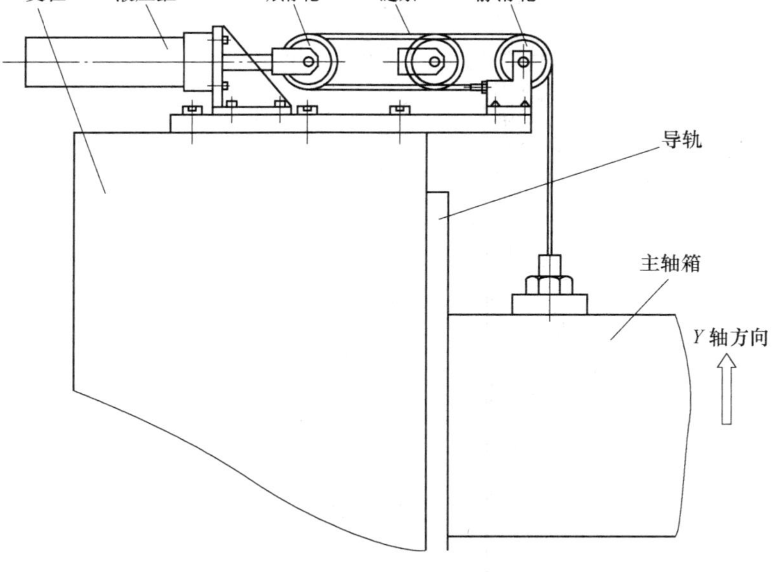

图 5-21　液压配重机构

（二）进给传动系统及传动装置

1. *X* 轴传动装置

X 轴传动装置如图 5-22 所示。*X* 轴采用 FANUC AC#20S 3.5 kW 交流伺服电动机作为动力源，其转速为 2000r/min。交流伺服电动机通过联轴器直接传动滚珠丝杠副，从而带动工作台在导轨上进行左、右往复运动。电动机与滚珠丝杠采用联轴器直接连接，具有误差小和噪声低的优点。*X* 轴行程为 1000mm，为了避免工作台超出最大行程并确保安全，此机床设有零位检测机构，利用微动开关和定位块控制避免过行程。当工作台到达最大行程时，定位块触及微动开关，微动开关将信号传至 NC 控制器，控制工作台停止，确保机床安全。机床开机时，应将 *X* 轴返回参考点。

机床 *X* 轴采用光学尺检测方式，闭环控制，减小运动误差，提高控制精度。

2. *Y* 轴传动装置

Y 轴传动装置与 *X* 轴传动装置近似，采用 FANUC AC#20S 3.5 kW 交流伺服电动机，

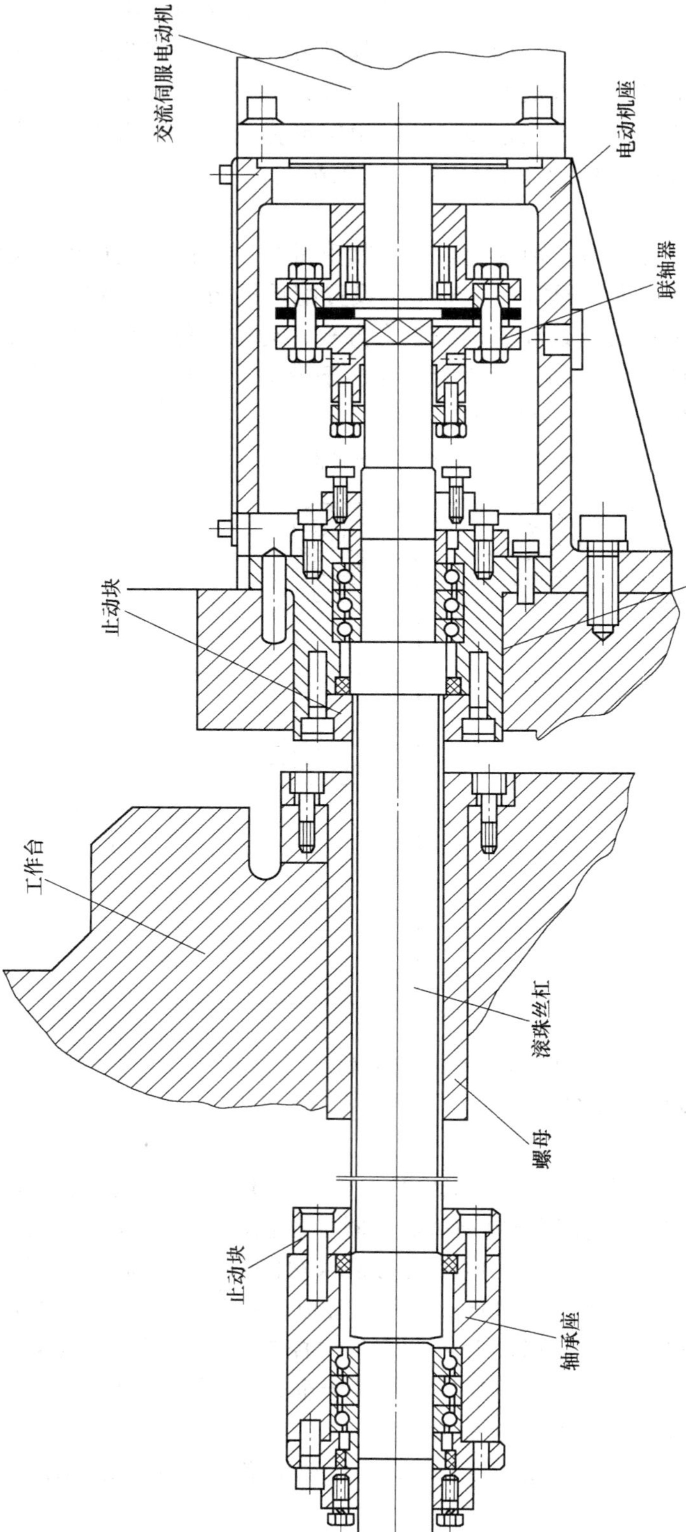

图 5-22　*X* 轴传动装置示意图

如图 5-23 所示，电动机通过联轴器直接传动滚珠丝杠，螺母带动主轴箱沿立柱导轨进行上、下往复运动。*Y* 轴行程为 800mm，*Y* 轴传动装置的机械部件与 *X* 轴相似。换刀时，主轴箱应该上升到换刀原点。

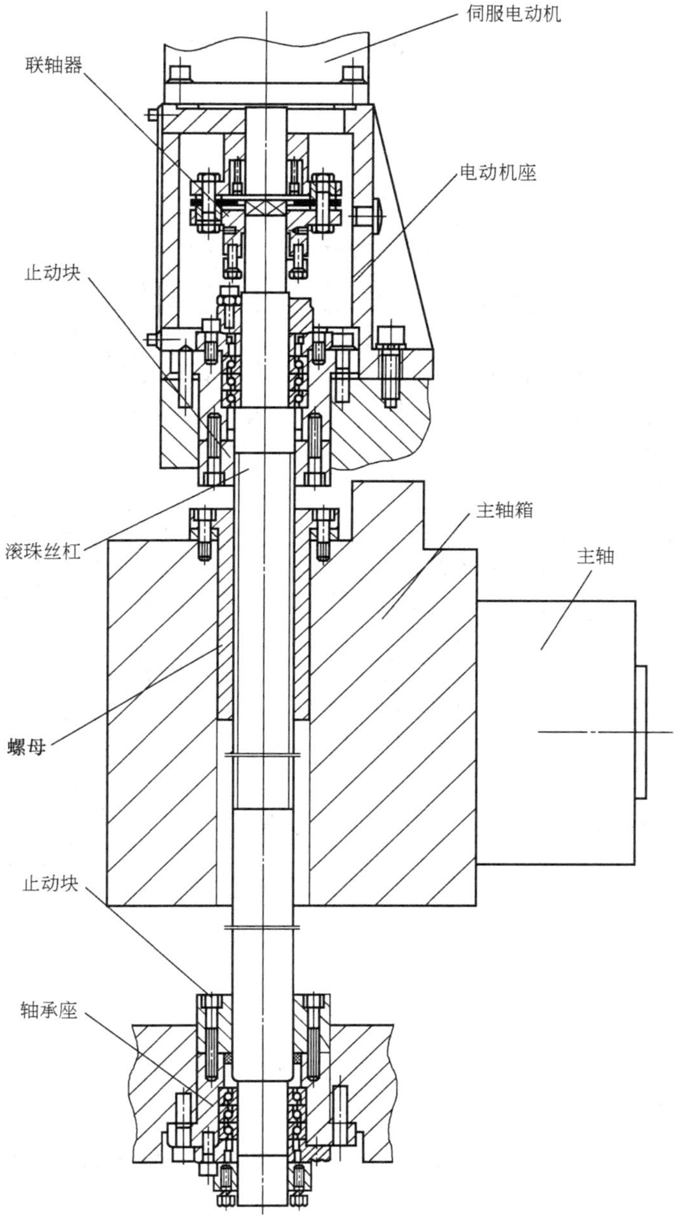

图 5-23　*Y* 轴传动装置示意图

3. *Z* 轴进给传动装置

Z 轴传动装置与 *X* 轴传动装置近似，采用 FANUC AC#30S 4. 0 kW 交流伺服电动机作为动力源，其转速为 2000r/min。交流伺服电动机通过联轴器直接传动滚珠丝杠，螺母带

动工作台沿床身导轨向前或向后往复运动。机床开机后，应将 Z 轴返回参考点。

（三）工作台

卧式加工中心在工作过程中，其工作台可以分别完成两个工作台交换位置、自身分度和工作进给等动作。工作台结构示意图如图 5-24 所示。

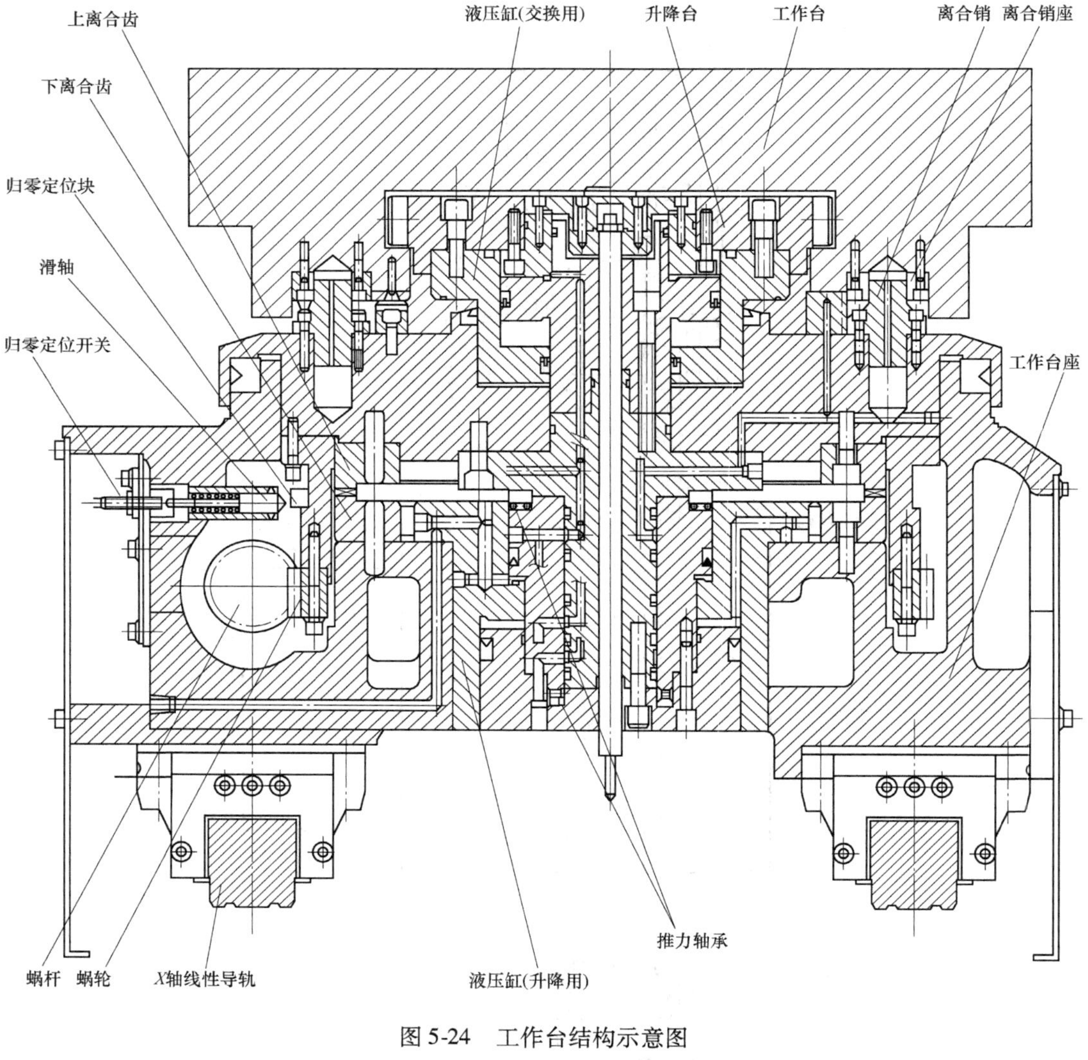

图 5-24　工作台结构示意图

1. 工作台交换位置

工件加工完毕，加工位置的工作台与等待位置的工件台进行交换时，要确定以下三点：

1）X 轴回到交换工作台原点。

2）Y 轴和 Z 轴回到原点位置。

3）工作台在角度旋转的零位上。

满足上述三点后，方可进行工作台的交换。交换动作为：控制工作台交换的液压缸上腔通压力油，活塞固定，液压缸带着升降台上升，使沿圆周均布的离合销与工作台脱离接触，通过涡轮蜗杆将两工作台回转 180°交换位置。之后，液压缸带着升降台下降，使离合销复位。

2. 工作台分度

如图 5-24 所示，控制工作台旋转分度的液压缸下腔通压力油，活塞上升，使上、下离合齿处分开后，伺服电动机经联轴器驱动蜗杆转动，蜗杆、蜗轮减速后（见图 5-25），带动工作台旋转分度。当工作台旋转至所需角度时，活塞下降，上、下离合齿啮合，修正旋转角度后定位。

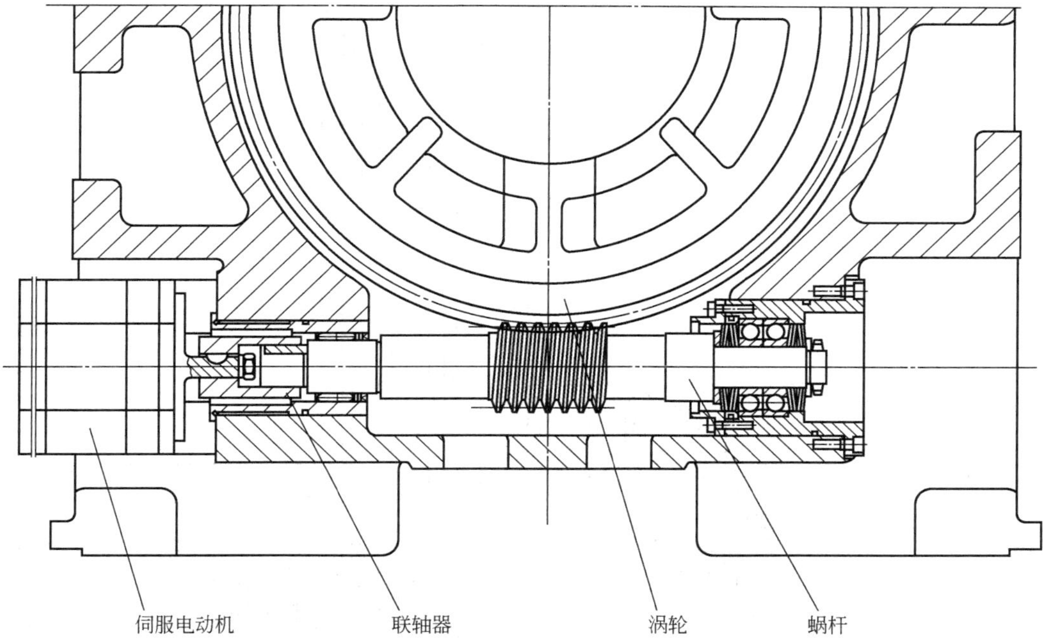

图 5-25　旋转工作台结构示意图

3. 工作台移动

工作台沿 X 轴的左右移动，由交流伺服电动机带动滚珠丝杠副，螺母与工作台相连，从而带动工作台运动（见图 5-22）。

（四）自动换刀装置

1. 主换刀臂

主换刀臂作用是将预备刀套内的刀具与主轴锥孔内的刀具进行交换。主换刀臂的主要动作分为：旋转 75°抓刀⟶拔刀⟶旋转 180°交换刀库和主轴上刀具位置⟶插刀⟶反转 75°复位。

（1）刀具推出、拉回机构　如图 5-26 所示，刀具的推出或拉回由活塞杆带动换刀臂做前、后往复移动，并由换刀臂上的爪塞顶紧活动爪而夹持刀具，使其脱离或进入主轴锥孔。主换刀臂的进、出均由后端的行程开关限位。机床在执行自动换刀时，主换刀臂旋转 75°抓刀，刀爪上的键与刀柄上的键槽对正，刀爪握住刀具，此时爪塞向后移动（面对图观察向左），顶住活动爪，活动爪卡住刀柄上 V 形槽处，使刀具紧紧地夹持在固定爪中，以保证换刀时刀具不会从刀爪中掉落。之后，活塞杆在液压油的作用下，从后向前

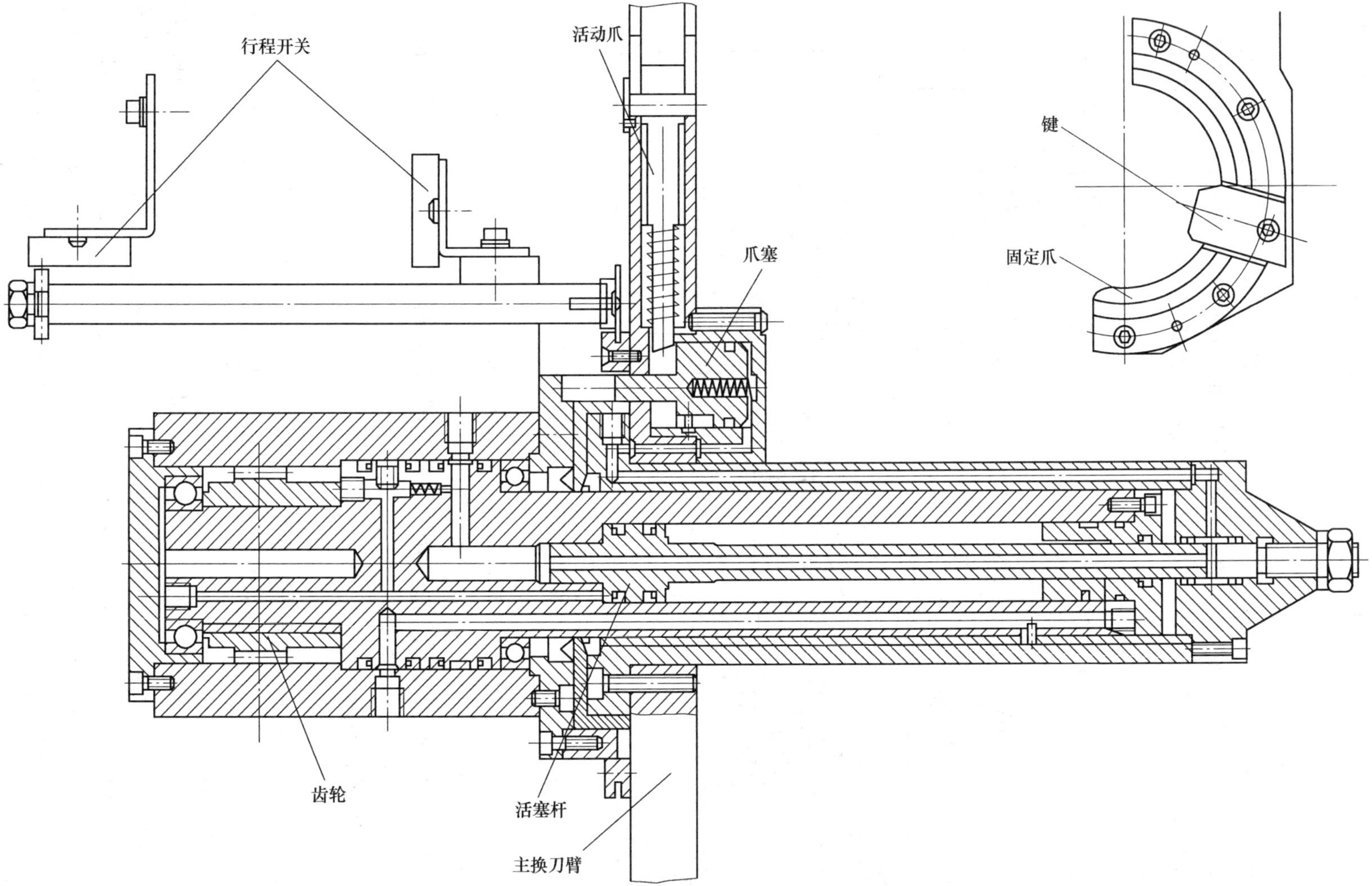

图 5-26　刀具推出、拉回机构示意图

运动，带动主换刀臂向前运动（面对图观察向右），将刀具从主轴中拔出，换刀臂执行180°旋转。同时主轴内孔通入压缩空气，清洁主轴锥孔。当刀具交换后，活塞杆在液压油的作用下，从前向后运动，带动主换刀臂移动（面对图观察向左移动）将刀具插回主轴锥孔中，主轴锁紧刀具后，爪塞向前移动（面对图观察向右移动），活动爪松开，为换刀臂反转75°复位做准备。此机床采用液压辅助夹持刀具，可确保刀具夹持稳定、安全。

（2）主换刀臂旋转机构　如图5-27所示，主换刀臂的旋转由75°旋转液压缸和180°旋转液压缸分别驱动齿条，与主换刀臂回转轴后端齿轮啮合，带动换刀臂旋转。先由控制主换刀臂旋转75°旋转液压缸动作，使主换刀臂逆时针旋转75°，实现抓刀。当刀具从主轴中被拔出后，主轴内孔通入压力空气，清洁主轴前端的切屑，同时180°旋转液压缸从左向右运动，齿条随之向右运动，经齿轮传动带动主换刀臂逆时针旋转180°，实现刀具位置交换。之后180°旋转液压缸从右向左运动，带动齿条空运行复位。在实现刀具位置交换完成刀具夹紧后，75°旋转液压缸从右向左运动，恢复到初始状态。在此运动期间，行程开关检测液压缸行程，从而确保动作的安全执行。

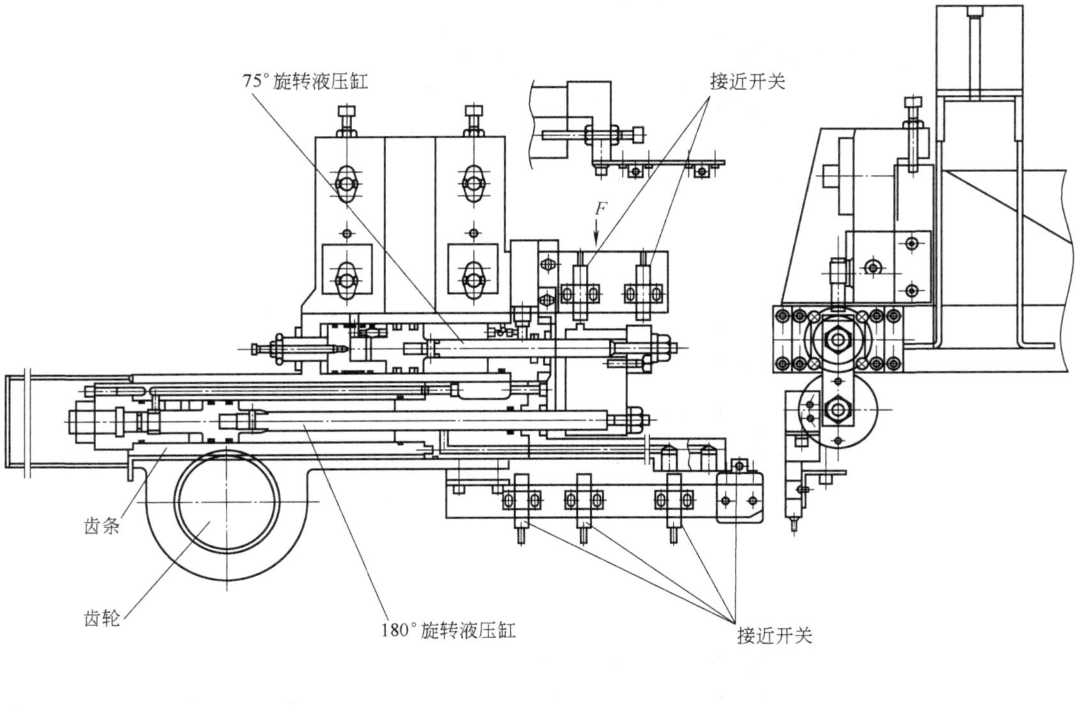

图5-27　主换刀臂旋转机构示意图

2. 副换刀臂

（1）副换刀臂的移动与旋转　如图5-28所示，副换刀臂为单臂机械手，它移动时由液压缸推动摇臂以固定轴为轴心进行旋转，从而带动副刀臂在储刀仓与预备刀套之间做往复运动。在摇臂移动的同时，由于轨道的引导作用，使摇臂内的心轴旋转，带动副换刀臂做正、反 90°旋转。

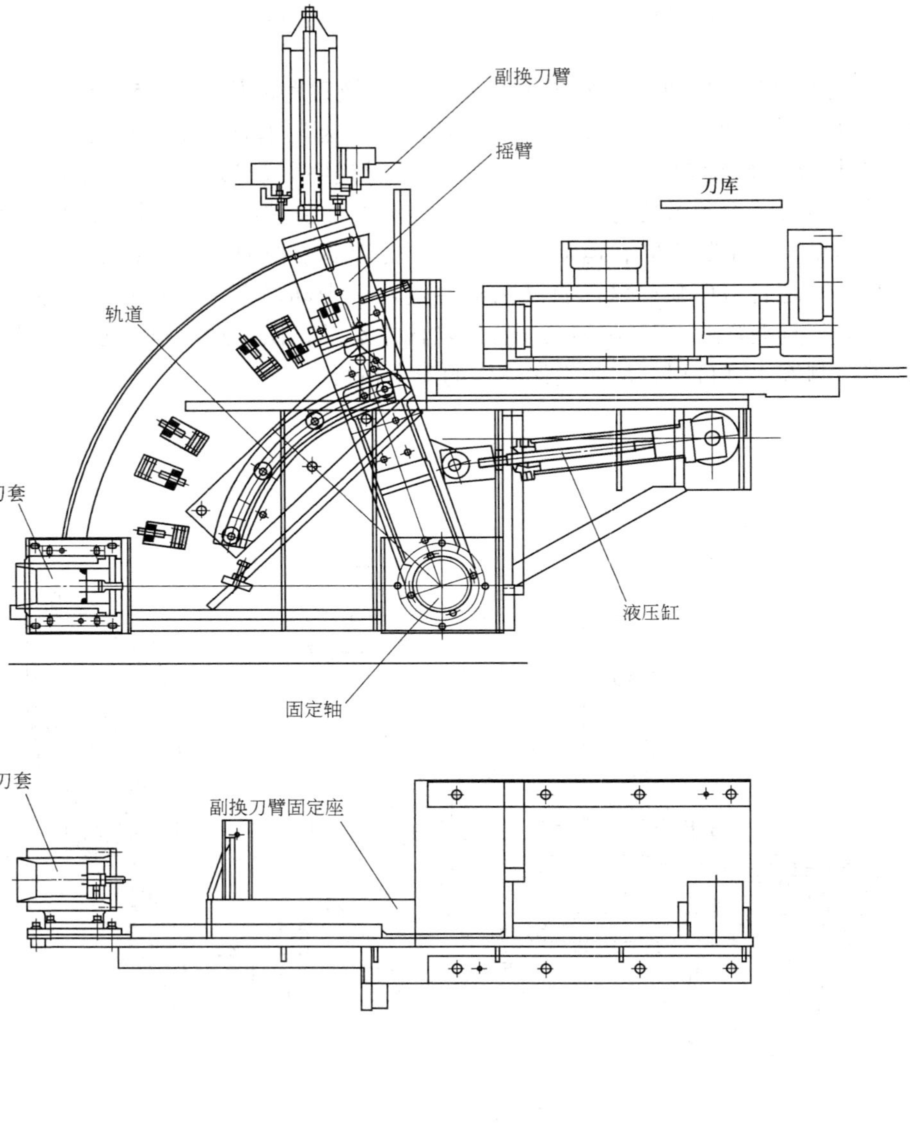

图 5-28　副换刀臂的移动与旋转机构示意图

（2）刀具推出、拉回机构　副换刀臂推出、拉回机构与主换刀臂的推出、拉回机构近似。如图 5-29 所示，刀具的推出与拉回由活塞杆带动副换刀臂做前、后往复运动，并由副换刀臂上的爪塞顶紧活动爪而夹持刀具，使刀具脱离和进入刀套内。副换刀臂的推出、拉回由行程开关进行检测，副换刀臂也采用液压辅助夹持刀具，以确保刀具夹持稳定、安全。

3. 链式刀库机构

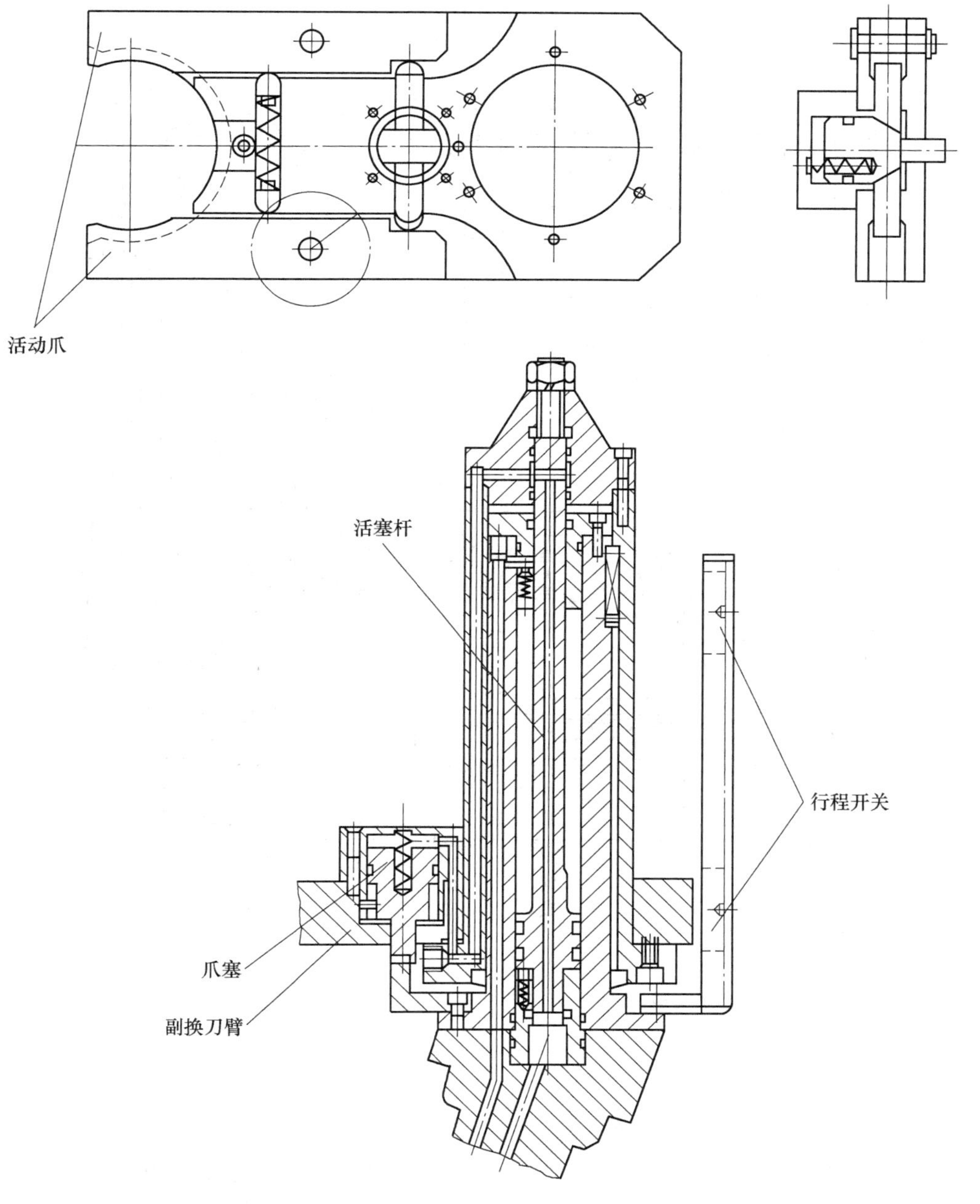

图 5-29　副换刀臂推出、拉回机构示意图

链式刀库的外形结构如图 5-30 所示。

（1）刀库传动机构　储刀库传动机构由伺服电动机带动减速齿轮，经过齿轮组、蜗轮及蜗杆（图中未表示）减速后带动驱动链轮旋转，再经过导论和张力轮使刀套及链条做正、反向的往复运动。此机构采用随机、就近选刀控制方式，以缩短选刀时间。驱动

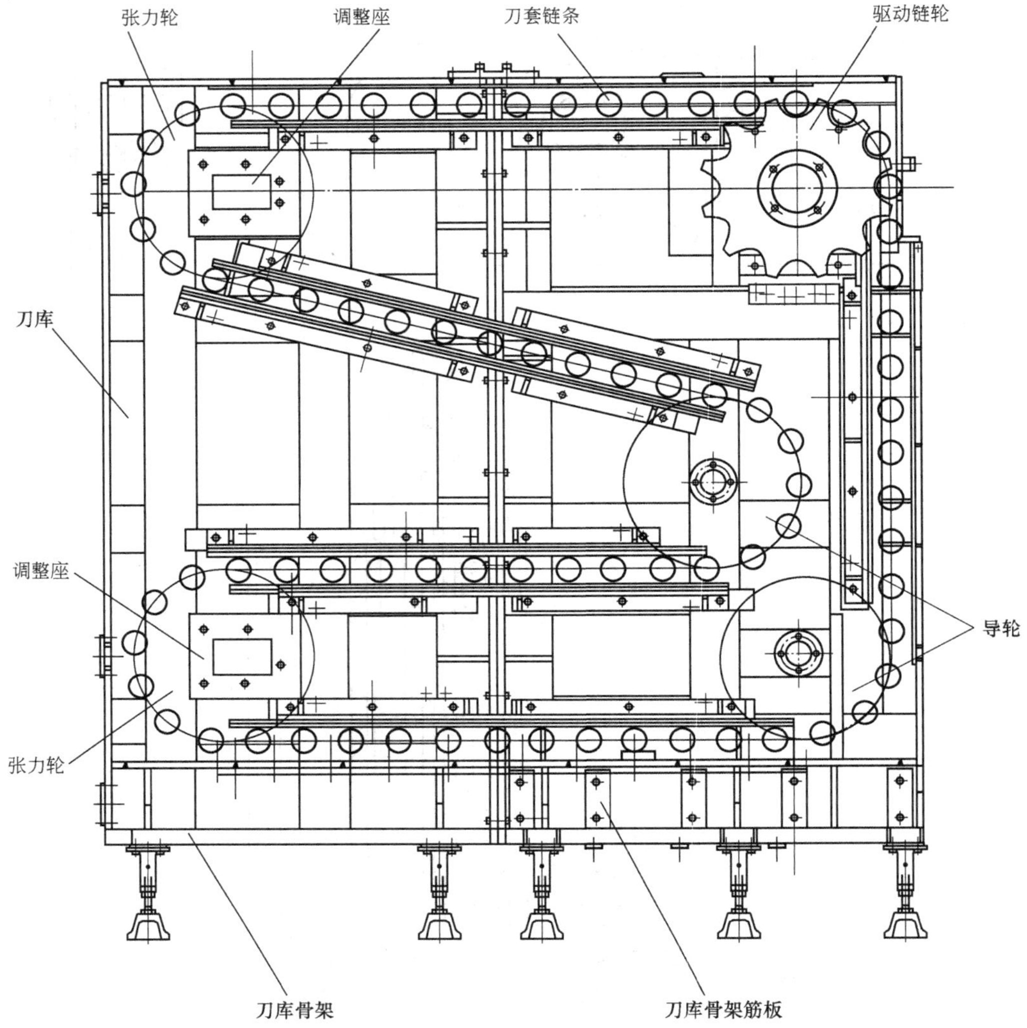

图 5-30　链式刀库的外形结构

链轮的位置由行程开关检测。经过长时间使用后，因为链条与链轮磨损，使链条变得松弛，为消除此误差，该机构设有张力轮以供调整。在刀库运转过程中，操作者和其他人员不得进入刀库范围内，以免发生危险。

（2）刀库定位机构　为避免刀库因链轮左、右两侧刀具重量不平衡而产生自走现象，此机床设有定位机构来加以预防。定位机构主要由液压缸、定位块等组成，如图 5-31 所示。其动作过程为：当选刀指令下达后，链式刀库以任意及最近方式选刀，选定刀具后液压缸驱动定位块向下插入两刀套之间，从而修正刀套位置并定位。储刀库的定位取消由行程开关控制。

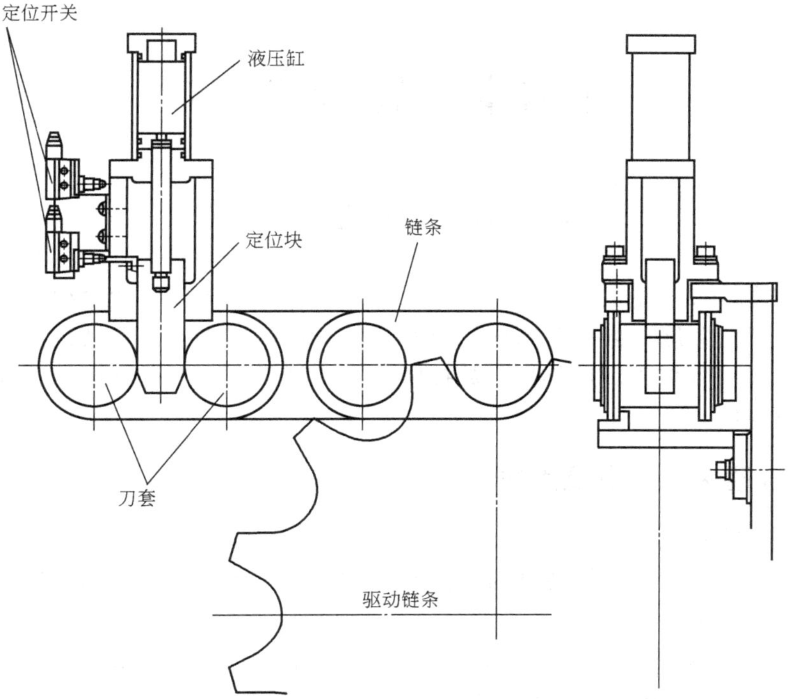

图 5-31　链式刀库外形结构示意图

本章教学重点和难点

1. 加工中心的特点及分类。
2. 立式加工中心的用途和布局。
3. 立式加工中心主轴单元结构、刀具交换装置结构。
4. 卧式加工中心的用途和布局。
5. 卧式加工中心主轴箱结构、回转工作台结构、刀库及刀具交换装置结构。

复习思考题

1. 简述加工中心的特点。
2. 简述加工中心的用途。
3. 加工中心是如何分类的？
4. 简述组成加工中心的主要部件。
5. 分析 FV-800A 型立式加工中心主轴轴承的类型与配置形式，说明其特点。如何调整主轴前支承的预紧力？
6. 试述 MH-630 型卧式加工中心的工作台是如何实现分度的？
7. 试述 FV-800A 型立式加工中心换刀动作顺序。
8. 试述 MH-630 型卧式数控加工中心换刀动作顺序。

第六章　数 控 磨 床

第一节　数控磨床概述

用磨料和磨具对工件表面进行切削加工，并用数控系统控制砂轮和工件之间相对运动的机床称为数控磨床。数控磨床应用于对零件表面的精加工，尤其是淬硬钢件、高硬度特殊材料的高精度加工。近年来，数控磨床在机械加工、汽车制造、模具制造等行业中得到了广泛应用。

一、数控磨床的特点及用途

（一）数控磨床的特点

数控磨床是以砂轮等磨料磨具为工具对工件表面进行磨削加工的机床，与其他数控机床相比，有其突出的特点。

1）数控磨床多以砂轮作为切削工具，砂轮主轴相对于工件做高速旋转运动，一般砂轮圆周线速度在 30 ~ 60m/s，立方氮化硼砂轮可高达 150 ~ 200m/s。

2）数控磨床能加工高硬度材料，如淬硬钢、硬质合金等；也能加工脆性材料，如玻璃、花岗石等。它能做高精度和表面粗糙度值很小的磨削，也能进行高效率的磨削，如强力磨削等。

3）数控磨床作为精加工设备时，使工件表面获得很高的精度和很小的表面粗糙度值。

4）数控强力成形磨床采用缓进深切的强力成形磨削先进技术，可由工件毛坯直接磨削成形，替代部分铣削、车削、刨削等工序，生产效率高，成形精度好，自动化程度高。

（二）数控磨床的用途

数控磨床加工的工艺范围十分广泛，可用于磨削各种表面，如内、外圆柱面和圆锥面、平面、渐开线齿廓面、螺旋面、花键、刀具切削刃以及各种成形表面。数控磨削可进行粗加工、精加工和超精加工，还可以进行各种高硬、超硬材料的加工。

数控磨床主要加工对象有以下两种类型：

1）各种零件表面淬火后的精加工，如主轴、轴承内外环、滚珠丝杠、床身导轨、齿轮及凸轮轴等零件。

2）加工各种成形表面，如汽车转向器齿条、转子槽、汽轮机叶片、瓦楞辊、模具、工量具、钢铁行业的剪刃、轻工行业的剃须刀等。

二、数控磨床的分类

（一）按工艺用途分类

1. 数控平面磨床

图 6-1a 所示的 EL1507/HZ 高精度数控平面磨床是杭州机床厂的产品。该机床数控系

统可控制轴数为三轴：工作台 2 的纵向移动为 X 轴进给；垂直拖板安装在立柱上，带动磨头 1 的上下移动为 Y 轴进给；磨头的横向移动为 Z 轴进给。

图 6-1b 所示的砂轮修整器为点式金刚石修整器，两个金刚石笔成 45°安装在工作台上（图 a 中件 3），此砂轮修整器有足够的结构刚性并可以有效地对砂轮进行平面修整。

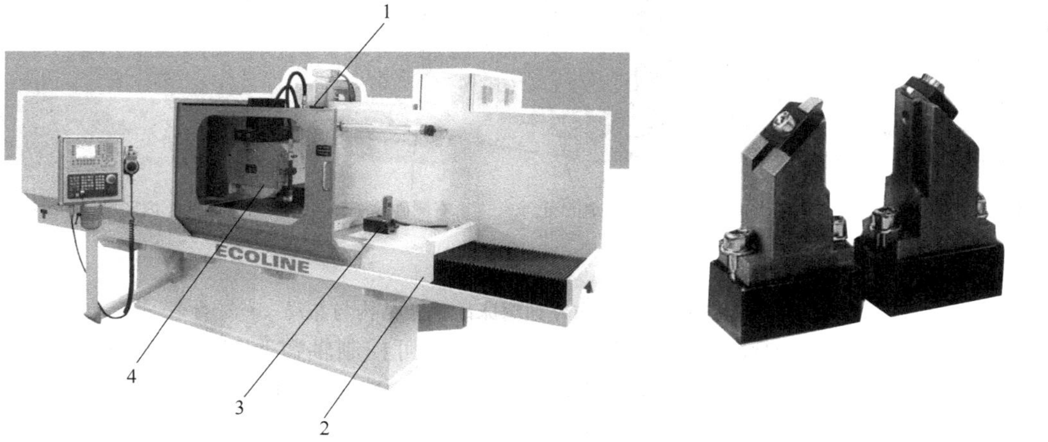

a)　　　b)

图 6-1　数控平面磨床

数控平面磨床主要是利用砂轮 4 的圆周进行磨削加工，可用于高精度平面、沟槽及台阶的加工，还可以实现非平表面的成形加工。除适用于机床工具、精密模具、汽车、电器行业外，还适用于航空发动机、IT 电子等行业。

2. 数控内外圆磨床

图 6-2 所示的高精度数控内外圆磨床是美国哈挺公司的产品。该机床数控系统可控制轴数为两轴：砂轮架的横向移动为 X 轴进给，工作台的纵向移动移动为 Z 轴进给。工作台可以顺时针或逆时针回转调整角度（±9°），以便进行锥度磨削。

该机床安装有两个砂轮架：其中一个如图 6-3a 所示为平面—直切式砂轮架，只配备一个高刚性外圆砂轮；另一个砂轮架如图 6-3b 所示为万能回转式砂轮架，在其前部左侧和右侧均可安装砂轮，在万能回转式砂轮架的后部安有带传动驱动的独立内圆磨头。

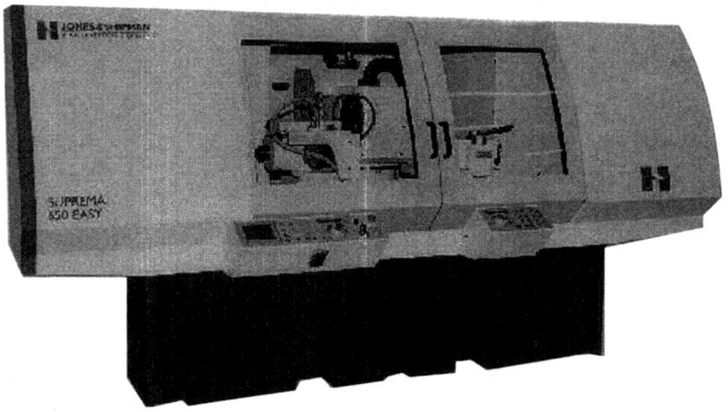

图 6-2　高精度数控内外圆磨床

图 6-2 所示的高精度数控内外圆磨床适合从单件到大批量生产。可磨削各种型面及其圆滑连接，如用于喷雾器喷嘴的模具型芯头、型芯杆、型芯轴的粗、精磨削，可在工件一次装夹下完成。该机床广泛用于模具零件加工、飞机引擎和辅助动力单元的增压叶片的轮廓加工。

3. 数控工具磨床

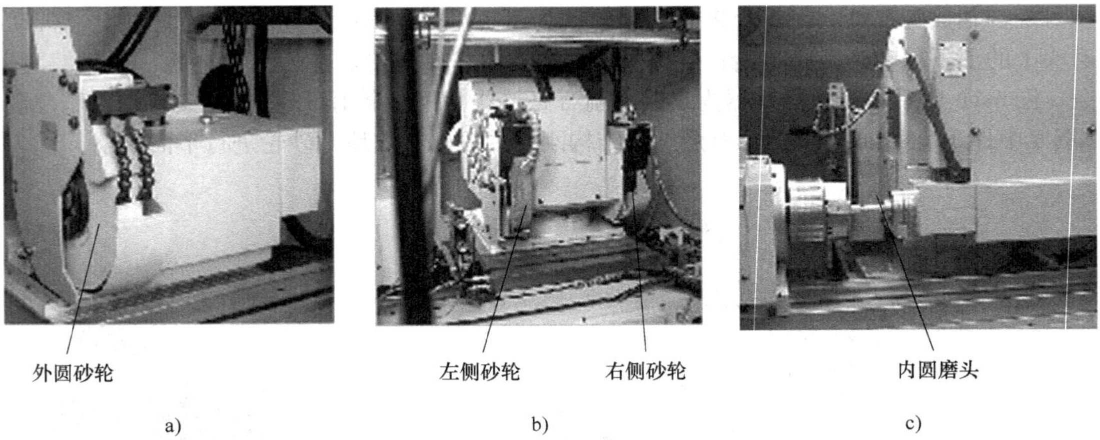

图 6-3　数控内外圆磨床砂轮架结构与布局

图 6-4 所示为 GT-800 数控工具磨床，数控系统可控制轴数为五轴。工作台左右移动为 *Z* 轴进给，砂轮主轴的前后移动为 *X* 轴进给，砂轮主轴的上下移动为 *Y* 轴进给，头架主轴的旋转为 *C* 轴，回转盘的旋转为 *B* 轴。

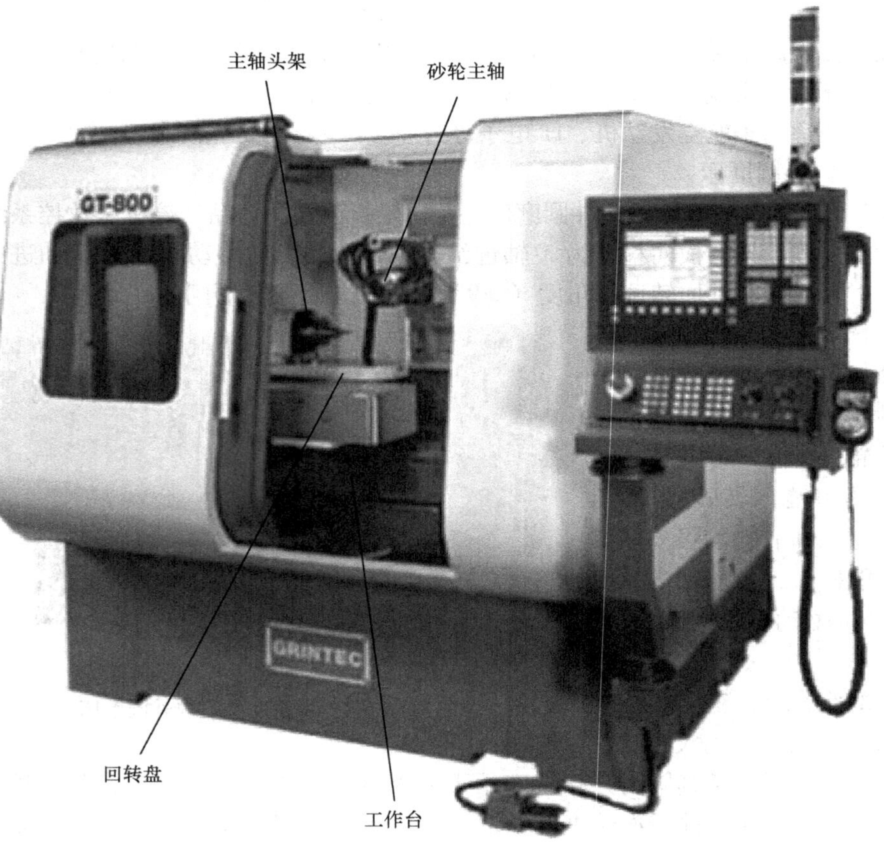

图 6-4　GT-800 数控工具磨床

GT-800 数控工具磨床可以磨削各种类型的立铣刀、钻头、带有子刃的阶梯钻、球刀、铰刀、三面刃铣刀、滚齿刀等标准刀具，还可以磨削多种非标铣刀和成形刀具。

4. 数控导轨磨床

图 6-5 所示为杭州机床厂生产的 HZ-KD8025 数控导轨磨床。该机床采用双立柱龙门式对称布局，由床身 2、双立柱 3 及顶梁 6 组成封闭的框架结构，在双立柱上安装有可上下运动的横梁 8。横梁上有左右两拖板，分别安装周边磨头 4 和万能磨头 9。双磨头可分别沿拖板导轨作垂直升降运动；拖板沿横梁导轨作横向运动；工作台往复运动由液压驱动。图 6-6 所示为数控导轨磨床万能磨头加工示意图。

图 6-5　HZ-KD8025 数控导轨磨床

1—工作台　2—床身　3—立柱　4—周边磨头　5—左拖板　6—顶梁　7—右拖板　8—横梁　9—万能磨头　10—被加工零件横梁

图 6-6　数控导轨磨床万能磨头加工示意图

该机床的数控系统可控制轴数为九轴，各轴均由交流伺服系统驱动。其中控制磨削加工的有七个坐标轴：周边磨头的垂直进给与横向进给运动；万能磨头的垂直进给与横向进给运动；万能磨头的旋转与分度运动（其回转角度为 ±110°，最小分度角度为 2.5°）；横梁上同步的双轴垂直运动。周边磨头砂轮修整器的垂直与横向运动是磨削加工的辅助坐标轴。

数控导轨磨床主要用于机床制造厂对机床的床身、工作台、立柱、拖板、滑鞍、横梁等零件导轨副进行精加工磨削，能通过自动或手动（电手轮）对零件的主导轨平面进行周边磨削，并能对其他平面进行磨削。

HZ-KD8025 数控导轨磨床的数控系统可以控制 9 个坐标轴，加工能力强，既适合于小批量、多品种、多规格加工，也适合大批量加工。

5. 数控齿轮磨床

图 6-7 所示的 YK73200 成型砂轮磨齿机是秦川机床工具集团的产品。其加工原理为成形法磨削，即将砂轮轴截面修整为与齿轮齿槽相适应的截面，进行成形磨削加工。数控系统可控制轴数为五轴：立柱纵向进给轴为 X 轴，砂轮架横向进给轴 为 Y 轴，立柱拖板的垂直进给轴为 Z 轴，砂轮架摆动旋转轴为 A 轴，工作台面旋转轴为 C 轴。加工齿轮的外径在 ϕ300mm ~ ϕ2000mm 范围，加工的最大齿宽为 1000mm。

该机床的主承载导轨采用静压导轨，其余运动导轨采用高精度滚针式直线导轨。所有数控轴测量反馈均选用高精度光栅作为检测元件。具有加工精度高、自动化程度高、适用性强、齿轮修形灵活等特点。

YK73200 成型砂轮磨齿机适用于冶金、矿山、机车、船舶、化工、电力、军工、航空航天等重型机械传动中高精度齿轮的精密加工。

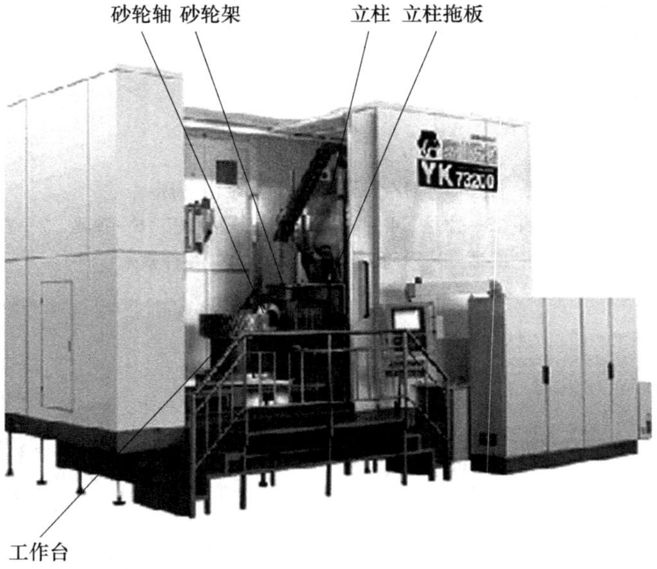

图 6-7　YK73200 成型砂轮磨齿机

6. 数控专用磨床

用来磨削特定表面和工件的数控磨床归类为专门化数控磨床。如数控花键轴磨床、数控螺纹磨床、数控凸轮轴磨床、数控曲轴磨床、数控球头磨床、数控轧辊磨床等。

（1）数控花键轴磨床　图 6-8 所示为 K8612/H 型数控花键轴磨床。

数控花键轴磨床可用于磨削各种齿形（直齿形、渐开线形等）的花键轴齿侧面及有内径定心要求的底径圆弧面。适用于汽车、拖拉机、机器及工具制造等企业。

图 6-8　K8612/H 型数控花键轴磨床

（2）数控曲轴磨床　图 6-9 所示为 MK82125/H 数控曲轴磨床。

数控曲轴磨床用于磨削各种船用柴油机、机车内燃机、大型压缩机以及其他大型动力机械的曲轴主轴颈及连杆颈。

图 6-9　MK82125/H 数控曲轴磨床

（3）数控轧辊磨床　图 6-10 所示为 MK8450/H 型数控轧辊磨床。

数控轧辊磨床适用于磨削冶金工业中轧机上的工作辊和支承辊，造纸工业中纸机上的轧辊，橡胶工业中的各种压辊，印染工业中的各种金属和非金属压辊等各种形状辊面和支撑端的外圆。还能用于磨削长筒形零件的外圆及锥面或磨削长轴类零件的外圆。

（二）按机床的功能特征分类

1. 数控坐标磨床

图 6-11 所示为日本 WAIDA 株式会社和井田制作所生产的 UJG-35 数控坐标磨床。数控系统控制五轴四联动，四联动坐标轴为：工作台沿滑鞍顶面导轨的纵向移动为 X 轴进给，工作台随滑鞍沿床身导轨的横向移动为 Y 轴进给，磨头套筒上下冲程运动为 Z 轴进给，磨头绕磨头套筒中心线的公转（行星运动）为 C 轴。

机床采用了 U 轴结构，砂轮主轴可实现偏心进刀，即按加工孔径大小自动调整砂轮径向进刀位置。因此可以在工件一次装夹中连续加工异性孔或是实现不同孔径的连续自动加工及多个工件的连续自动加工，在提高加工效率的同时还提高了零件的加工精度。

图 6-12a 所示为磨削零件内外轮廓的实例；图 6-12b 所示为该机床的加工样品。该机

图 6-10　MK8450/H 型数控轧辊磨床

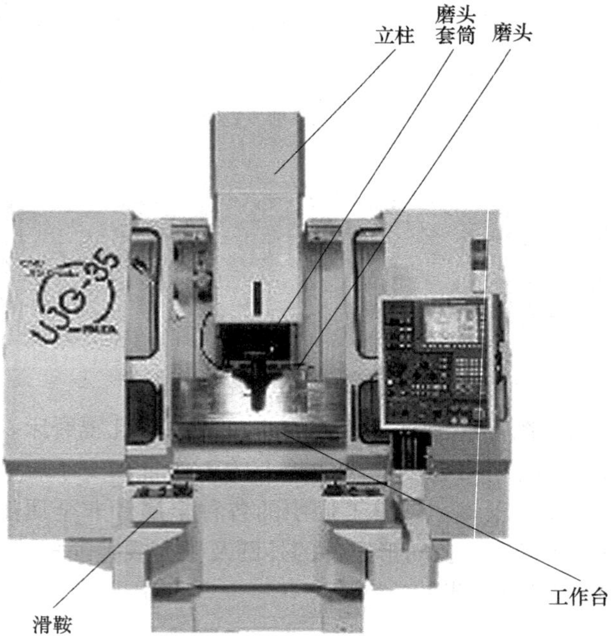

图 6-11　UJG-35 数控坐标磨床

床适用于对精密模具、精密零件、夹具等的孔或轮廓形状进行精加工。

2. 数控立式复合磨床

图 6-13 所示为杭州机床厂生产的 MGKF600 高精度数控立轴复合磨床。

机床主要部件布局如图 6-14 所示，机床采用整体立柱、单拖板纵向移动、双立轴磨头、立轴圆台布局形式，结构紧凑，整机具有高的刚性和稳定性。砂轮库采用盘式结构，可间隔放置 3 片大砂轮和 3 片小砂轮。工件在回转工作台上立式装夹，且在一次装夹工件中可完成工件内圆、外圆以及端面的磨削加工，达到很高的尺寸精度和几何精度。

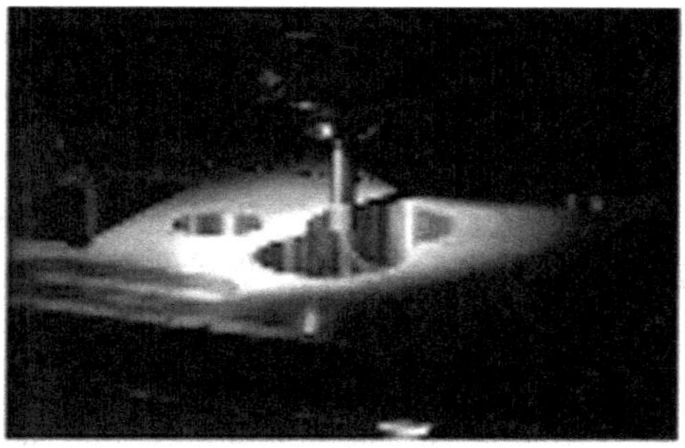

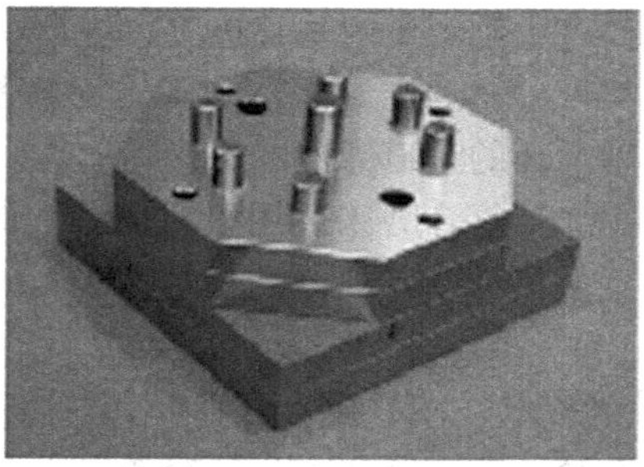

a)　　　　b)

图 6-12　数控坐标磨床加工实例

图 6-13　MGKF600 高精度数控立轴复合磨床

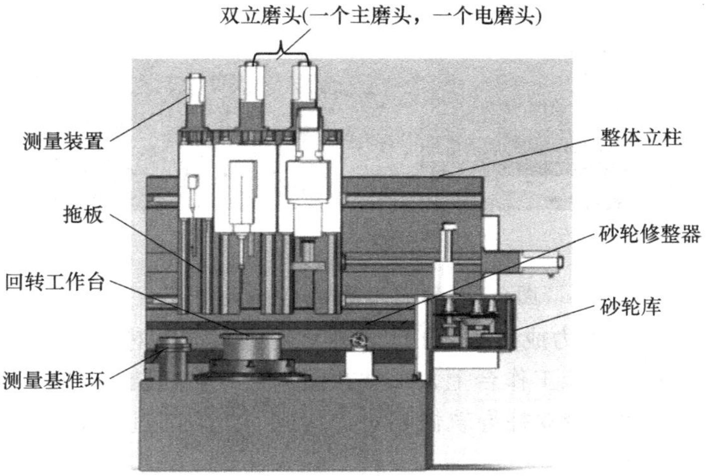

图 6-14　高精度数控立轴复合磨床主要部件布局

数控系统可控制轴数为七轴，其中控制磨削加工的有 5 个坐标轴：拖板的纵向进给；主磨头、电主轴磨头的垂直进给；主磨头的回转运动、工作台驱动（*SP* 轴）；通过坐标轴联动实现砂轮的锥形修整和圆锥面磨削；通过砂轮的成形修整，实现内外圆的成形磨削，如轴承环的滚道磨削。

数控立轴复合磨床适用于对圆柱、圆锥、球轴承内、外套圈、滚道及端面各表面的多批量、多品种、多规格的精加工磨削；也适用于齿轮类、套筒类等零件的高精度磨削加工。

3. 数控强力成形磨床

图 6-15 所示的 LD7140 数控强力成形磨床，采用缓进给强力成形磨削工艺，通过降低工作台纵向进给速度，增大砂轮电动机功率及使用成形砂轮等措施实现强力磨削，并可由毛坯直接磨削成形。

该机床的布局为卧轴矩台，有上下两个磨头，可分别沿立柱导轨作垂直升降运动，可对安装在工作台上的工件上下两面作同时磨削。砂轮用金刚石滚轮修整，砂轮修整器安装于工作台面上，可分别修整下上两磨头砂轮，保证磨削工件上下两成形面的对称性。

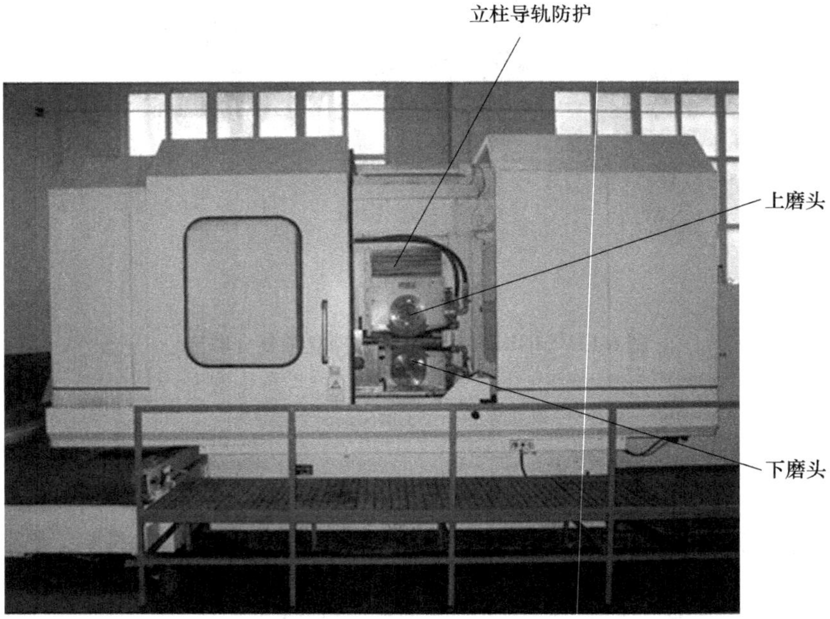

图 6-15　LD7140 数控强力成形磨床

图 6-16 所示为数控强力成形磨床的上磨头和下磨头同时对叶片工件进行成形磨削的加工实例。夹具固定在机床工作台上，工件在夹具上定位安装，上下两磨头的前端为成形砂轮，两砂轮可随磨头沿立柱导轨做相对进给运动。磨削过程中工作台沿纵向缓慢进给，完成工件齿形磨削。

本机床适用于磨削航空发动机和汽轮机叶片、直线导轨面以及磨削其他各种难加工材料的对称和非对称型面零件。

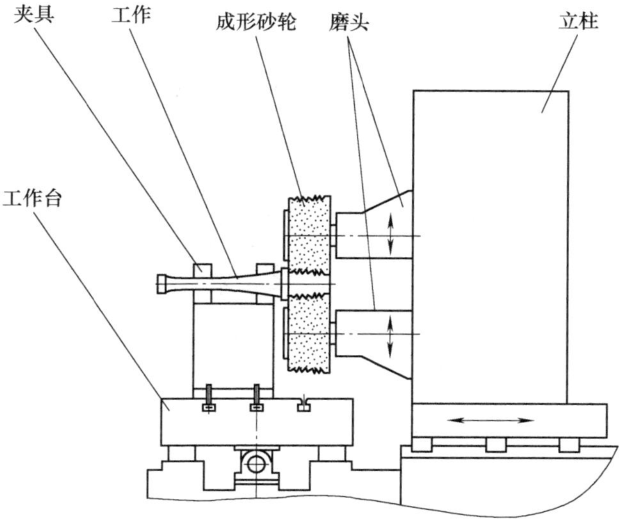

图 6-16　成形磨削的加工实例

第二节　MK1620/500-H 数控端面外圆磨床

一、机床特点及用途

1. 机床的特点

图 6-17 所示的 MK1620/500-H 数控端面外圆磨床是上海机床厂制造的产品，可配置 FANUC 或 SIEMENS 两轴联动数控系统，可控制砂轮架沿工件径向的 *X* 轴进给和工作台沿工件轴向的 *Z* 轴进给。能在一次安装工件情况下，完成多档外圆、端面的自动循环磨削。

该机床具有多种功能，包括砂轮自动进给进行粗磨、精磨和无火花磨削、工件转速自动切换、前置砂轮修整器实现砂轮自动修整及自动补偿、自动测量工件等。

2. 机床的用途

数控端面外圆磨床可用于大批量轴类零件的外圆柱面、端面、圆锥面和圆弧面的磨削加工。

该机床是汽车发动机等制造业的主要精加工设备，也适用于军工、航天、一般精密机械加工车间批量小、精度要求高的轴类零件的加工。

二、MK1620/500-H 数控端面外圆磨床的技术参数

1. 主要技术参数

MK1620/500-H 数控端面外圆磨床的主要技术参数如下：

磨削直径	ϕ6mm ~ ϕ200mm
顶尖距	500mm
最大工件重量	50kg
中心高	125mm

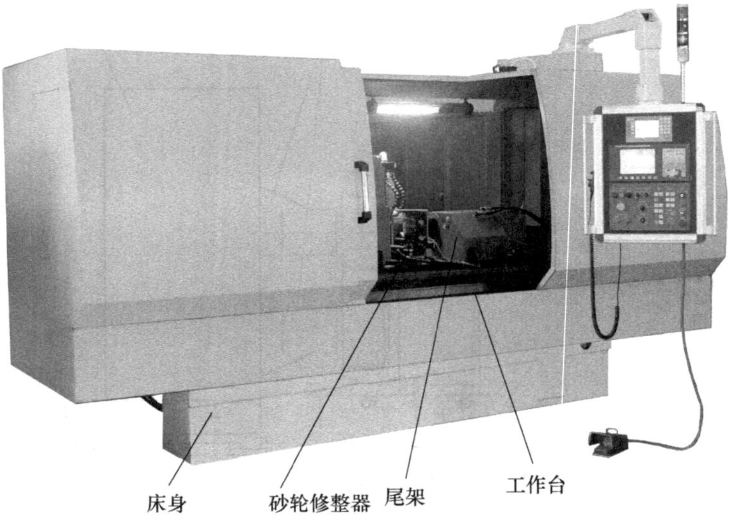

图 6-17　MK1620/500-H 数控端面外圆磨床

砂轮规格	$\phi500 \times 50\text{mm} \times \phi203\text{mm}$
砂轮线速度	45m/s
砂轮电动机功率	7.5kW
砂轮架进给速度	0.1～5000mm/min
砂轮架进给分辨率	0.0005mm
X 轴最小编程增量	0.001mm
工作台移动分辨率	0.001mm
Z 轴最小编程增量	0.001mm
Z 轴进给速度范围	0.1～8000mm/min
头架主轴锥孔	莫氏 4 号
头架转速及变速方式	30～300r/min 变频器
尾架主轴锥孔	莫氏 4 号
X、*Z* 直线轴分辨率	0.001mm
X、*Z* 轴定位精度	*X*：0.006mm　*Z*：0.010mm
X、*Z* 轴重复定位精度	*X*：0.004mm　*Z*：0.008mm
工作台转角范围	−3°～7°
机床总功率	25kW
机床外形尺寸（$L \times W \times H$）	2880mm×2500mm×1750mm
机床重量	7000kg
机床噪声	≤75dB（A）

2. 机床工作条件

气源压力	0.4～0.6MPa
工作环境温度	0～40℃
工作环境湿度	≤90%

三、MK1620/500-H 数控端面外圆磨床的部件结构

1. 基础件床身

如图 6-18 所示，MK1620/500-H 数控端面外圆磨床的床身设计为整体式结构，采用高强度低合金孕育铸铁铸造毛坯，并将床身内部的筋板布置为箱形结构，使其具有很高的整体刚度和强度。能满足高效、高精度数控机床对基础件的要求。

床身左侧面上的大孔型结构，可以有效地降低因为机床受热而引起的热变形，减小机床热变形对零件加工精度的影响。

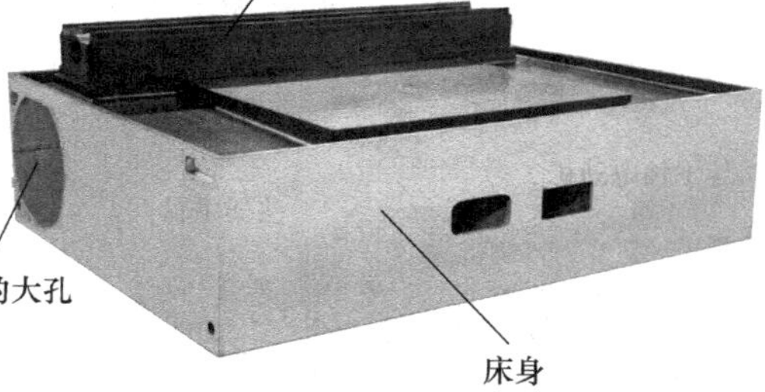

图 6-18　数控端面外圆磨床床身

2. 砂轮架及进给机构

（1）砂轮架　MK1620/500-H 数控端面外圆磨床的砂轮架结构如图 6-19 所示。砂轮架主轴采用静压轴承，使主轴具有高的回转精度、刚度和工作稳定性。

砂轮架主轴的电动机由交流变频器控制转速并与数控系统相连，通过数控系统对砂轮直径的监测实现对砂轮恒线速控制。

（2）砂轮架进给机构　MK1620/500-H 数控端面外圆磨床的砂轮架进给机构采用交流伺服电动机驱动，该伺服电动机通过联轴器直接与滚珠丝杠相连，驱动螺母带着砂轮架沿工件径向（X 轴）进给。交流伺服电动机带有内置位置编码器，即砂轮架的 X 轴进给为半闭环控制，有利于控制砂轮架的进给精度。

砂轮架导轨采用直线滚动钢导轨，具有良好的定位精度、耐磨性、刚性、低速运动平稳性及抗振性，以保证砂轮架进给灵敏度和稳定性。砂轮架前后配有可移动防护罩。

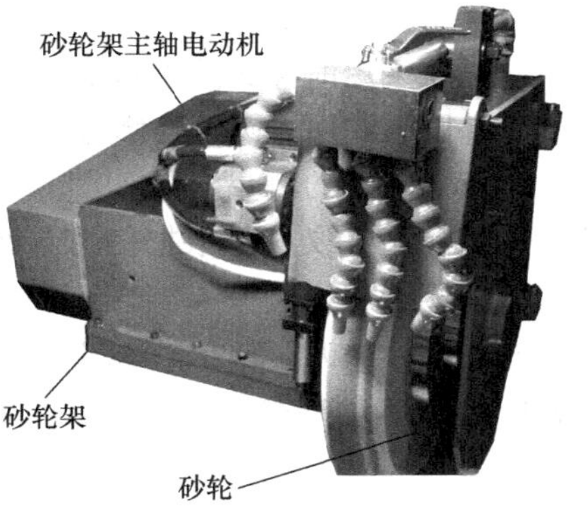

图 6-19　MK1620/500-H 数控端面外圆磨床的砂轮架结构

3. 工作台及进给传动装置

机床工作台具有双层结构，其下层沿床身导轨纵向往复运动，上层可在水平面内旋转调整角度，旋转范围 $-3° \sim 7°$，以用于加工带有锥度的工件。

工作台进给传动机构采用内置位置编码器的交流伺服电动机直接驱动滚珠丝杠副，带动工作台移动实现 Z 轴进给。

工作台导轨采用 V-平静压滑动导轨，并配备专用的导轨润滑装置及润滑油，使工作台运动平稳可靠。工作台左右配置伸缩式防护罩，以保护床身导轨免受水雾及切屑的侵蚀。

4. 头架

MK1620/500-H 数控端面外圆磨床头架如图 6-20 所示，头架主轴为不可回转结构。头架主轴电动机通过同步齿形带轮带动拨杆转动，拨杆通过卡环带动工件旋转（拨杆结构见图 6-22）。电动机由交流变频器控制转速并与数控系统相连，实现磨削过程中工件转速的自动切换。头架顶尖的规格为莫氏 4 号。

5. 尾架

MK1620/500-H 数控端面外圆磨床尾架如图 6-21 所示。尾架置于工作台上与头架相对称的位置，尾架顶尖的规格为莫氏 4 号。工件装夹时，头架顶尖和尾架顶尖支撑在工件的两中心孔上，并夹紧工件，如图 6-22 所示。

图 6-20 MK1620/500-H 数控端面外圆磨床头架

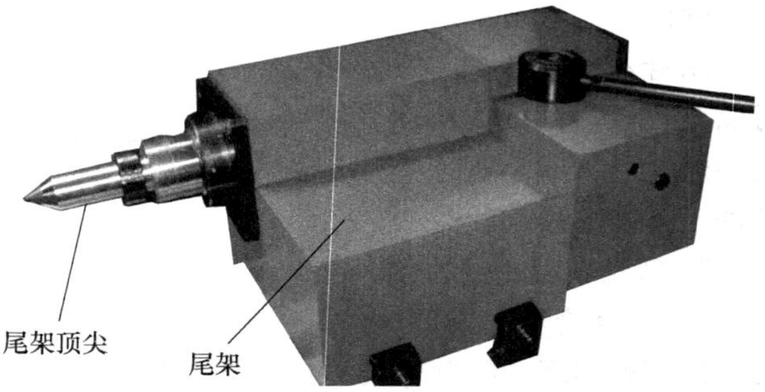

图 6-21 MK1620/500-H 数控端面外圆磨床尾架

6. 砂轮修整器及测量装置

本机床采用前置式砂轮修整器（见图 6-17），金刚笔通过 X 轴和 Z 轴两轴联动，实现对砂轮外圆、端面、圆弧的修整。

机床上安装的测量装置如图 6-22 所示，径向测量仪 9 的数据信息与数控系统相连，通过测头 4 实现对工件 5 的在线测量。机床在执行加工程序过程中，当执行测量指令时，气压缸 8 驱动测量仪测头外伸，对被加工工件进行测量，并将测量数据反馈至数控系统。测量结束，气压缸带动测头缩回复位。

7. 机床辅助装置

MK1620/500-H 数控端面外圆磨床的辅助装置包括液压气动系统、冷却系统、集中润滑系统、防护系统等。机床防护装置中除了采用全封闭的防护装置外，还安装有吸雾装置，防止冷却液的飞溅，以利于加工环境的清洁。

图 6-22 测量装置

1—头架顶尖 2—头架拨杆 3—卡环 4—测头 5—工件 6—砂轮 7—尾架顶尖 8—气压缸 9—径向测量仪

第三节　HAUSER S35-400 数控坐标磨床

数控坐标磨床在模具制造业、工具制造业和精密机械加工等行业，主要用于磨削淬火后孔距精度很高的圆柱孔、圆锥孔、圆弧内表面和各种成形表面，如各种模具型腔和冲头、具有复杂双曲面的零件、任意曲线的平面图形的样板等。

本节介绍美国哈挺公司生产的 HAUSER S35-400 数控坐标磨床。

一、机床的组成及布局

图 6-23 所示为 HAUSER S35-400 数控坐标磨床的外观图，组成机床的主要部件包括基础部件、主轴箱、主轴、磨头、工作台、*U* 轴滑板、砂轮修整系统、数控系统及操作站等，如果用户选择带有可交换工作台的选项，则主机右侧放置的是非工作位置的工作台，在此位置可以进行工件的装卸与调整。图 6-24 所示为数控坐标磨床的布局结构示意图。

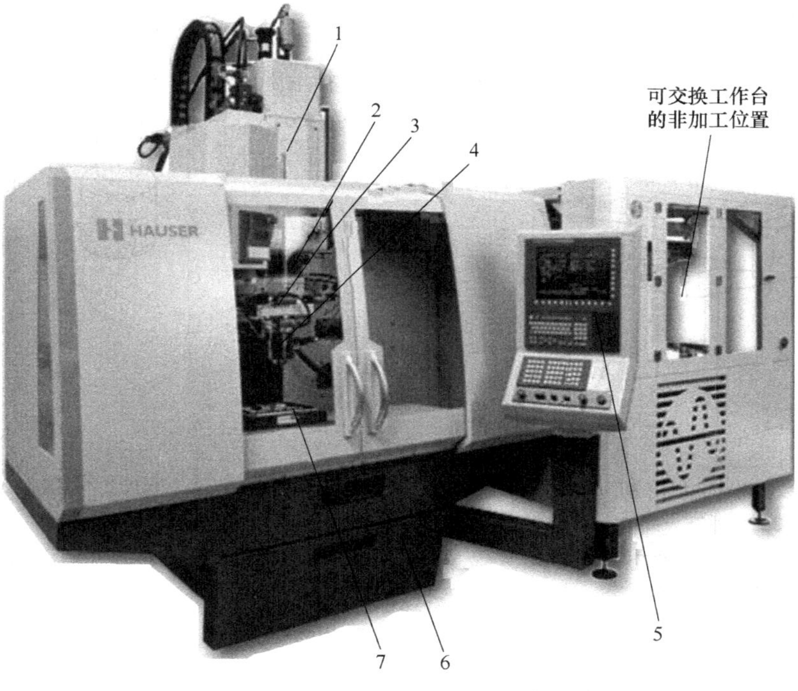

图 6-23　HAUSER S35-400 数控坐标磨床外观图

1—主轴箱　2—主轴　3—*U* 轴滑板　4—磨头　5—操作站　6—床身　7—工作台

1. 基础部件

如图 6-24 所示，机床的基础部件包括床身 9、立柱 1、滑座 8、主轴箱 *W* 轴滑板 3 等。数控坐标磨床作为高精度加工机床，其基础部件采用稳定性好的铸铁件制造，并采用高刚度结构设计，以减少振动与热变形。

2. 磨头

通过磨头6的高速旋转运动实现对工件的磨削加工。HAUSER S35-400 数控坐标磨床可以配置电动磨头或气动磨头，电动磨头的转速在4500 ~80000r/min 范围无级调速；气动磨头转速可达100000 ~ 160000r/min。

3. 主轴单元

主轴单元包括主轴箱2、主轴4 和 *U* 轴滑板5 等。数控坐标磨床的磨削系统与其他磨床不同，加工时工件固定在工作台上，磨削运动和圆周进给运动由磨头的自转和公转完成，上下走刀运动由主轴上下冲程运动完成，如图6-25 所示。

4. 工作台

工作台7 为双层结构，工作台沿滑座8 顶面导轨可做纵向移动，随滑座沿床身9 的导轨可做横向移动。

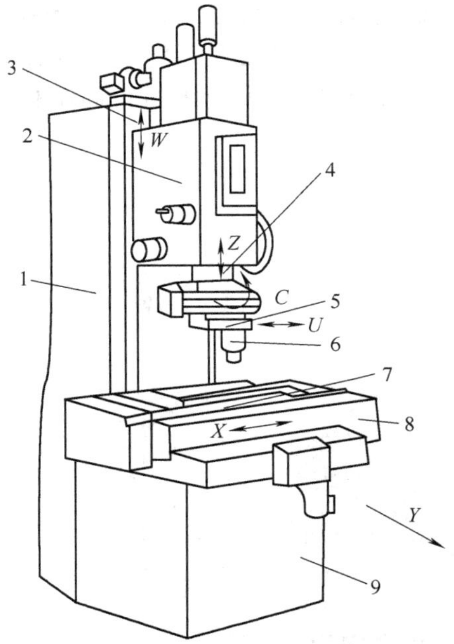

图6-24　数控坐标磨床的布局结构示意图
1—立柱　2—主轴箱　3—主轴箱 *W* 轴滑板
4—主轴　5—*U* 轴滑板　6—磨头
7—工作台　8—滑座　9—床身

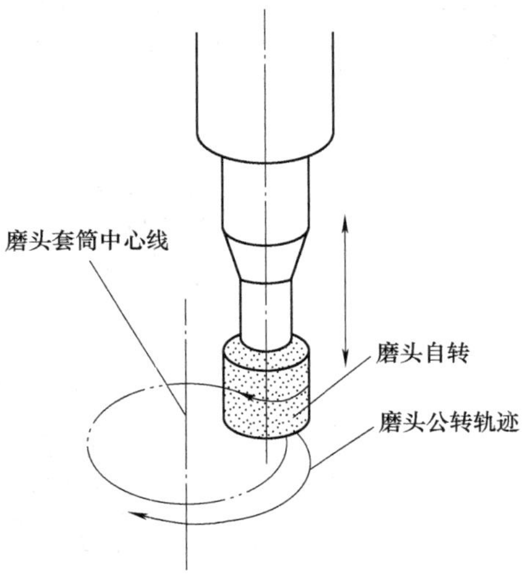

图6-25　数控坐标磨床主轴和磨头的运动

二、HAUSER S35-400 数控坐标磨床的各坐标轴及磨削运动

1. 各坐标轴及运动

HAUSER S35-400 数控坐标磨床配备 GE-FANUC 310i 数控系统，可控制 *X*、*Y*、*Z*、*U*、*C* 轴五轴联动。

（1）*X* 轴：由伺服电动机驱动，机床工作台沿滑座导轨纵向进给运动。

（2）*Y* 轴：由伺服电动机驱动，机床工作台沿床身导轨横向进给运动。

（3）*Z* 轴：主轴的往复冲程运动。

（4）*C* 轴：主轴绕自身轴线的旋转带动磨头公转形成行星运动。

（5）*U* 轴：磨头中心相对主轴中心的径向进给运动。

如图 6-26 所示，主轴回转加上 *U* 轴移动使磨头作偏心距可变的行星运动。由于数控系统有 *C* 轴联动功能，因此在 *X*、*Y* 轴联动作平面曲线插补时，*C* 轴可自动跟踪转动，使 *U* 轴与被加工工件外轮廓线的法线平行。*U* 轴可控制砂轮轴线与工件轮廓在法线方向上的距离，以实现进刀。

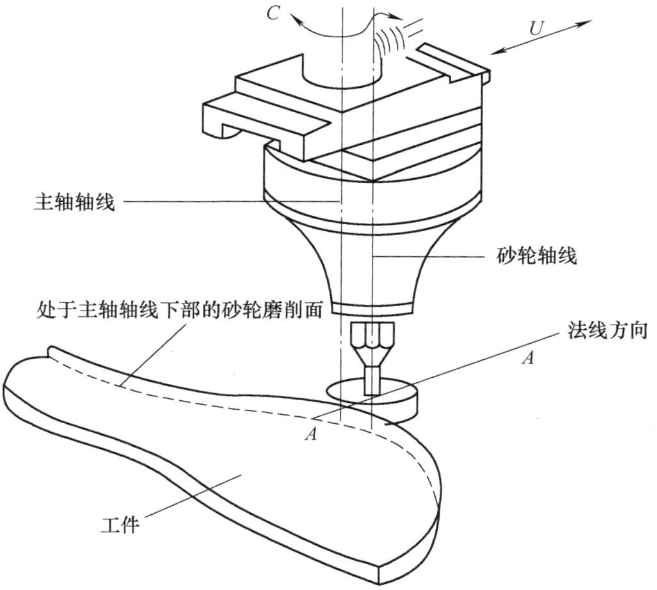

图 6-26　*X*、*Y* 轴作平面曲线插补时 *U* 轴与工件轮廓法线平行

2. 加工不同轮廓时的磨削运动

1）磨削一个孔时，砂轮的工作边将偏离行星主轴轴心线一个工件半径值，在磨削过程中磨头除了本身的转动外，还必须绕行星主轴进行公转。同时，还要在磨削过程中扩大偏心量，进行微量进给，用这种方式来得到孔的精度控制。

2）磨削平面时，行星主轴一般是不转的，工作台需要沿着 *X* 向或 *Y* 向进给来实现。而磨头的进给仍用扩大偏心半径，进行微量进给。

3）磨削轮廓时如图 6-26 所示，*X*、*Y*、*C* 轴联动，磨头可沿 *U* 轴滑板移动控制进给量。

4）磨削锥孔时，采用 *Z* 轴与 *X* 轴联动插补，形成锥孔的母线轮廓。

三、HAUSER S35-400 数控坐标磨床的技术参数

1. 工作范围

X 轴行程	500mm
Y 轴行程	300mm
W 轴行程	450mm
磨头距工作台距离	0 ~ 500mm

主轴中心到立柱距离	365mm
磨削工件直径（使用砂轮直径100mm）	无加长板机床　最大 ϕ230mm
	有加长板机床　最大 ϕ360mm
锥度磨削最大角度（正锥及倒锥）	16°
2. 工作台	
有效区域	600mm × 380mm
T形槽宽度	10mm
承载能力	最大3000N
3. 进给率	
X. *Y* 轴磨削进给	0 ~2000mm/min
X. *Y* 轴快移速度	0 ~2000mm/min
W 轴	900mm/min
4. 磨头	
机床可配以下转速磨头	
电动磨头，无级调速	4500 ~ 80000 r/min
气动磨头，无级调速	100000 ~160000 r/min
行星运动 *C* 轴无级调速	5 ~300 r/min
跟随方式，AC 伺服驱动	最高为 20 r/min
Z 轴运动速度可无级调速	
上下运动速度可无级调速	最小0. 500mm/min，最大14000mm/min
Z 轴冲程频率	最大5Hz
冲程长度无级调整	最大110mm
径向精密微进给 *U* 轴	最大为5. 5mm

四、数控坐标磨床的部件结构

1. 高速磨头

坐标磨床的磨头分为气动磨头和电动磨头。气动磨头的转速很高，通常为120000 ~ 180000r/min，主要用于磨小孔；电动磨头采用变频电动机直接驱动，输出功率较大，短时过载能力强，速度特性硬，振动较小，但转速较低，主要用于磨削大孔。

图6-27所示为气动磨头结构简图，主要由叶轮2、磨头主轴4、滚动轴承7、砂轮5等构成。压缩空气从进气口1输入推动叶轮2回转，经磨头主轴4带动砂轮5旋转。气动磨头结构简单紧凑，虽然转速很高，但由于空气的自冷作用，磨头的温升较低，并且从磨头中排出的气体有冷却工件的作用。

2. 可选配部件

机床在标准配置之外，还提供若干选配部件，以扩大加工的工艺范围及机床性能。

（1）独立的磨头　砂轮库中可存放如图6-28a所示的独立磨头，通过砂轮交换装置与加工位置的磨头进行自动更换。

（2）MSS复合传感器系统　机床配备MSS复合传感系统后，可以控制磨头直接快速趋近工件，具有自动消除“空磨”的功能，提高磨削效率。MSS复合传感系统还具有对

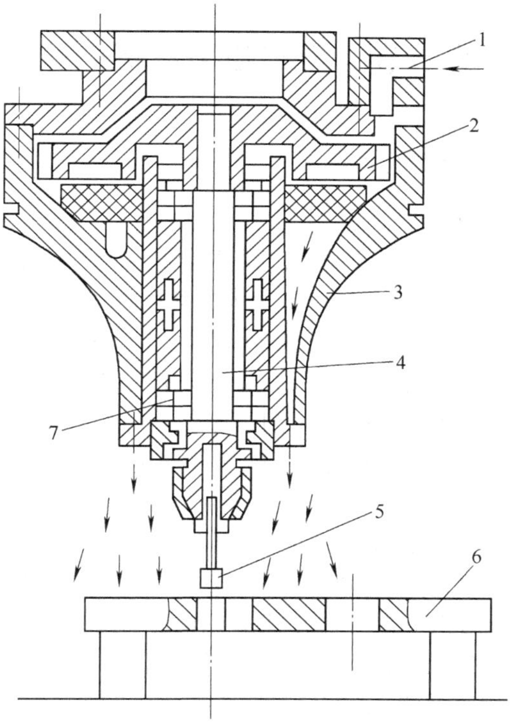

图 6-27　气动磨头结构简图

1—进气口　2—叶轮　3—外壳　4—磨头主轴

5—砂轮　6—工件　7—滚动轴承

砂轮进行自动校正的功能，如图 6-28b 所示。

（3）CBN 高频修整装置　CBN 高频修整装置和普通砂轮修整器一样，也是安装在数控坐标磨床的工作台上，可用于修整陶瓷基体粘接砂轮和树脂粘接 CBN 砂轮，如图 6-28c 所示。

a)　　b)　　c)　　d)

图 6-28　HAUSER S35-400 数控坐标磨床的典型结构

a）可更换磨头　b）复合传感器系统自动校准砂轮　c）CBN 高频砂轮修整装置　d）TCA 系统自动交换砂轮

（4）TCA 砂轮自动更换装置　TCA 砂轮自动更换装置由砂轮库和砂轮交换装置组成，砂轮库可存放 12 个砂轮，砂轮的直径可从 ϕ3mm 到 ϕ5mm。图 6-28d 所示为砂轮交换装置的工作状态，交换砂轮库和磨头之间的砂轮。

第四节　数控强力成形磨床

一、数控强力成形磨床简介

（一）强力成形磨削的概念

强力成形磨削也称为缓进给成形磨削。缓进给成形磨削工艺是以很低的工作台进给速度（通常为10mm/min～500mm/min）和很大的切削深度（磨削深度可达十几毫米，甚至几十毫米），用一次或数次进给完成对工件磨削的先进工艺。采用强力成形磨削，可直接将铸、锻件毛坯不需经过其他加工，一次磨出工件所要求的表面几何形状和尺寸。因此，强力成形磨削可以替代部分铣削、车削、刨削，适合于加工各种成形表面和沟槽以及难加工的耐热合金材料，还可以磨削工程陶瓷等非金属硬脆材料。

（二）强力成形磨削的特点

1. 金属切除率高，磨削效率高

与普通往复式磨削相比，强力成形磨削每次或每转的切削深度比普通磨削大100～1000倍，砂轮与工件接触面积是常规往复式磨削的十几倍，因此在单位时间内同时参加磨削的磨粒切削刃的数目相应增加，从而提高了金属切除率。通常强力成形磨削的加工效率是普通磨削的3～5倍甚至更大。

2. 砂轮耐用度高，成形精度好

在进行常规往复式磨削时，由于工作台每次行程砂轮就要与工件边缘撞击一次，因此砂轮容易破碎磨损。而强力成形磨削时，工作台行程仅一次或数次，砂轮与工件边缘撞击次数少，能够较长久地保持砂轮的形状。同时因工作台速度低，砂轮慢慢切入工件，大大改善了磨削条件，最终提高了工件的成形精度。且加工后零件的表面残余应力比普通磨削小30%～50%，表面粗糙度一般 Ra 可达0.32μm。

3. 磨削加工适用范围广泛，工艺性好

强力成形磨削方式应用广泛，适用于磨削各种复杂型面、沟槽，特别是难切削加工的耐热合金零件，例如磨削形状复杂的涡轮叶片根部型面。采用强力成形磨削，可以由铸、锻件毛坯直接磨削成形，减少了加工工序，缩短加工时间，节省加工费用。

（三）数控强力成形磨削对机床的要求

数控强力成形磨削对机床有如下要求：

1）由于切入量大，要求机床磨头电动机功率比往复式磨床大，一般至少在10kW以上，许多数控强力成形磨床的磨头电动机功率高达数百千瓦。

2）砂轮回转速度，要能够根据工件材质和砂轮大小对砂轮主轴实现无级变速。通常变速范围为500～5000r/min。

3）工作台的速度通常应在20～500mm/min范围内稳定，且无爬行，应设有快速返程装置。工作台的纵向进给装置，目前普遍采用伺服电动机与滚珠丝杠驱动方式。

4）强力成形磨床的机床总体刚性要好，能承受比普通往复式磨床大得多的磨削力。

5）机床应具有良好的冷却功能，必须采用高压水流强力冲洗砂轮切削表面，同时对磨削区域进行强迫冷却。为了安全和环境保护，数控强力成形磨床须采用全封闭防护罩壳。

二、数控强力成形磨床的特点及用途

1. 机床的特点

图 6-29 所示为杭州机床厂生产的 MKL7150 × 16/2 数控强力成形磨床，配置 SIEMENS 840D 七轴五联动数控系统，具有自动控制磨削循环、砂轮磨损自动补偿及修整、砂轮恒线速磨削等功能，尤其适用于加工航空发动机叶片齿榫成形面。

图 6-29 MKL7150 × 16/2 数控强力磨床

如图 6-30 所示，在机床的 7 个坐标轴中有 4 个直线轴和三个回转轴。

X 轴：工作台的纵向进给运动；

Y 轴：磨头的垂直进给运动；

Z 轴：立柱的横向进给运动；

V 轴：砂轮连续修整进给运动；

A 轴：数控转台绕 *X* 轴的倾斜转动，转角范围 +90° ~ −50°；

B 轴：数控转台的回转；

SP 轴：伺服磨头主轴，可实现砂轮线速度是恒定的，即主轴转速随砂轮直径的变化而改变，保证磨削质量稳定。

在上述 7 个坐标轴中，*X* 轴、*Y* 轴、*Z* 轴、*V* 轴和 *B* 轴可实现五坐标轴联动，且 *X*、*Y*、*Z*、*V*、*A*、*B* 轴均采用全闭环控制，保证机床有较高重复位置精度。

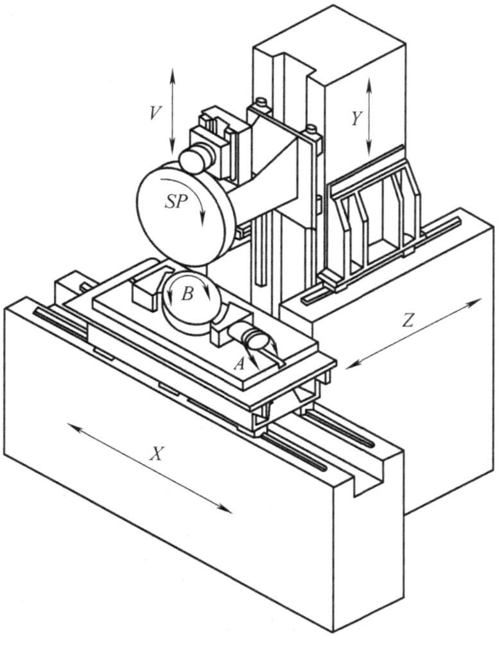

图 6-30 各坐标轴示意图

2. 机床的用途

数控强力成形磨床适用于磨削各种复杂型面和沟槽，包括各种难加工材料（如耐热合金）的成形面，还可以磨削工程陶瓷等非金属硬脆材料。广泛应用于燃气轮机、汽轮机、飞机发动机和模具制造等行业，如磨削重型燃机导向叶片圆弧槽和圆弧面，以及叶片圆弧齿等部位。

图 6-31 所示为使用 MKL7150×16/2 数控强力磨床磨削出的汽轮机叶片工件。

图 6-31　汽轮机叶片工件

三、MKL7150×16/2 数控强力成形磨床的技术参数

1. 主要精度参数

MKL7150×16/2 数控强力成形磨床的主要精度参数如表 6-1 所示。

表 6-1　MKL7150×16/2 数控强力成形磨床的主要精度参数

项　目		参数值
主轴跳动	径向	0.003mm
	轴向	0.003mm
定位精度	*X*	0.005mm/1500mm
	Y、*Z*	0.004mm/400mm
	V	0.003mm/150mm
	A、*B*	±2.5rad·s（弧·秒）
重复定位精度	*X*、*Y*、*Z*	0.003mm
	V	0.002mm
	A、*B*	2.5rad·s（弧·秒）
表面粗糙度 *Ra*		0.63 μm
轮廓度		±0.006mm

2. 主要规格参数

MKL7150×16/2 数控强力成形磨床的主要规格参数如表 6-2 所示。

表 6-2　MKL7150×16/2 数控强力成形磨床的主要规格参数

规格项目	参数值
工作台面尺寸（宽×长）	500mm×1600mm
工作台安装面尺寸（宽×长）	500mm×2000mm
工作台纵向最大移动量	1600mm
立柱横向最大移动量	420mm

（续）

规格项目		参数值
磨头砂轮中心至工作台面距离	最小	250mm
	最大	800mm
工作台纵向移动	速度	10～10000mm/min
	最小设定单位	0.001mm
磨头垂直进给	速度	0～400mm/min
	最小设定单位	0.001mm
立柱横向移动	速度	0～1000mm/min
	最小设定单位	0.001mm
倾斜轴 *A*	转角范围	±50°
	最大扭矩	800 N·m
	最小设定单位	0.001°
回转轴 *B*	转速	0～100 r/min
	最大扭矩	450 N·m
	最小设定单位	0.001°
砂轮尺寸	外径	ϕ500mm
	内径	ϕ203mm
	最大宽度	240mm
	最小宽度	50mm
砂轮主轴转速		0～2000 r/min
砂轮电动机	功率	60 kW
	转速（额定）	1250 r/min
纵向驱动电动机	功率	6.5 kW
	转速	1500 r/min
垂直升降电动机	功率	2.2 kW
	转速	2000 r/min
横向进给电动机	功率	2.2 kW
	转速	2000r/min
金刚滚轮驱动电动机	功率	2.2 kW
	转速	2800r/min
冷却冲洗泵	扬程	69.1m
	流量	300 L/min
机床总功率		约 120kW
机床外形尺寸（长×宽×高）		6300mm×3500mm×3150mm
机床净重		约 15000kg

四、MKL7150×16/2数控强力成形磨床的部件结构

1. 机床各执行件的布置与结构

MKL7150×16/2数控强力成形磨床各坐标轴执行件的结构布置示意图如图6-32所示，机床的总体布局为卧轴矩台立柱移动式结构。

前床身1布置工作台2及纵向驱动装置，后床身3布置立柱4及横向驱动装置，立柱上布置磨头5及垂直进给驱动装置。此三个执行件的进给运动均由交流伺服电动机驱动预加负荷的滚珠丝杠副来完成，而且运动部件的支承导轨均采用预加负荷的滚柱导轨，以提高执行件运动的稳定性。磨头箱体上安装砂轮修整器6及垂直移动伺服驱动装置。

在矩形工作台上安装了双轴数控转台，能做两个方向的回转运动（见图6-30），一个是绕X轴的倾斜转动（A轴）；另一个是绕Y轴的回转（B轴）。双轴数控转台使得成形磨床对复杂曲面的加工效率提高，且采用电动机直接驱动技术，无中间传动环节，具有较高的定位精度。

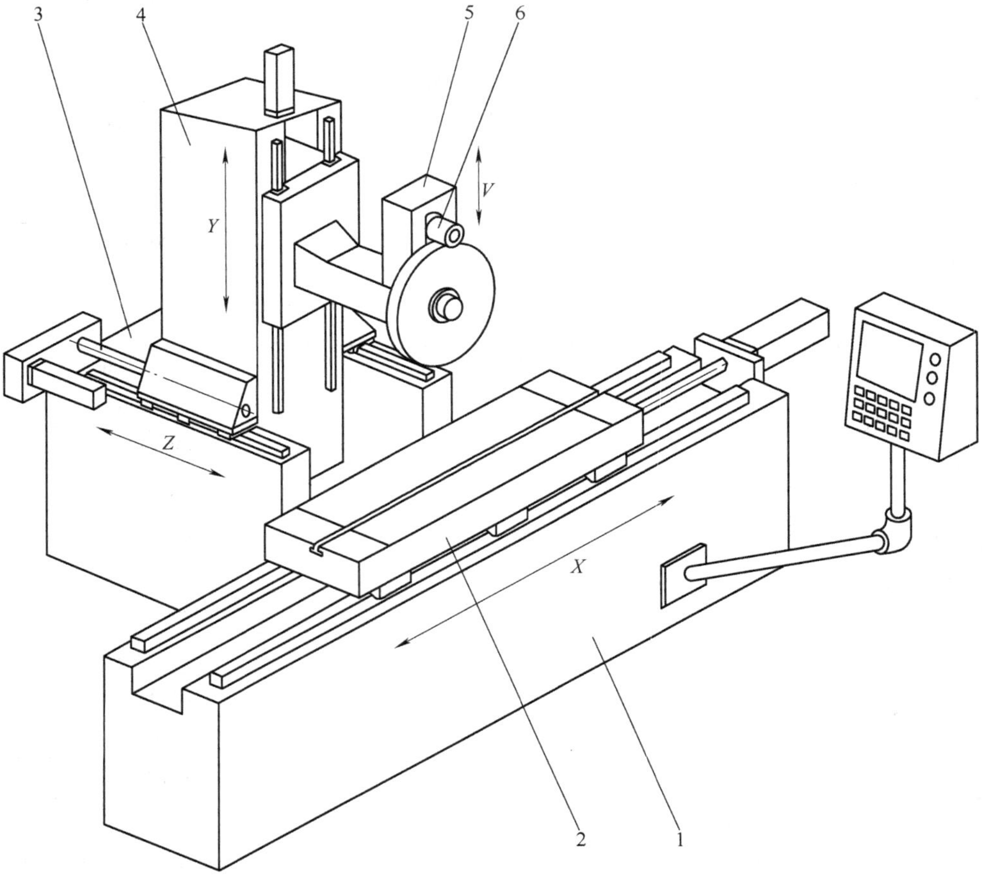

图6-32 机床各坐标轴执行件的结构布置示意图

2. 机床床身的结构

机床的床身采用铸铁铸造而成。如图6-33所示，前后床身采用T形拼接结构，有较

高的支承刚性。前床身 10 的两条水平导轨 12 支承工作台 11，后床身 1 在垂直方向呈 U 形结构，在其两侧的顶面上设置有横向直线导轨 2，导轨上分别支承的两导轨支座 4 平行且等高，用螺栓将导轨支座固定在立柱 5 的两个侧面，立柱导轨上支承着磨头 8。后床身的横向直线导轨与立柱的垂直导轨 7 呈垂直十字相交。

9 是 *X* 轴的伺服电动机和滚珠丝杠副等驱动进给机构，6 是 *Y* 轴的伺服电动机和滚珠丝杠副等驱动进给机构，3 是 *Z* 轴的伺服电动机和滚珠丝杠副等驱动进给机构。工作台、磨头和立柱三个运动部件的支承导轨副均采用预加负荷的滚柱导轨。

床身的结构设计使得立柱横向移动的导轨与立柱运动的重心接近，提高了磨削加工中横向进给运动的稳定性，可减小由磨削力造成的颠覆力矩及振动，有利于增强切削刚性和提高磨削精度。

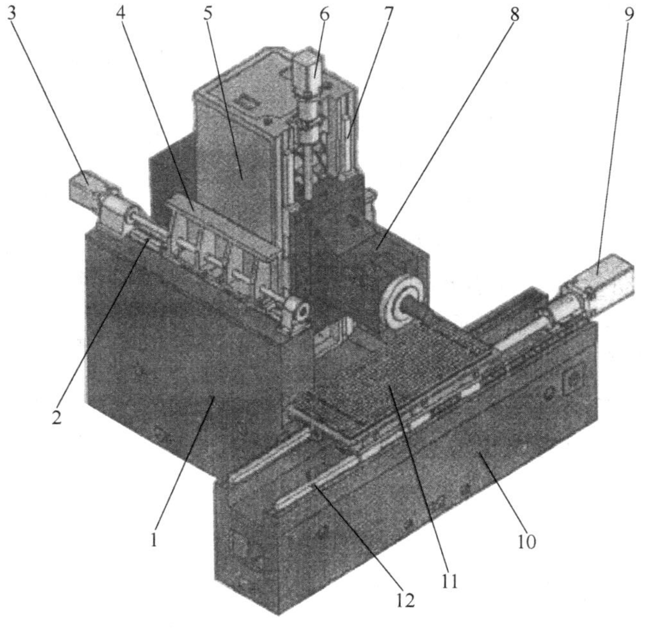

图 6-33　床身的结构与布局

1—床身　2—横向直线导轨　3，6，9—伺服电动机　4—导轨支座
5—立柱　7—垂直导轨　8—磨头　10—前床身
11—工作台　12—水平导轨

3. 磨头主轴的支承与前端密封结构

磨头主轴系统采用高精度角接触球和精密刚性套筒结构，主轴前支承由整体背靠背安装的 4 个角接触球轴承组成，后轴承采用一对角接触球轴承，且背靠背安装。

如图 6-34 所示，磨头主轴 1 前轴承的外圈安装在主轴套筒 3 内，主轴套筒用螺钉紧固在磨头箱体上，主轴套筒前端与压盖 5 用螺钉连接，压紧螺母 8 用于固定轴承内圈。磨头主轴的气压密封装置由进气通道、密封件、端盖、压盖和压紧螺母等组成。进气通道 4 连接两侧互相独立的由密封件 2 和 6 分离开的腔室，压缩气体进入气室后，压紧靠近轴承一侧的密封件 2 形成关闭的密封阀门，推开外侧密封件 6 形成排放型气体屏障。

该密封装置中的压缩空气压力控制在 0.005 ~ 0.02Pa。采用这样的密封方法和装置能使主轴轴承前端的密封更加可靠，同时外放气体有压缩流形成的气流屏障，使磨削工作区域形成的水雾、磨屑、砂尘等不能进入密封防护区，从而提高了主轴轴承的工作稳定性和使用寿命。

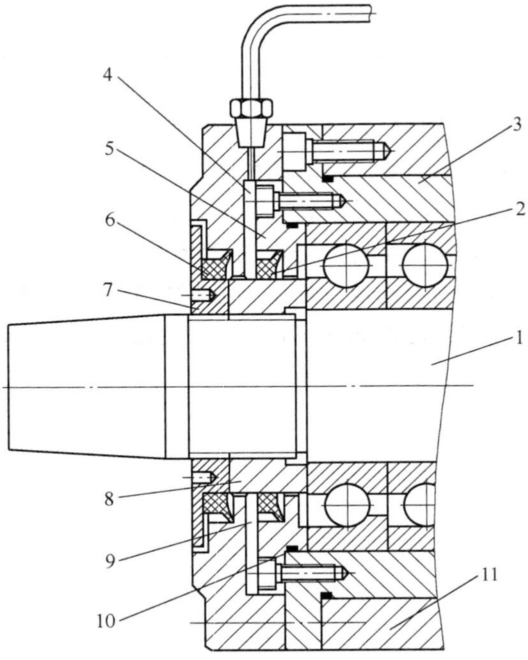

图 6-34　磨头主轴前端的支承与密封结构示意图
1—磨头主轴　3—主轴套筒　4—进气通道　5—压盖
2、6—密封件　7—端盖　8—压紧螺母
9—排水口　10—O 形圈　11—磨头箱体

4. 金刚石滚轮及修整器

机床采用顶置式金刚石滚轮修整器。该修整器安装在磨头体的上方，滚轮轴与磨头主轴平行，见图 6-30。

如图 6-35 所示，在砂轮修整器滚轮轴 4 上安装了金刚石滚轮 3，滚轮轴由三相异步电动机和同步齿形带组成的驱动减速箱驱动，带动金刚石滚轮旋转，滚轮轴的开停由数控系统控制。而滚轮轴的垂直进给（*V* 轴）由伺服电动机经蜗轮蜗杆副和滚珠丝杠副传动来实现，金刚石滚轮对磨头砂轮可作断续或连续的成形修整。金刚石滚轮的外轮廓为成形轮廓，通过修整装置将砂轮修整成与金刚石滚轮相同的轮廓。

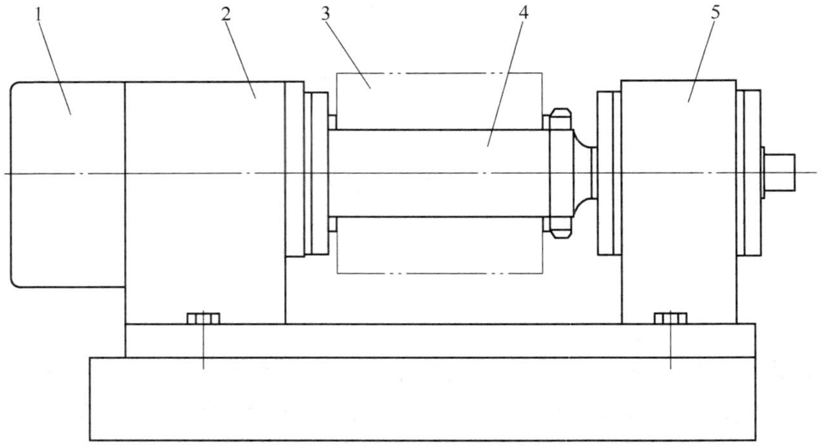

图 6-35　金刚石滚轮及修整器
1—驱动减速箱　2、5—轴承座　3—金刚石滚轮　4—滚轮轴

本章教学重点和难点

1. 数控磨床的特点及分类。
2. 数控端面外圆磨床的用途、特点及部件结构。
3. 数控坐标磨床的各坐标轴及运动，机床部件结构。
4. 数控强力成形磨床的用途、特点及部件结构。

复习思考题

1. 简述数控磨床的特点。

2. 简述数控磨床的用途。

3. 按照工艺用途数控磨床分为哪几类？各有何用途？

4. HAUSER S35-400 数控坐标磨床有哪几个坐标轴？有几个坐标轴可以联动？

5. 简述在数控坐标磨床上，何谓行星运动？在 X、Y 轴联动作平面曲线插补运动时，C 轴和 U 轴是处于何种状态？

6. 何谓强力成形磨削？简述强力成形磨削的特点。

7. MKL7150 × 16/2 数控强力磨床有哪几个坐标轴？其中哪几个坐标轴可以联动？

第七章　数控机床的安装、验收、维护与故障排除

第一节　数控机床的选型

一、确定被加工工件

数控机床种类繁多，不同类型的数控机床具有不同的使用特点。数控机床只有在一定的工作条件下加工一定的工件，才能达到最佳的加工效果。因此，在确定购买对象之前，应该首先确定被加工对象。

每一种型号的数控机床都有其各自的加工特点。例如：卧式数控车床适合轴向尺寸较长的轴类零件和小型盘类零件的车削加工；立式数控车床适合回转直径较大的盘类零件的加工；立式加工中心适合盘类零件和模具的加工；卧式加工中心适合箱体类零件的加工；龙门式加工中心适合大型工件的加工。如果在卧式加工中心上加工立式加工中心的典型零件，需要使用弯板或可调整夹具等夹具，这样会降低加工工艺系统的刚性，提高加工成本，降低经济效益；在立式加工中心上加工卧式加工中心的典型零件，需要制作多个夹具、进行多次装夹、多次倒换定位基准，这样会降低加工精度和加工效率，提高加工成本。

二、机床规格的选择

根据被加工工件的尺寸规格选用相应规格的数控机床。数控机床的主要规格包括工作台尺寸、各坐标轴的行程范围和主轴电动机功率。工作台的尺寸规格应该保证工件在工作台上能够顺利装夹；各坐标的有效行程范围保证被加工工件的每个被加工部位都能顺利完成加工；主轴电动机提供切削过程中所需的切削功率，保证切削顺利进行。加工中心的工作台尺寸和每个坐标轴的行程都有一定的比例关系，如果机床工作台尺寸为：500mm×500mm，那么 X 轴的行程一般为 700～800mm，Y 轴为 550～700mm，Z 轴为 500～600mm，因此工作台的大小基本确定了加工空间的大小。选择数控机床时还应考虑工件与换刀空间的干涉、工作台回转时与防护罩等附件间的干涉以及机床工作台的承载能力等。此外，在选择主轴电动机时，以适用、合理为原则，不要将主轴电动机功率选择得过小或过大，功率太小不能满足加工要求，功率太大造成资源浪费。

三、机床精度的选择

选择数控机床的精度等级要根据被加工工件关键部位的加工精度的要求来确定。加工中心按精度分为普通型和精密型，其主要精度项目如表 7-1 所示。普通型数控机床可批量加工 IT8 级精度的工件；精密型数控机床加工精度可以达到 IT6 级，但是精密型数控机床对使用环境要求较为严格。普通型数控机床进给伺服驱动机构一般采用半闭环方式，

滚动丝杠受温度变化引起的伸长无法检测，因此会影响加工精度。精密型数控机床一般对丝杠采取预拉伸措施，这样不仅减小了丝杠的热变形，同时也提高了机床的传动精度。

表 7-1　加工中心精度

精度项目	普通型/mm	精密型/mm
直线定位精度	±0.01/全程	±0.005/全程
重复定位精度	±0.006	±0.002
铣圆精度	0.03～0.04	0.02

数控机床的各轴直线定位精度和重复定位精度综合的反映了该轴各运动元部件的综合精度。尤其是重复定位精度，它反映了该轴在全部行程内的任意一点的定位稳定性，这是衡量该轴能否稳定、可靠工作的基本指标。

在铣削过程中，铣圆精度是综合评价数控铣削类机床各轴的伺服跟随运动特性和数控系统插补功能的重要指标。在加工中等精度的典型工件时，一些大孔径圆柱面和大圆弧面可以采用高切削特性的立铣刀铣削。测定每一台机床的铣圆精度的方法是用一把精加工立铣刀铣削一个标准圆柱试件，中小型数控机床圆柱试件一般为 ϕ200mm～ϕ300mm。将铣削后加工得到的标准圆柱试件放在圆度仪上，测出加工圆柱的轮廓线，取其最大包络圆和最小包络圆，两者间的半径差即为数控机床的精度。

四、自动换刀装置和刀库容量的选择

自动换刀装置（ATC）的工作质量直接影响到整个数控机床尤其是加工中心的工作质量。ATC 的工作质量主要表现在换刀时间和故障率两方面。ATC 装置一般故障率比较高，而且价格大约是一台数控机床价格的 30%～50%，因此用户在选择 ATC 装置时最好在满足使用要求的条件下，尽量选择结构简单和可靠性高的 ATC。现在，随着数控机床零部件生产的专业化，ATC 的换刀时间大大缩短，故障率也明显较少，其质量有明显改善。

加工中心的刀库容量不宜选得太大，因为刀库容量越大，刀库结构就越复杂，成本越高，故障率也会相应地增加，刀具的管理也会越复杂。加工中心的制造厂家对同一规格的机床，通常设有不同换刀形式的刀库和 2～3 种不同容量的刀库供购买者选择。例如卧式加工中心换刀形式有无机械手换刀和有机械手换刀，刀库容量有 30、40、60、80 把等；立式加工中心换刀形式有无机械臂换刀和有机械臂换刀，刀库容量有 16、20、24、32 把等。用户在选定刀库容量时，可以根据被加工工件的工艺分析结果来确定所需刀具数。通常以满足一个零件在一次装卡中所需要刀具数量来确定刀库容量。当更换一种新的工件时，操作者要根据新的工艺资料对刀具进行重新安排。刀库中无关刀具越多，整理的工作量越大，也就越容易出现人为差错。

立式加工中心的刀库容量一般选 20 把左右为宜；卧式加工中心的刀库容量一般选 40 把左右为宜。对一些复杂工件，如果一次完成全部加工所需刀具数量超出现有刀库容量，可综合考虑工艺因素，如将粗、精加工分工序进行，插入热处理工序消除内应力和变形量，工件装夹倒换工艺基准等，这样把一个复杂工件分为几个加工程序进行加工，使每个加工程序所需刀具数量不超过刀库容量。但是，如果选用的加工中心准备用于柔性加工单元（FMC）或柔性制造系统（FMS）中，加工中心的刀库容量可以选的大一些，甚至可以选择可交换刀库。

五、数控系统的选择

数控系统的种类繁多。国产数控系统有华中数控，国外的数控系统有 FANUC、SIEMENS 等数控系统。为了使数控系统与数控机床相匹配，在选择数控系统时，应遵循以下几条基本原则。

（一）根据数控机床类型选择相应的数控系统

一般来说，不同类型的数控系统适用于车、铣、镗、磨、冲压等不同的加工类型，选择时要有针对性。

（二）根据数控机床的设计指标选择数控系统

数控系统的性能差别很大，价格上可相差数倍。选用时应该对系统的性能和价格等因素作一个综合分析，选用合适的系统，不能片面地追求高水平、新系统。

（三）根据数控机床的性能选择数控系统功能

一个数控系统具有很多功能，有的属于基本功能，系统中本来已经具备；有的属于选择性功能，由用户特定选择后由供方提供。数控系统生产厂对具有基本功能的系统定价便宜，而对有选择功能要求的系统却较贵。所以，对选择功能一定要根据机床性能需要加以选择，不可求全，否则许多功能用不上而使产品成本大幅度增加。

（四）订购系统时要考虑周全

订购时把需要的系统功能考虑全面，一次订全。对于那些价格增加不多，但对使用会带来许多方便的功能，应该适当配置齐全，附件也应成套配置，保证机床到厂后可立即投入生产。切忌因漏订功能而使机床功能降低或不能使用。用户选用数控机床数控系统种类不宜过多、过杂，否则会给使用和维护带来极大困难。

六、加工节拍与机床台数估算

根据已经确定的工件，分析其加工路线，在这个工艺路线中选择出准备在机床上加工的工序，对这些工序作工序节拍计算。

根据现用工艺参数，估算每道工序的切削时间（$t_{切}$），而辅助时间通常取切削时间的 10% ~20%。另外，机床每次换刀时间为 10 ~20s，n 为换刀次数，这样计算出单工序时间为

$$t_{单序} = t_{切} + t_{辅} + n\ (10-20)$$
$$= t_{切} + (10\% - 20\%)\ t_{切} + n\ (10-20)$$

按一年 250 个工作日、两班制计算，一天有效时间 14h 计算，就可以算出机床的年生产能力。算出工时和节拍后，考虑设计要求和工序平衡要求，可以重新调整加工中心的加工工序数量，修订工艺参数，以达到整个加工过程平衡。

选择机床时，要考虑的因素有许多，除上述各项外，还应对机床附件的配备、售后技术服务等全面考虑。

第二节 数控机床的安装与调试

数控机床的安装调试工作是指机床用户将机床安装到工作场地直至能正常工作的这一阶段所做的工作。对于小型的数控机床，这项工作比较简单，而大中型数控机床由于机床发货时已将机床解体成几部分，运达工作场地后要进行组装和重新调试，工作就较复杂。现以需要组装的加工中心为例介绍安装和调试过程。

一、加工中心的安装

（一）机床安装前的准备工作

在与机床制造厂签订购置数控机床的合同之后，即可向机床生产厂索取机床安装地基图、安装技术要求及整机用电量等有关接机准备工作的资料，并结合有关国标要求做好机床安装基础。一般小型数控机床，只对地平有一定的要求，不用地脚螺钉紧固，只用支承来调整机床的水平。而大中型机床一般都需要做地基，并用地脚螺钉紧固，精密机床还需要在地基周围做防振沟。

电网电压的波动应控制在 ±（10% ~15%）之间，否则应配置交流稳压器。数控机床应远离各种干扰源，如电焊机、中高频热处理设备和一些高压或大电流易产生火花的设备。数控机床不能安装在太阳直射到的地方，其环境温度与湿度应符合说明书规定，绝对不能安装在有粉尘产生的车间里。

（二）机床的初就位

机床运输到购买单位后，购买者在拆箱前要仔细观察包装箱是否完好无损，若包装箱有明显的损坏，应通知发货单位，会同运输部门查明原因，分清责任，必要时还需通过商检部门协调解决。

拆箱后，购买者首先找出随机文件资料，按其装箱单一一清点。看实物与其装箱单是否相符，同时进行外观检查。若合同规定由制造厂安装调试，则应及时通知制造厂派人员来进行此项工作。

由于加工中心一般都属于大中型数控机床，在出厂时一般都经过解体后分别装箱运输，到厂后须按说明书要求再重新拼装成整机。拼装时，先将机床各个部件在地基上分别就位，使垫铁、调整垫铁、地脚螺栓相应对号入座，并找正安装水平的基准面然后再进行组装。组装前要把导轨和滑动面、接触面上的防锈涂料清洗干净，并涂上一层薄润滑油。接着把机床各零部件按图样分别安装到主机上，如立柱、刀库安装到床身上，数控电气柜、交换台等按要求就位。安装中应特别注意对各结合面要仔细清理，去除由于磕碰而形成的毛刺，有精度要求的部件在组装过程中随时按要求找正。并注意组装时使用原来的定位销、定位块等定位元件，以保证下一步精度调整的顺利进行。部件组装完成后就要进行电缆、油管和气管的连接。机床说明书中有电气接线图和气、液管路图，应据此把有关电缆和管道按标记一一对号接好。连接时特别要注意清洁工作和可靠的接触及密封，并检查有无松动和损坏。电缆插上后一定要拧紧紧固螺钉，保证接触可靠。油管、气管连接中要特别防止异物从接口进入管路，造成整个液压系统、气压系统故障。管路连接时每个接头都要拧紧，否则在试车时，尤其在一些大的分油器上如有一根管子漏油，往往需要拆下一批管子，返修工作量很大。电缆和油管、气管连接完毕后，要做好各管线的就位固定。此外，防护罩壳的安装要保证稳固，外观整齐。

（三）数控系统的连接与调整

1. 数控系统的开箱检查

数控系统到货开箱后都应进行仔细检查。检查包括系统本体和与之配套的进给速度控制单元和伺服电动机、主轴控制单元和主轴电动机。检查它们的包装是否完整无损，实物和订单是否相符。此外还应检查数控柜内各插接件有无松动，接触是否良好。

2. 数控系统的连接范围

机间接线、各装置间接线采用电缆及连接器连接。电缆及连接器的用途、名称、规格、代号及电缆长度在数控系统制造厂的连接手册中有详细说明。各装置间的连接有：CNC 和电源连接，CNC 和 CRT/MDI 面板连接，CNC 与位置编码器的连接，CNC 与手摇脉冲发生器的连接，CNC 和 I/O 驱动的连接，CNC 与伺服驱动装置的连接，CNC 和主轴驱动装置的连接等。以上连接应严格按照数控系统制造厂连接手册规定进行。

3. 信号规定、信号地址表及信号明细

（1）输入信号规定　本规定针对数控系统与机床之间的往来信号。在设计强电线路及操作面板时应予考虑。

1）直流电流输入信号 A：该信号是从机床送到数控系统的信号。信号来自按钮、限位开关、继电器触点或接近开关。机床侧的触点容量大于 DC30V，16mA。当电路断开时，触点间漏电流小于 1mA（26.4V 电压）；当电路闭合时触点间电压降小于 2V（8.5mA 电流）。接收器的输出信号相对于输入信号的延迟时间为 5 ~ 22ms。

2）直流电流输入信号 B：该信号是从机床以高速传送到数控系统的信号。触点容量、漏电流规定同上，而接收器输出信号相对于输入信号的延迟时间最大为 2ms。

（2）输出信号规定

1）继电器输出信号 A：这种信号是由数控系统送到机床的信号，用于指示灯显示、驱动继电器。数控系统常用继电器输出，其规定为：触点额定电压 50V 以下，触点额定电流 DC500mA 以下，触点容量 5VA 以下，抖动时间 1ms 以下。

2）直流电流输出信号 B：该信号是由数控系统传输到机床的信号，用于驱动机床侧继电器和指示灯显示。数控系统用光电耦合器输出，其规定为：接点额定电压 DC30V 以下，触点的额定电流 40mA 以下，漏电流 100μA 以下，饱和电压 2V 以下。数控系统晶体管输出，其规定为：当输出接通时，最大负载电流小于或等于 200mA，饱和电压最大 1.6V（负载电流 200mA）；当输出断开时，电压小于或等于 24V（1 +20%），漏电流小于 100μA。

（3）信号地址表及明细　信号明细将数控系统使用的信号按项目代号、信号名称、符号及信号种类列成一览表，供用户查阅。

4. 数控系统的调整

数控系统在安装时的调整，可按下列步骤进行：

（1）检查控制单元与伺服系统的外观　检查 MDI/CRT 单元、手动操作面板、PCB 板和速度控制单元有无松动和破损。检查电缆线及连接器是否紧固，有无破损。

（2）检查螺钉紧固端子的连接　检查电源输入单元及电源单元端子板、输入变压器及伺服变压器的端子等连接是否正确和紧固。

（3）外部电缆的连接　外部电缆连接是指数控装置与外部 LCD/CRT 单元、强电柜、机床操作面板、进给伺服电动机动力线与反馈线、主轴动力线与反馈线的连接以及与手摇脉冲发生器等的连接。应使这些连接符合随机提供的连接手册的规定。最后检查数控柜和强电柜是否等电位接地。地线要采用一点接地型，即辐射式接地法，如图 7-1 所示。这种接地法要求将数控柜中的信号地、强电地、机床地等连接到公共接地点上，而且，数控柜与强电柜之间应有足够粗的保护接地电缆，如截面积为 5.5 ~ 14mm² 的接地电缆。而总的公共接地点必须与大地接触良好，一般要求接地电阻小于 4 ~ 70Ω。

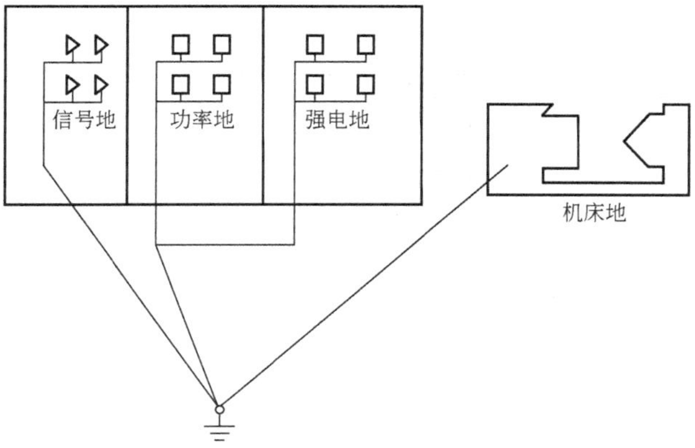

图 7-1　一点接地法

（4）数控系统电源线的连接　应在切断数控柜电源开关的情况下，连接数控柜电源变压器输入电缆。检查电源变压器和伺服变压器的绕组抽头连接是否正确。尤其是进口的数控系统或数控机床更是如此，因为有些国家的电源电压等级与我国不一致。

（5）检查连接器和印制电路板　检查插头紧固螺钉是否紧固，插座和插头是否吻合，电路板安装是否牢固。

（6）设定的确认　数控系统内的印制电路板上有许多短路棒短路的设定点，需要对其适当设定以适应各种型号机床的不同控制要求。一般来说，用户购入的整台数控机床，这项设定已由机床制造厂完成，用户只需确认一下即可。但对于单体购入的数控装置，用户则必须根据需要自行设定。因为数控装置出厂时是按照标准方式设定的，不一定适合具体用户的要求。设定确认工作应按随机维修说明书的要求进行。设定确定的内容随数控系统而异，一般有以下三个方面：

1）确认控制部分印制电路上的设定。主要确认主板、ROM 板、连接单元、附件轴控制板以及旋转变压器或感应同步器控制板上的设定。这些设定与机床返回基准点的方法、速度反馈用检测元件、检测增益调节及分度精度调节等有关。

2）确认速度控制单元印制电路上的设定。在直流速度控制单元和交流控制单元上都有许多设定点，用于选择检测元件种类，回路增益以及各种报警等。

3）确定主轴控制单元印制电路上的设定。无论是直流或是交流主轴控制单元上，均有一些用于选择主轴电动机电流极限和主轴转速等的设定点。但数字式交流主轴控制单元上已用数字式代替短路棒设定，故只能在通电时才能进行设定和确认。

（7）输入电源电压、频率及相序的确认

1）检查确认变压器的容量是否满足控制单元和伺服系统的电能消耗。

2）检查电源电压波动范围是否在数控系统的允许范围之内。

3）对于采用晶闸管控制元件的速度控制单元和主轴控制单元的供电单元，一定要检查相序。在相序不对情况下接通电源，可能使速度控制单元的输入保护器件烧毁。

相序检查方法有两种：一种是用相序表测量，当相序接法正确时，相序表按顺时针方向旋转，如图 7-2a 所示；另一种是用双线示波器来观察两相之间的波形，如图 7-2b 所示，两相波形在相位上相差 120°。

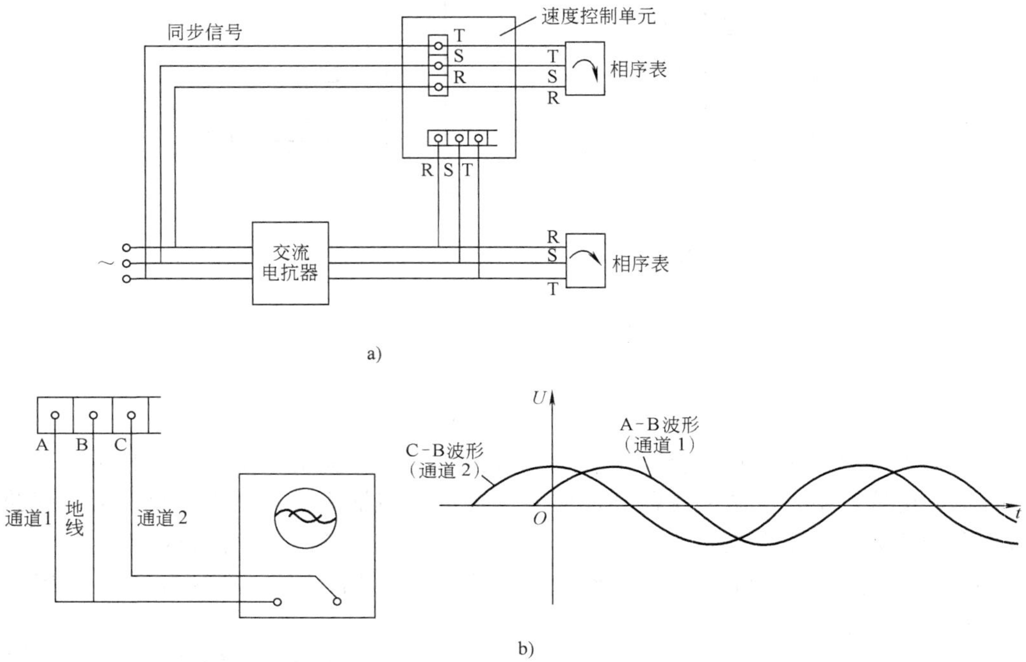

图 7-2　项序测量

a）项序表法　b）示波器法

（8）确认直流电源单元的电压输出端是否对地短路　各种数控系统内部都有直流稳压电源单元，为系统提供所需的 +5V、±12V、+24V 等直流电压。因此，在系统通电前，应检查这些电源的负载是否有对地短路现象。通常用万用表来确认。

（9）接通数控柜电源，检查各输出电压　在接通电源之前，为了确保安全，可先将电动机动力线断开。这样，在系统工作时不会引起机床的运动。但是，应根据维修说明书的介绍对速度控制单元作一些必要的设定，不致因断开电动机动力线而造成报警。

接通电源之后，首先检查数控柜中各个风扇是否旋转，借此也可确认电源是否接通。检查各印制电路板上的电压是否正常，各种直流电压是否在允许的波动范围之内。一般来说，对 +5V 电源要求较高，波动范围在 ±5%，因为它是供给逻辑电路的。否则需通过电源单元的变阻器调整。

（10）速度控制单元的调整　确认伺服漂移、调整到位极限和位置偏移极限，一般脉冲编码器偏置电位计设置在 50%。过电流报警调整、电流极限设定、增益均按规定调整电位计。

（11）确认 CNC、机床侧接口　现代的数控系统一般都具有自诊断的功能。在 MDI/CRT 单元上可以显示出 CNC 到机床接口及 CNC 内部的状态。在带有可编程序控制器（PLC）时，可以反映出从 NC 到 PLC，从 NC 到 MT（机床）以及从 MT 到 PLC，从 PLC 到 NC 的各种信号状态。至于各个信号的含义及相互逻辑关系，随每个 PLC 的梯形图（即顺序程序）而异。用户可根据机床厂提供的梯形图说明书（内含诊断地址表），通过自诊断画面确认数控系统与机床之间的接口信号状态是否正确。如 FAUNC 数控系统通过 DGN 和数据号可显示状态信息，如表 7-2 所示。

表 7-2　FAUNC 数控系统接口状态信息表

诊断号	位 7	位 6	位 5	位 4	位 3	位 2	位 1	位 0
0700	—	CSCT	CITL	COVZ	CINP	CDWL	CMTN	CFIN

表 7-2 中，CFIN 为“1”表示正在执行 M、S、T 功能；CMTN 为“1”表示正在执行自动运行指令；CDWL 为“1”表示正在执行暂停；CINP 为“1”表示正在进行到位检测；COVZ 为“1”表示倍率为 0%；CITL 为“1”表示互锁信号接通；CSCT 为“1”表示等待主轴速度到达信号接通。

（12）确认参数和设定数据　设定系统参数（包括 PLC 参数等）的目的，是当数控系统与机床相连接时，能使机床具有最佳的工作性能。即使是同一种数控系统，其参数设定也因机床而异。随机附带的参数表是机床的重要技术资料，应妥善保管，不得遗失，否则将给机床的维修和恢复性能带来困难。

显示参数的方法，随各类数控系统而异，大多数可通过按压 MDI/CRT 单元上的“PARAM”（参数）键来显示已存入数控系统存储器的参数。显示的参数内容与机床安装完成后的参数表一致。

如果所选用的进给和主轴控制单元是数字式的，那么它的设定也都是数字设定参数，而不是用短路棒。此时，须根据随机所带的参数对照表，予以确认。

完成上述步骤，可以认为数控系统已经调整完毕，具备了与机床联机通电试车的条件。此时，可切断数控系统的电源，连接电动机的动力线，恢复报警设定。

（四）通电试车

按机床说明书要求给机床润滑油箱、润滑点灌注规定的油液和油脂，清洗液压油箱及过滤器，灌入规定标号的液压油。液压油事先要经过过滤，接通外界输入的气源。

机床通电操作可以是一次性全面供电，或各部件分别供电，然后再作总供电试验两种类型。分别供电比较安全，但时间较长。通电后首先观察有无报警故障，然后用手动方式陆续起动各部件。检查安全装置是否起作用，能否达到额定的工作指标。例如起动液压系统时判断液压泵电动机转动方向是否正确，液压泵工作后液压管道中是否形成油压，各液压元件是否正常工作，有无异常噪声，各接头有无渗漏，液压系统冷却装置能否正常工作等。总之，根据机床说明书资料粗略检查机床各主要部件，功能是否正常、齐全，使机床各环节都能操作运动起来。然后，调整机床的床身水平，粗调机床的主要几何精度，再调整重新组装的主要运动部件与主机的相对位置，如机械手、刀库与主机换刀位置的校正，APC 托盘站与机床工作台交换位置的找正等。这些工作完成后，就可以用快干水泥灌注主机和各附件的地脚螺栓，把各个预留孔灌平，等水泥完全干固后，就可以进行下一步工作。

在数控系统与机床联机通电试车时，虽然数控系统已经确认工作正常无任何报警，但为了预防万一，应在通电的同时，做好按压急停按钮的准备，以备随时切断电源。例如，伺服电动机的反馈信号线接反了或断线，均会出现“飞车”现象，这时就需要立刻切断电源，检查接线是否正确。在正常情况下，电动机首次通电的瞬间，可能会有微小的转动，但系统的自动漂移补偿功能会使电动机轴立即返回。此后，即使电源再次断开、接通，电动机轴也不会转动。可以通过多次通断电源或按急停按钮的操作，观察电动机是否转动，从而也确认系统是否有自动漂移补偿功能。

在检查机床各轴的运转情况时，应用手动连续进给方式移动各轴，通过 CRT 或 DPL（数字显示器）的显示值检查机床各部件的移动方向是否正确。如方向相反，则将电动机动力线及检测信号线反接即可。然后检查各轴移动距离是否与移动指令相符。如不符，应检查有关指令、反馈参数以及位置控制环增益等参数设定是否正确。随后，再用手动进给，以低速移动各轴，并使它们碰到行程开关，用以检查超程限位是否有效，数控系统是否在超程时发出报警。

最后还应进行一次返回机械原点动作。机床的机械原点是以后机床进行加工的程序编制的基准位置，因此，必须检查有无机械原点功能以及每次返回机械原点的位置是否完全一致。

二、加工中心的调试

1. 机床主体几何精度的调试

在机床安装到位粗调的基础上，还要对机床进行进一步的微调。在已经固化的地基上用地脚螺栓和垫铁精调机床床身的水平，找正水平后移动床身上的各运动部件（立柱、主轴箱和工作台等），观察各坐标全行程内机床水平的变化情况，并相应调整机床，保证机床的几何精度在允许范围之内。使用的检测工具有精密水平仪、标准方尺、平尺及光学准直仪等。在调整时，主要以调整垫铁为主，必要时可稍微改变导轨上的镶条和预紧滚轮等。一般来说，只要机床质量稳定，通过上述调试可将机床调整到出厂精度。

2. 换刀动作的调试

加工中心的换刀动作是一个比较复杂的动作，根据加工中心刀库的结构形式，一般加工中心实现换刀的方法有两种：使用机械手换刀和由伺服轴控制主轴头换刀。

（1）使用机械手换刀　使用机械手换刀时，让机床自动运行到刀具交换的位置，用手动方式调整装刀机械手和卸刀机械手与主轴之间的相对位置。调整时，在刀库中的一个刀位上安装一个校验芯棒，根据校验芯棒的位置精度检测和抓取准确性，确定机械手与主轴的相对位置，有误差时可调整机械手的行程，移动机械手支座和刀库位置等，必要时还可以修改换刀位置点的设定（改变数控系统内与换刀位置有关的 PLC 整定参数）。调整完毕后紧固各调整螺钉及刀库地脚螺钉，然后装上几把接近规定允许重量的刀柄，以规定的运动速度进行多次从刀库至主轴的往复自动交换，要求动作准确无误，不撞刀、不掉刀。

在调整中，首先分别调整机械手的动作、刀库的动作和主轴头的动作。机械手的动作是还刀过程和装刀过程；刀库的动作是根据数控系统的控制指令实现指令刀号刀具的选定及输送；主轴头的动作是按预定的坐标位移将主轴头移动到换刀点。在还刀时，数控系统的 PLC 程序按照最短路径选取空刀位，用来存放主轴头上的刀具，同时改写 PLC 数据序列中相应刀库刀位中的刀具刀号，在这一类型的刀库中刀位号和刀具号不是一一对应固定不变的。

换刀动作的调试主要是协调机械手、刀库和主轴头三者之间的动作关系。为使动作能够顺利进行，在每一个动作的分解步骤执行完毕时应进行位置或行程的检测，并在分解步骤完成后，加上可调整的延时环节，以调整机械动作迟滞电气控制信号和动作稳定性对换刀过程带来的影响。

（2）由伺服轴控制主轴头换刀　在中小型加工中心上，用伺服轴控制主轴头直接换刀的方案较多见，常用在刀库刀具数量较少的加工中心上。

由主轴头代替机械手的动作实现换刀，由于减少了机械手，使得加工中心换刀动作的控制简单，制造成本降低，安装调试过程相对容易。这一类型的刀库，刀具在刀库中的位置是固定不变的，即刀具的编号和刀库的刀位号是一致的。

这种刀库的换刀动作可以分为两部分：刀库的选刀动作和主轴头的还刀和抓刀动作。

刀库的选刀动作是在主轴还刀以后进行，由 PLC 程序控制刀库将数控系统传送的指令刀号（刀位）移动至换刀位。

主轴头实现的动作是还刀—离开—抓刀。

安装时，通常以主轴部件为基准，调整刀库刀盘相对于主轴端面的位置。调整中，在主轴上安装标准刀柄（如 BT40 等）的校验芯棒，以手动方式将主轴向刀库移动，同时调整刀盘相对于主轴的轴向位置，直至刀爪能完全抓住刀柄，并处于合适的位置，记录下此时的相应的坐标值，作为自动换刀时的位置数据使用。调整完毕，应紧固刀库螺栓，并用锥销定位。

当用主轴头实现换刀动作时，除刀库选刀动作外，其他位移动作均由伺服轴驱动主轴头完成，因伺服驱动灵敏度高且换刀动作的负荷很小，动作速度一般较快。为避免发生动作之间的干涉，通常在每一个分解动作结束后，增加一个动作时间延迟（0.5～1s）。

3. 交换工作台调试

带 APC（交换工作台）的加工中心通常有两个工作台，在工作中可以实现双工作台的自动交换，使工件安装辅助时间和工件加工时间重合，提高机床的生产效率。

加工中心的双工作台进行交换时，数控系统控制伺服轴把安装工作台的鞍座移动到交换位置（工作台的交换位置数据由数控系统在可以重复设定的 PLC 数据串中读取，其设定最小单位为 0.001mm），由交换机构的托盘将两个工作台同时托起，旋转 180°，再落下，即完成双工作台的交换。

交换机构在安装时，要调整托盘的定位装置，使其能准确地将定位销钉插入在交换位置的工作台底面的销钉孔。

交换机构的抬起使用气动或液压驱动，调试中应根据工作情况调整流体传动系统的流量和压力，使交换机构能平稳上升平稳下降，在终点不会出现较大的冲击现象。交换机构的终点位置可以使用压力元件检测也可以使用行程元件检测。

交换机构的旋转动作可以使用多种传动方案：液压、电动驱动。交换机构安装完毕，先进行空载情况下的自动交换调整，当动作完成准确无误后，在工作台面上装上 70% ~ 80% 的额定负载，进行多次自动交换动作，达到正确无误后紧固各有关螺钉。

4. 伺服系统的调试

伺服系统在工作时由数控系统控制，是数控机床进给运动的执行机构。伺服系统运转时，接受数控系统的控制指令，并根据用户设定的速度控制要求，自动控制伺服电动机按照预先设定的加减速时间常数完成进给运动的控制。伺服电动机的运转位置反馈可以采用光栅尺闭环控制，也可以使用伺服电动机内置的高精度编码器实现半闭环控制。伺服系统的工作模式设定为速度控制模式。

为使数控机床有稳定高效的工作性能，必须调整伺服系统的性能参数使其与数控机床的机械特性匹配，同时在数控系统中设定伺服系统的位置控制性能要求，使处于速度控制模式的伺服系统可靠工作。

5. 主轴准停定位的调试

主轴准停是数控机床进行自动换刀的重要动作。在换刀时，准停动作使刀柄上的键槽能准确对正刀盘上的定位键，让刀柄以规定的状态顺利进入刀盘刀爪中；在抓刀时，实现准停后的主轴可以使刀柄上的两个键槽正好卡入主轴上用来传递转矩的端面键。

主轴的准停动作一般由主轴驱动器和安装在主轴电动机中用来检测位置信号的内置式编码器来完成；对没有主轴准停功能的主轴驱动器，可以使用机械机构或通过数控系统的 PLC 功能实现主轴的准停。下面简要介绍由 PLC 实现准停和由主轴驱动器实现准停的方法。

（1）数控系统 PLC 实现主轴准停　依靠数控系统的 PLC 实现主轴准停是在主轴驱动器无准停功能的情况下，对主轴控制功能的一种完善。其实准停的过程是依靠数控系统的 PLC 和主轴驱动器，在机械结构上，使用响应频率较高的非接触传感器，对主轴的周向位置进行检测，并将此信号传送至数控系统的 PLC，通过控制主轴驱动器实现准停。其控制过程为

1）PLC 模块接到数控系统发出的准停指令时，向数控系统发出以 PLC 数据串中最低速度值控制主轴驱动器旋转指令。

2）当旋转到位时，安装在主轴上的周向传感器会向 PLC 模块发出到位指令。

3）PLC 模块向主轴驱动系统发出零速度及正转和反转指令，控制主轴实现准停。使用该种方法实现主轴准停，需注意：

①　调整主轴的最低速度，不同的主轴传动系统，其转动惯量有较大的差别，实现准停的最低转速亦有所不同。在调整时，主轴最低转速应使主轴停于正确的位置，最低速度需多次试验方可确定。

②　安装在主轴部件上的周向传感器，应能够相对主轴检测点进行周向和轴向位置的调整，以便调整主轴准停动作的可靠性和准停位置。

③　主轴驱动器控制主轴电动机实现零速度运转时，因为零速度偏移，大多数情况不能完全停止，必须同时向主轴驱动器发出正转及反转信号，以抵消零速度偏移的影响。

④　换刀动作结束后应及时解除主轴准停动作，准停时虽然主轴处于停止状态，但主轴驱动器一直在工作，主轴电动机一直处于工作电压的作用下，解除准停即可使主轴

驱动器处于非运转状态。

⑤ 修改 PLC 模块，使主轴处于准停状态时，控制面板上正转和反转指示灯应熄灭，数控系统中正转和反转标志应确立，但不应发出报警信息。

（2）主轴驱动器实现主轴准停 主轴驱动器实现准停是新型正转驱动装置的标准功能，数控系统的 PLC 只需向主轴驱动器发出准停指令，驱动器本身即可完成定向准停。具有准停功能的驱动器，通过调整其内部参数设定，可以实现主轴在小于 0.10°范围内按给定位置实现准停。

主轴驱动器在调试时需要将与准停有关的参数按照设备的要求进行调节，在参数中储存有以十进制记录的电动机在准停时应转过的角度值（相对于编码器的零位线），单位为脉冲个数；角度的计数起点以编码器的零位线为基准，每转清零一次，最大计数值为 4096。在准停状态工作模式下，驱动器开始检测接收编码器电缆传送的脉冲信号，当零位线来到时，开始计数，当脉冲计数器数值等于参数数值时，控制电动机停机。

参数数值计算方法如下：

设准停角度为 90°。参数数值 = 4096 × 90/360 脉冲 = 1024 脉冲

设准停角度为 15°。参数数值 = 4096 × 15/360 脉冲 = 171 脉冲

6. 其他项目检测

仔细检查数控系统和 PLC 装置中参数设定值是否符合随机资料中的规定数据，然后试验各主要操作功能、安全措施、常用指令执行情况等。例如，各种运行方式（手动、点动、MDI、自动方式等）各级转速指令等是否正确无误。

检查辅助功能及附件的正常工作，例如机床的照明灯、冷却防护罩和各种护板是否完整，试验喷管是否能正常喷出切削液，在用防护罩条件下切削液是否外漏，排屑器能否正常工作，机床主轴箱的恒温油箱能否起作用等。

三、机床的试运行

加工中心安装调试完毕后，要求整机在一定负载条件下经过一段较长时间的自动运行，较全面地检查机床的功能及工作可靠性。运行时间尚无统一的规定，一般采用每天运行 8h，连续运行 2 ~ 3 天或 24h 连续运行 1 ~ 2 天。这个过程称作安装后的试运行。试运行中采用的程序叫考机程序，可以直接采用机床厂调试时用的考机程序或自行编制一个。下面为一个 FANUC 系统的考机程序：

01111（主程序 01111）

G92 X0 Y0 Z0（设定坐标系）

M98 P2222 L10（调用 02222 程序 10 次）

M30（程序结束）

02222（子程序 02222）

G90 G00 X350 Y-300 M03 S200（主轴正转 200r/min，在绝对坐标系下快速移动到（350，-300）点）

Z-200（快速向下移动到（350，-300，-200）点）

M05（主轴停止）

G01 Z-5 M04 S500 F100（主轴反转 500r/min，以 100mm/min 的速度移动到

（350，－300，－5）点）

X10　Y-10　F200（以200mm/min的速度移动到（10，－10，－5）点）

M05（主轴停止）

M06　T2（换2号刀）

G01　X300　Y-250　F300　M03　S3000　M05（主轴正转3000r/min，以300mm/min的速度移动到（300，－250）点）

Z-200　M04　S2000（主轴反转2000r/min，移动到（300，－250，－200）点）

G00　X0　Y0　Z0（快速移动到（0，0，0）点）

M05（主轴停止）

G01　X200　Y200　M03　S2500　F300

Z-100

G17　G02　I-30　JO　F500

M06　T10

G00　X10　Y10.0

M05

G28　Z0

X0　Y0

M99

考机程序中应包括：

1）主轴转动要包括标称的最低、中间及最高转速在内5种以上速度的正转、反转及停止等指令。

2）各坐标轴运动包括标称的最低、中间及最高进给速度及快速移动，进给移动范围应接近全行程，快速移动距离应在各坐标轴全行程的二分之一以上。

3）一般自动加工所用的一些功能和代码要尽量用到。

4）自动换刀应至少交换刀库中三分之二以上的刀号，而且取用刀柄重量应接近规定重量。

5）必须使用的特殊功能，如测量功能、APC交换功能和用户宏程序等。在试运行时间内，除操作失误引起的故障外，不允许机床有故障出现，否则表明机床的安装调试存在问题。

四、机床的性能检验

1. 主轴性能

（1）手动操作　选择高、中、低三挡转速，主轴连续进行5次正转和反转的起动、停止，检验其动作的灵活性和可靠性。同时，观察负载表上的功率显示是否符合要求。

（2）手动数据输入方式　使主轴由最低一级开始运转，逐级提高到允许的最高速，测量各级转速值，转速允差为设定值的±10%。进行此项检查的同时，观察机床的振动情况。主轴在2h高速运转后允许温升15℃。

（3）主轴准停　连续操作5次以上，检验其动作的灵活性和可靠性。有齿轮挂挡的主轴箱，应多次试验自动挂挡，其动作应准确可靠。

2. 进给性能

（1）手动操作　分别对 X、Y、Z 直线坐标轴（回转坐标 A、B、C）进行手动操作，检验正、反向的低、中、高速进给和快速移动的起动、停止、点动等动作的平稳性和可靠性。在增量方式，单次进给误差不得大于最小设定当量的 100%，累计进给误差不得大于最小设定当量的 200%。在手轮方式下，手轮每格进给的累计进给误差同增量方式。

（2）手动数据输入方式　通过 G00 和 G01 指令功能，测定快速移动及各进给速度，其允差为 ±5%。

（3）软硬限位　通过上述两种方法，还可检验各伺服轴在进给时软硬限位的可靠性。数控机床的硬限位是通过行程开关来确定的，一般在各伺服轴的极限位置，因此，行程开关的可靠性就决定了硬限位的可靠性。软限位是通过设置机床参数来确定的，限位范围是可变的。软限位是否有效可观察伺服轴在到达设定位置时，伺服轴是否停止来确定。

（4）回原点　用回原点方式，检验各伺服轴回原点的可靠性。

3. 自动换刀（ATC）性能

（1）手动和自动操作　刀库在装满刀柄的满负载条件下，通过手动操作运行和 M06T××指令自动运行，检验刀具自动交换的可靠性和灵活性，机械手抓取最大长度和直径刀柄的可靠性、刀库内刀号选择的准确性以及换刀过程的平稳性。

（2）刀具交换时间　根据技术指标，测定交换刀具的时间。

4. 自动交换工作台（APC）性能

在工作台装载设计额定负荷的条件下，通过手动操作和 M50 指令自动运行，检验工作台自动交换的准确性、可靠性、灵活性和平稳性。

5. 机床噪声

数控机床噪声包括主轴箱的齿轮噪声、主轴电动机的冷却风扇噪声、液压系统液压泵噪声、气压系统排气噪声等。机床空运转时，机床噪声不得超过国家标准规定的 85dB。

6. 润滑装置

检验定时定量润滑装置的可靠性，润滑油路有无泄漏，油温是否过高，以及润滑油路到润滑点的油量分配状况等。

7. 气、液装置

检查压缩空气和液压油路的密封，气液系统的调压功能及液压油箱的工作情况等。

8. 附属装置

检查冷却装置能否正常工作，排屑器的工作状况，冷却防护罩有无泄漏，接触式测量头能否正常工作。

9. 安全装置

检查对操作者的安全性和机床保护功能的可靠性。如各种安全防护罩、机床各运动坐标行程极限保护自动停止功能，各种电源电压过载保护和主轴电动机过热过负荷时紧急停止功能等。

五、数控功能的检验

1. 运动指令功能

检验快速移动指令和直线及圆弧插补指令的正确性。

2. 准备指令功能

检验坐标系选择、平面选择、暂停、刀具长度和半径补偿、镜像功能、极坐标功能、自动加减速、固定循环及用户宏程序等指令的准确性。

3. 操作功能

检验回原点、单段程序、程序段跳读、主轴和进给倍率调整、进给保持、紧急停止、主轴和切削液的起动和停止等功能的准确性。

4. CRT 显示功能

检验位置显示、程序显示、各种菜单显示以及编辑修改等功能的准确性。

第三节 数控机床的验收

机床的检验验收工作，是一项工作量大而复杂、试验和检测技术要求高的工作。它要用各种检测仪器和手段对机床的机、电、液、气各部分及整机进行综合性能及单项性能的检测，包括进行刚度和热变形等一系列机床试验，最后得出对该机床的综合评价。这项工作目前在国内还必须由国家指定的几个机床检测中心进行，才能得出权威性的结论意见。因此，这类检测验收工作只适合于新型机床样机和行业产品评比检验。

对一般的机床用户，其验收工作主要根据机床出厂检验合格证上规定的验收条件及实际提供的检验手段来部分地或全部地测定机床合格证上各项技术指标。如果各项数据都符合要求，用户应将数据列入该设备进厂的原始技术档案中，以作为今后维修时的技术指标依据。以下介绍用户在机床验收工作中要做的一些主要工作。

一、机床的几何精度检验

数控机床的几何精度是综合反映该设备的关键机械零部件和组装后的几何形状误差。数控机床的几何精度检查和普通机床的几何精度检查基本相似，使用的检测工具和方法也很相似，但是检测要求更高。

几何精度检测必须在地基完全稳定、地脚螺栓处于压紧状态下进行。考虑到地基可能随时间而变化，一般要求机床使用半年后，再复校一次几何精度。在几何精度检测时应注意测量方法及测量工具应用不当所引起的误差。在检测时，应按国家标准规定，即机床接通电源后，在预热状态下，机床各坐标轴往复运动几次，主轴按中等的转速运转十多分钟后进行。

常用的检测工具有精密水平仪、精密方箱、直角尺、光学准直仪、千分表、测微仪及高精度主轴心棒等。检测工具的精度必须比所测的几何精度高一个等级。

现以卧式加工中心的几何精度检测为例说明机床几何精度检测内容和方法。一台卧式加工中心几何精度检测项目有

1） X、Y、Z 坐标轴的相互垂直度；

2） 工作台面的平面度；

3） X、Z 轴移动时工作台面的平行度；

4） 主轴回转轴线对工作台面的平行度；

5）主轴在 Z 轴方向移动的直线度；

6）X 轴移动时工作台边界与定位基准面的平行度；

7）主轴轴向及径向跳动；

8）回转工作台精度。

二、机床的定位精度检验

数控机床的定位精度是测量机床各坐标轴在数控系统控制下所能达到的位置精度。根据实测的定位精度数值，可判断这台机床以后自动加工能达到的最好的加工精度。

定位精度主要检查内容有

1）直线定位精度（包括 X、Y、Z 轴）。

2）直线运动重复定位精度。

3）直线运动轴机械零点的返回精度。

4）直线运动失动量的测定。

5）回转运动的定位精度（转台 A、B、C 轴）。

6）回转运动的重复定位精度。

7）回转轴原点的返回精度。

8）回转轴运动失动量的测定。

测量直线运动的检测工具有：测微仪和成组块规、标准长度刻线尺和光学读数显微镜及双频激光干涉仪等。标准长度测量以双频激光干涉仪为准。回转运动检测工具有：360 齿精确分度的标准转台或角度多面体、高精度圆光栅及平行光管等。

1. 直线运动定位精度检测

直线运动定位精度一般都在机床和工作台空载条件下进行。常用检测方法如图 7-3 所示。对机床所测的每个坐标轴在全行程内，视机床规格，分为 20mm、50mm 或 100mm 间距正向和反向快速移动定位，在每个位置上测出实际移动距离和理论移动距离之差。

按国家标准和国际标准化组织的规定（ISO 标准），对数控机床的检测，应以激光测量为准，如图 7-3b 所示。但目前，许多数控机床生产厂的出厂检验及用户验收检测，还是采用标准尺进行比较测量，如图 7-3a 所示。这种方法的检测精度与检测技巧有关，较好的情况下检测误差可控制到 0.004 ~ 0.005/1000mm。而激光测量，测量精度可较标准尺检测方法提高一倍。

为了反映出多次定位中的全部误差，ISO 标准规定每个定位点按 5 次测量数据算出平均值和散差 $\pm 3\sigma$。所以这时的定位精度曲线已不是一条曲线而是一个由各定位点平均值连贯起来的一条曲线加上 $\pm 3\sigma$ 散差带构成的定位点散差带，如图 7-4 所示。在该曲线上得出正、反向定位时的平均位置偏差 $\bar{x}_j$、标准偏差 $\bar{S}_j$，则位置偏差 $A = (\bar{x}_j + 3\bar{S}_j)\max - (\bar{x}_j - 3\bar{S}_j)\min$。

此外，数控机床现有定位精度都是以快速定位测定，这也是不全面的。在一些进给传动链刚性不太好的数控机床上，采用各种进给速度定位时会得到不同的定位精度曲线和不同的反向死区（间隙）。因此，对一些质量不高的数控机床，即使有很好的出厂定位精度检查数据，也不一定能成批加工出高精度的零件。

另外，机床运行时正、反向定位精度曲线由于综合原因，不可能完全重合，甚至出

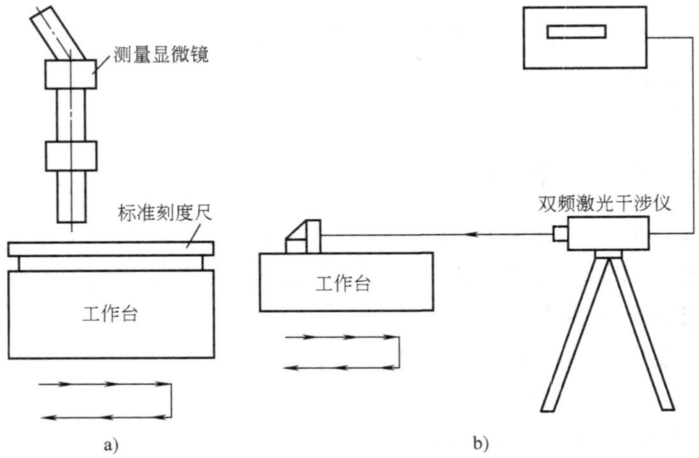

图 7-3　直线运动定位精度检测

a）标准尺比较测量　b）激光测量

现图 7-5 所示的几种情况。

1）平行形曲线（见图 7-5a）即正向曲线和反向曲线在垂直坐标系上很均匀地拉开一段距离，这段距离即反映了该坐标轴的反向间隙。这时可以用数控系统间隙补偿功能修改间隙补偿值来使正、反向曲线接近。

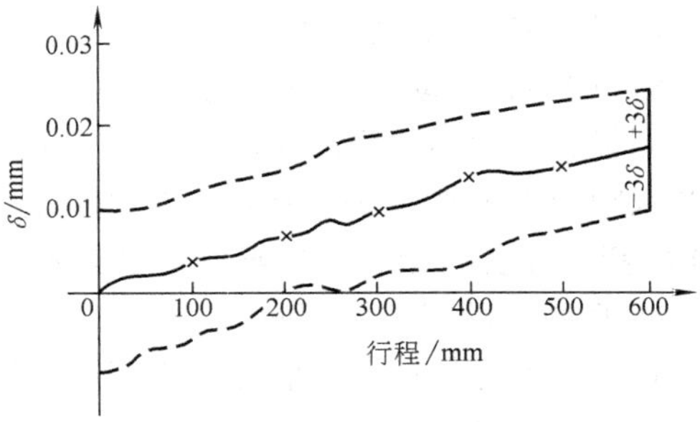

图 7-4　定位精度曲线

2）交叉形曲线和喇叭形曲线（见图 7-5b、图 7-5c）这两类曲线都是由于被测坐标轴上各段反向间隙不均匀造成的。滚珠丝杠在行程内各段间隙过盈不一致和导轨副在行程各段的负载不一致等是造成反向间隙不均匀的主要原因。反向间隙不均匀现象较多表现在全行程内一头松一头紧，结果得到喇叭形的正、反向定位曲线。如果此时又不恰当地使用数控系统的间隙补偿功能，就造成了交叉形曲线。

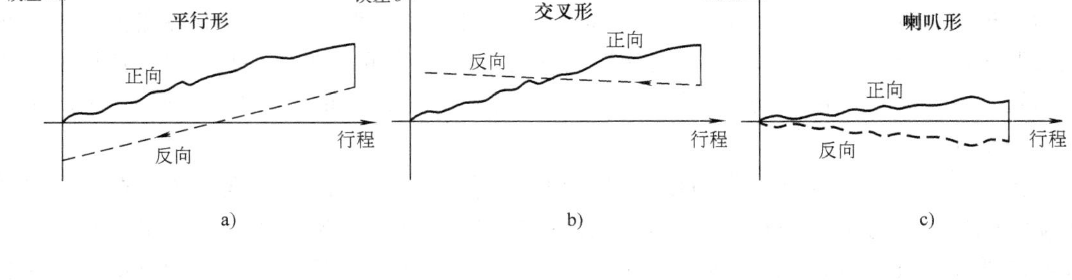

图 7-5　几种不正常定位精度曲线

测定的定位精度曲线还与环境温度和轴的工作状态有关。目前大部分数控机床都是半闭环伺服系统，它不能补偿滚珠丝杠的热伸长。热伸长能使定位精度在1m行程上相差0.01~0.02mm，为此，有些机床采用预拉伸丝杠的方法来减少热伸长的影响。

2. 直线运动重复定位精度的检测

重复定位精度是反映轴运动稳定性的一个基本指标。机床运动精度的稳定性决定着加工零件质量的稳定性和一致性。直线运动重复定位精度的测量可选择行程的中间和两端的任意三个位置作为目标位置，每个位置用快速移动定位，在相同条件下，从正向和反向进行5次定位，测量出实际位置与目标位置之差。如各测量点标准偏差最大值为S_{jmax}，则重复定位精度为$R=6S_{jmax}$。

3. 直线运动原点复归精度的检测

数控机床每个坐标轴都要有精确的定位起点，此点即为坐标轴的原点或参考点。为提高原点返回精度，各种数控机床对坐标轴原点的复归采取了一系列措施，如降速回原点、参考点偏移量补偿等。同时，每次机床关机之后，重新开机都要进行原点复归，以保证机床的原点位置精度一致。因此，坐标原点的位置精度必然比其他定位点精度要高。对每个直线轴，从7个位置进行原点复归，测量出其停止位置的数值，以测定值与理论值的最大差值作为原点的复归精度。

4. 直线运动失动量的检测

坐标轴直线运动的失动量，又称直线运动反向差，是该轴进给传动链上的驱动元件反向死区，以及各机械传动副的反向间隙和弹性变形等误差的综合反映，其测量方法与直线运动重复定位精度的测量方法相似。在所测量坐标轴的行程内，预先向正向或反向移动一个距离并以此停止位置为基准，再在同一方向给予一定的移动指令值，使之移动一段距离，然后再往相反方向移动相同的距离，测量停止位与基准位之差，如图7-6所示。在靠近行程的中点及两端的三个位置分别进行多次测定（一般为7次），求出各个位置上的平均值。如正向位置平均偏差为$\overline{X}_j\uparrow$，反向位置平均偏差为$\overline{X}_j\downarrow$，则反向偏差$B=|(\overline{X}_j\uparrow-\overline{X}_j\downarrow)|_{max}$。这个误差越大，即失动量越大，定位精度和重复定位精度就越低。一般情况下，失动量是由于进给传动链刚性不足，滚珠丝杠预紧力不够，导轨副过紧或松动等原因造成的。要根本解决这个问题，只有修理和调整有关元件。数控系统都有失动量补偿功能（一般称反向间隙补偿），最大能补偿0.20~0.30mm的失动量，但这种补偿要在全行程区域内失动量均匀的情况下，才能取得较好的效果。就一台数控机床的各个坐标轴而言，软件补偿值越大，表明该坐标轴上影响定位误差的随机因素越多，则该机床的综合定位精度不会太高。

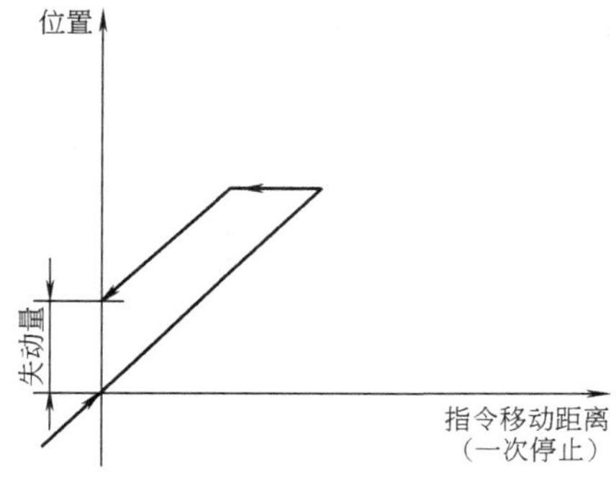

图7-6　失动量测定

5. 回转工作台定位精度的检测

以工作台某一角度为基准，然后向同一方向快速转动工作台，每隔30°锁紧定位，选用标准转台、角度多面体、圆光栅及平行光管等测量工具进行测量，正向转动和反向转动各测量一周。各定位位置的实际转角与理论值（指令值）之差即为分度误差。如工作台为数控回转工作台，则应以每30°为一个目标位置，再对每个位置正、反转进行快速定位5次，如平均位置偏差为$\overline{Q}_j$，标准偏差为$\overline{S}_j$，则数控回转工作台的定位精度误差为：$A=(\overline{Q}_j+3\overline{S}_j)_{max}+(\overline{Q}_j+3\overline{S}_j)_{min}$。

6. 回转工作台重复分度精度的检测

测量方法是在回转台的一周内任选三个位置正、反转重复定位三次，实测值与理论值之差的最大值为重复分度精度。对数控回转工作台，以每30°取一个测量点作为目标位置正、反转进行5次快速定位。如各测量点标准偏差最大值为S_{jmax}，则重复定位精度为$R=6S_{jmax}$。

7. 数控回转工作台失动量的检测

数控回转工作台的失动量，又称数控回转工作台的反向差，测量方法与回转工作台的定位精度测量方法一样。如正向位置平均偏差为$\overline{Q}_j\uparrow$，反向位置平均偏差为$\overline{Q}_j\downarrow$，则反向偏差$B=|(\overline{Q}_j\uparrow-\overline{Q}_j\downarrow)|_{max}$。

8. 回转工作台原点复归精度的检测

回转工作台原点复归的作用同直线运动原点复归的作用一样。复归时，从7个任意位置分别进行一次原点复归，测定其停止位置的数值，以测量值与理论值的最大差值为原点复归精度。

三、机床的切削精度检验

机床的切削精度检验，又称动态精度检验，其实质是对机床的几何精度和定位精度在切削加工条件下的综合评价。一般来说，切削精度检验可分单项加工精度检验和加工一个标准的综合性试件两种。

1. 单项精度检验

以加工中心为例，其切削精度单项检验内容如表7-3所示。

表7-3　加工中心切削精度检验

序号	检验内容		检验方法	公差/mm
1	镗孔精度	圆度	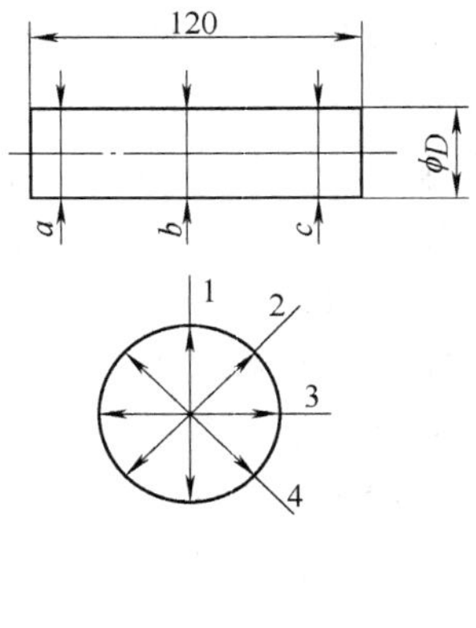	0.01
		圆柱度		0.01/100

（续）

序号	检验内容		检验方法	公差/mm
2	镗孔同轴度	同轴度	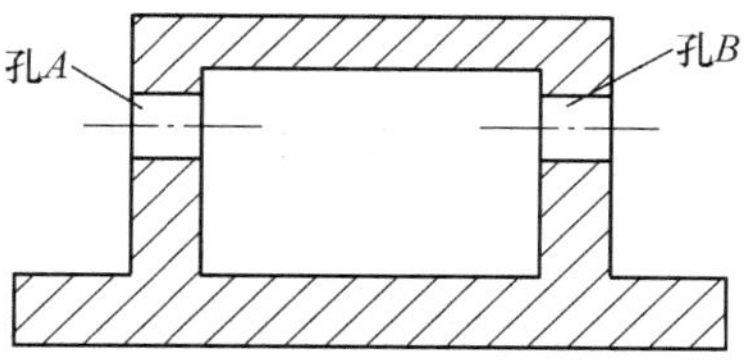	0. 02
3	端铣刀铣平面精度	平面度	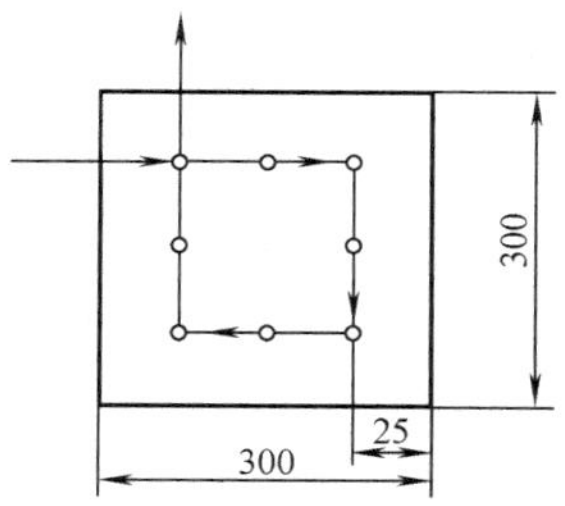	0. 01
		阶梯差		0. 01
4	端铣刀铣侧面精度	垂直度	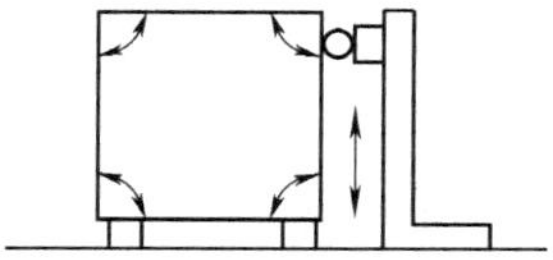	0. 02/300
		平行度		0. 02/300
5	镗孔孔距精度	X 轴方向	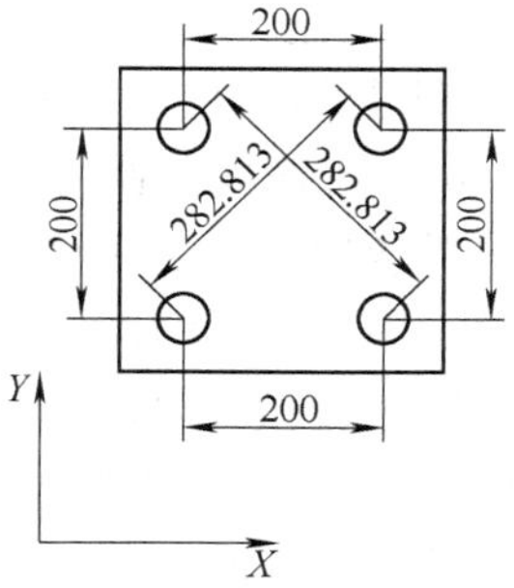	0. 02
		Y 轴方向		0. 03
		对角线方向		
		孔径公差		0. 01
6	立铣刀铣削四周面精度	直线度	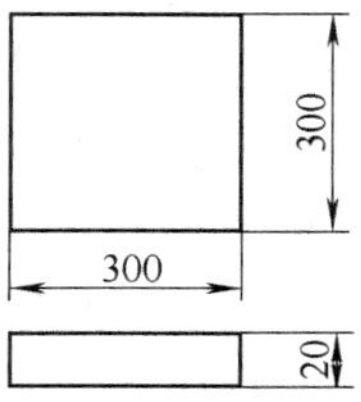	0. 01/300
		平行度		0. 02/300
		厚度差		0. 03
		垂直度		0. 02/300

（续）

序号	检验内容		检验方法	公差/mm
7	两轴联动铣削直线精度	直线度	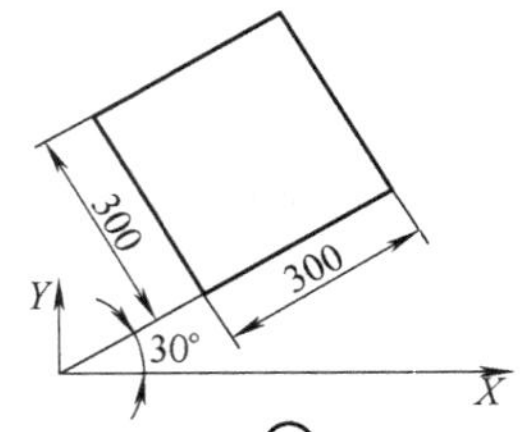	0.015/300
		平行度	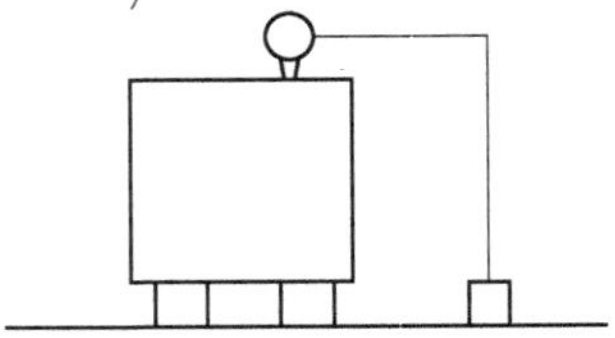	0.03/300
		垂直度	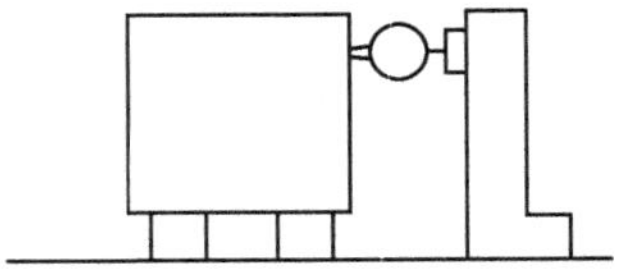	0.03/300
8	立铣刀铣削圆弧精度		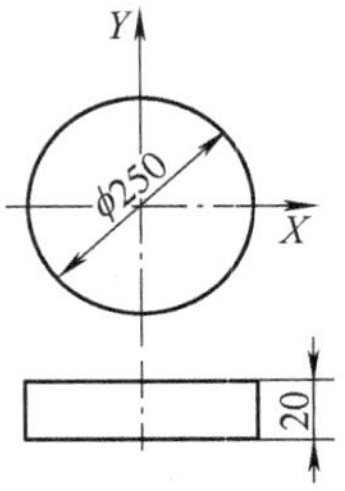	0.02

（1）镗孔精度　试件上的孔先粗镗一次，然后按单边余量小于0.2mm进行一次精镗，检测孔全长上 *a*、*b*、*c* 各截面的圆度、圆柱度和表面粗糙度。这项指标主要用来考核机床主轴的运动精度及低速走刀时的平稳性。

（2）镗孔的同轴度　利用转台180°分度，在两边各镗一个孔 *A* 和孔 *B*，检验两孔的同轴度，这项指标主要用来考核转台的分度精度及主轴对加工平面的垂直度。

（3）铣削平面精度　利用端铣刀铣削平面，按顺时针方向进行铣削，检验铣削平面的平面度、阶梯差，这项指标反映主轴在切削加工时沿 *Z* 向的跳动情况。

（4）侧面铣削精度　利用端铣刀对工件的四周轮廓铣削加工，检验相邻两边的垂直度，相对两边的平行度，这项指标反映，机床 *X* 轴与 *Y* 轴运动轨迹的垂直精度。

（5）镗孔的孔距精度和孔径分散度　镗孔孔距精度反映了机床的定位精度及失动量在工件上的影响，为此，精镗刀头必须保证加工100个孔以后的磨损量小于0.01mm，用这样的刀头加工，其切削数据才能真实反映出机床的加工精度。

（6）直线铣削精度　使 *X* 轴和 *Y* 轴分别进给，用立铣刀侧刃精加工件周边。该精度主要考核机床 *X* 向和 *Y* 向导轨运动几何精度。

（7）斜线铣削精度　用G01指令控制机床 *X* 和 *Y* 轴联动，用立铣刀侧刃精铣工件周边。该项精度主要考核机床的 *X*、*Y* 轴直线插补的运动品质，当两轴的直线插补功能或两轴的伺服特性不一致时，便会使加工工件的直线度、对边平行度等精度超差，有时即使几项精度不超差，但在加工面上出现很有规律的条纹，这种条纹在两直角边上呈现一边密，一边稀的状态，这是由于两轴联动时，其中某一轴进给速度不均匀造成的。

（8）圆弧铣削精度　用立铣刀侧刃精铣外圆表面，要求铣刀从外圆切向进刀，切向出刀，铣圆过程连续不中断。测量圆试件时，常发现如图 7-7a 所示的两半圆错位的图形，这种情况一般都是由一坐标方向或两坐标方向的反向失动量引起的；出现斜椭圆，如图 7-7b 所示，是由于两坐标的实际系统增益不一致造成的，尽管在控制系统上两坐标系统增益设置成完全一样，但由于机械部分结构、装配质量和负载等情况不同，也会造成实际系统增益的差异；出现圆周上锯齿行条纹，如图 7-7c 所示，其原因与铣斜四方出现条纹的原因类似。

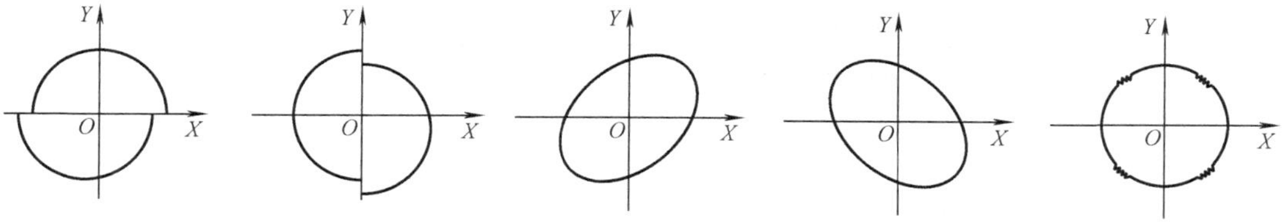

a)　　　　b)　　　　c)

图 7-7　圆弧切削精度

a）两半圆错位　b）斜椭圆　c）锯齿形条纹

（9）过载重切削　在切削负荷大于主轴功率 120% ~150% 的情况下，机床应不变形，主轴运转正常。

这里还要指出一点，现有机床的切削精度、几何精度及定位精度允差没有完全封闭，即要保证切削精度必须要求机床的定位精度和几何精度实际数值要比允差要高。例如一台中小型加工中心的直线运动定位允差为 ±0.01mm/300mm、重复定位允差 ±0.007mm、失动量允差 0.015mm，但镗孔的孔距精度要求为 0.02mm/200mm。不考虑加工误差，在该坐标定位时，若在满足定位允差的条件下，只算失动量允差加重复定位允差（0.015mm +0.014mm =0.029mm），即已大于孔距允差 0.02mm。所以，机床的几何精度和定位精度合格，切削精度不一定合格。

2. 综合试件检验

根据切削精度单项检验的内容，设计出一个具有包括大多数单项切削检验内容的加工试件，通过试件加工，确定机床的切削精度。这里以普通立式加工中心为例来说明（参照标准 JB/T8771—1998 加工中心检验条件第 7 部分：精加试件精度检验）。

（1）试件的形式、规格和数量　标准中提供了两种形式，且每种形式具有两种规格试件。试件的形式、规格和标志见表 7-4。

表 7-4　试件的形式、规格和标志

形式	名义规格/mm	标志
A 轮廓加工试件	160 320	试件 JB/T8771. 7-A160 试件 JB/T8771. 7-A320
B 端铣试件	80 160	试件 JB/T8771. 7-B80 试件 JB/T8771. 7-B160

原则上每种形式仅加工一种，在特殊要求情况下，根据需要决定加工试件数量。以如图 7-8 所示的 160 规格试件为例，介绍试件的定位、安装、加工及检测。

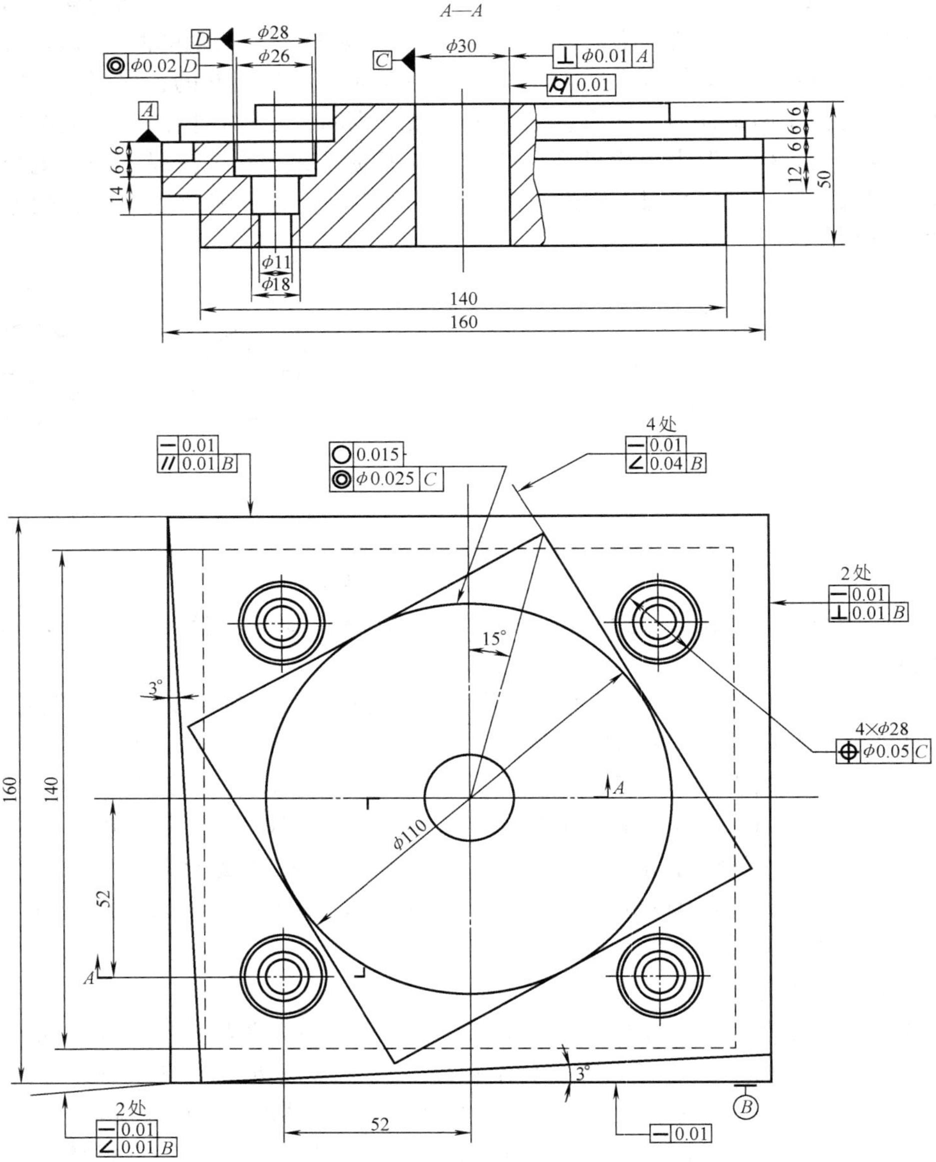

图 7-8　试件图

（2）试件的定位　试件应位于 X 行程的中间位置，并沿 Y 和 Z 轴在适合试件和夹具定位及刀具长度的适当位置放置。

（3）试件的固定　试件应在专用的夹具上安装方便，以达到刀具和夹具的最大稳定性。夹具定位面、夹持面和试件安装基面都应保证平直。安装时，应检验试件安装基面与夹具夹持面的平行度，应使用合适的夹持方法以便刀具能贯穿加工中心孔的全长。建议利用 ϕ11mm 和 ϕ18mm 孔，使用沉头螺钉紧固试件，以避免刀具和试件干涉。试件的总高度取决于所选用的固定方法。

（4）轮廓试件加工　该检测包括在不同轮廓上的一系列精加工，用来检查不同运动条件下的机床性能。即：仅一个轴进给、不同进给率的两轴直线插补、进给率非常低的两轴直线插补和圆弧插补。

因为是在不同的轴向高度加工不同的轮廓表面，因此在加工各轮廓表面时，应保持刀具与其下表面离开零点几毫米的距离以避免接触。

图 7-9　试件实体状态图

（5）刀具的选用　可选用直径为 ϕ32mm 的同一把立铣刀加工试件的所有外表面，所加工的试件实体状态图如图 7-9 所示。

（6）切削参数　推荐下列切削参数：

1）切削速度：铸铁件约为 50m/min；铝件约为 300m/min。

2）进给量：约为（0.05～0.10）mm/齿。

3）铣削深度：所有铣削工序精加工在径向切深应为 0.2mm。

（7）毛坯和预加工　毛坯底部为正方形底座，高度由安装方法确定。为使切削深度尽可能恒定，精加工前应进行粗加工。为方便试件定位，预加工出 ϕ11mm 和 ϕ18mm 孔。

（8）检验与允许轮廓试件检验其项目及检验方法如表 7-5 所示。

表 7-5　检验与允许轮廓试件检验项目及检验方法

检验项目		公差/mm		检验工具
		$L=320$	$L=160$	
中心孔	圆柱度	0.015	0.01	三坐标测量仪
	孔中心轴线与基准面 A 的垂直度	ϕ0.015	ϕ0.01	
正方形	侧面直线度	0.015	0.01	
	相邻面与基准面 B 的垂直度	0.020	0.01	
	相对面对基准面 B 的平行度	0.020	0.01	
菱形	侧面直线度	0.015	0.01	
	侧面对基准面 B 的倾斜度	0.020	0.04	
圆	圆度	0.020	0.015	
	外圆和内孔 C 的同轴度	ϕ0.025	ϕ0.025	
斜面	面的直线度	0.015	0.01	
	3°斜面对基准面 B 的倾斜度	0.020	0.01	
镗孔	4×ϕ28mm 孔相对于内孔 C 的位置度	ϕ0.05	ϕ0.05	
	内孔 ϕ26mm 与 ϕ28mm 孔的同心度	ϕ0.02	ϕ0.02	

第四节　数控机床的维护与故障排除

每台数控机床在运行一段时间后，某些元器件或机械部件难免出现一些损坏或故障现象。对于这种高精度、高效益且又昂贵的设备，如何延长元器件的寿命和零部件的磨损周期，预防各种故障，特别是将恶性事故消灭在萌芽状态，从而提高数控机床的平均无故障工作时间和使用寿命，一个重要的方面是要做好维护。做好预防性维护工作是使用数控机床的一个重要环节。

一、数控机床使用中应注意的问题

数控机床使用数控程序控制机床各个轴的运动，一旦执行数控程序，就不需要操作人员再对其进行干涉。在数控机床加工零件的过程中，由于数控系统或执行部件的故障造成的工件报废和安全事故，一般情况下，操作者是无能为力的。所以数控机床工作的稳定性、可靠性尤为重要，在使用数控机床时应注意以下问题：

1. 数控机床的使用环境

数控系统结构复杂，数控机床的工作环境、温、湿度变化较大，油污或粉尘对元件及印制电路板的污染、机械振动、电磁干扰，都会对信号传送通道的接插件和电子元器件产生影响，从而影响机床的正常运行。例如在一台加工中心旁边操作大功率磨床，由于电磁干扰会使数控系统发生故障而造成零件加工报废。所以对于数控机床最好使其置于有空调的环境和远离振动较大的设备（如有冲床）和有电磁干扰的设备。

2. 电源要求

数控机床对电源没有很高的要求，一般都允许波动 ±10%。但是，由于我国供电的具体情况，不仅电源波动幅度大（有时电压波动超过 ±10%），而且质量差，交流电源上往往叠加有一些高频杂波信号，用示波器可以清楚地观察到，有时还出现很大的瞬间干扰信号，破坏数控系统的程序或参数，从而影响数控系统的正常运行。数控机床采用专线供电或增设稳压装置（从低压配电室分一路单独供数控机床使用），都可以减少对供电质量的影响。

3. 数控机床的操作规程

操作规程是保证数控机床能否安全可靠运行的重要措施之一，数控机床操作者一定要按操作规程操作。例如对数控机床进行定期的维护、保养，出现故障注意记录、保护现场等。

4. 数控机床不宜长期封存

购买数控机床以后要充分利用，尽量提高机床的利用率，尤其是投入使用的第一年，更要充分利用，使其容易出故障的薄弱环节尽量早地暴露出来，故障的隐患尽可能在保修期内得以排除。另外，数控机床长期不用会使数控系统的电子元器件由于受潮等原因而变质或损坏。所以即使数控机床无生产任务，也要定期开机，利用机床本身的散热来降低机床内的湿度，以防止系统软件、参数丢失。

5. 注意培训和配备操作人员、维修人员及编程人员

数控机床是机、电、计算机各种技术复合于一体的高技术设备，任何不当的使用和操作都会对机床造成损坏。因此对相关人员素质要求较高。操作人员应具有一定的专业知识；维修人员应选择具有自动控制、计算机或机电一体化专业知识的人员担任；而编程人员因需具有机械加工和数学方面有关知识，则宜选择熟悉机械加工工艺并具有一定数学和计算机软件知识基础的人员加以培训后担任。

二、数控系统的维护

数控系统经过一段时间的使用，某些元器件可能会老化甚至损坏。为了尽量延长元器件的寿命和零部件的磨损周期，防止各种故障，特别是恶性事故的发生，就必须对数控系统进行日常的维护工作。具体的日常维护保养要求，在数控系统的使用、维修说明书中有明确的规定。概括起来，要注意以下几个方面：

1. 严格遵守操作规程和日常维护制度

数控系统的编程、操作和维修人员必须经过专门的技术培训，熟悉所用数控机床的数控系统的使用环境、条件等，能按机床和系统的使用说明书的要求正确、合理地使用，应尽量避免因操作不当引起的故障。通常，首次使用数控机床或由不熟练工人来操作，在使用第一年内，有三分之一的系统故障是由于操作不当引起的。同时，根据操作规程要求，针对数控系统各个部件的特点，确定各自保养条例，进行日常维护工作。例如有些地方需天天清理，有些部件需定时加油和定期更换。

2. 防止灰尘进入数控装置内

机加工车间内空气中漂浮的灰尘和金属粉末落在印制电路板和电器插件上，容易引起元器件间绝缘电阻下降，从而出现故障甚至元器件的损坏。有些数控机床的主轴控制系统装在强电柜中，强电门关的不严，是使电器元件损坏、主轴控制失灵的一个原因。在夏天气温比较高时，有些操作者通过打开数控柜门散热，或用风扇往数控柜内吹风，以降低数控柜内的温度，但此方法是不可取的，该方法只会加速数控系统的损坏。正确的方法是降低系统外部温度。因此，应该有严格规定，除非进行调整和维修，否则不允许随意开启电控柜门，更不允许在使用时敞开柜门。

3. 定时清扫数控柜的散热通风系统

为防止数控装置过热，应经常检查数控装置上各冷却风扇工作是否正常。应视车间环境状况，按照数控机床使用说明书中的规定，每半年或一个季度清扫检查一次。具体方法如下：

1）拧下螺钉，拆下空气过滤器。

2）在轻轻震动过滤器的时候，用压缩空气由里向外吹去空气过滤器内的灰尘。

3）过滤器太脏时，可用中性清洁剂（清洁剂和水的配方为5:95）冲洗（但不可揉擦），然后置于阴凉处凉干即可。

如果环境温度过高，造成数控柜内的温度超过55～60℃时，应及时加装空调装置，安装空调装置后，数控系统的可靠性有比较明显的提高。

4. 经常监视数控系统的电网电压

数控系统允许的电网电压范围在额定值的85%～110%，如果超出此范围，轻则使数控系统不能稳定工作，重则会造成重要的电子部件损坏。因此要经常注意电网电压的波动。对于电网质量比较恶劣的地区，应及时配置数控系统用的交流稳压装置，这将使故障率有比较明显的降低。

5. 定期更换存储器用电池

数控系统中部分CMOS存储器中的存储内容在关机时靠电池供电保持。一般采用锂电池或可充电的镍镉电池。当电池电压降到一定值时就会造成参数丢失。因此，要定期检查电池电压，当电池电压降到限定值时，机床就会报警提示操作人员更换电池，这时要及时更换电池。更换电池时一定要在数控系统通电状态下进行，这样才不会造成存储参数丢失。另外，为了防止参数丢失，可将数控系统中的参数事先备份，一旦参数丢失，在更换新电池后，可将参数重新传入。

6. 数控系统长期不用时的维护

数控机床应尽量避免长期不用。若数控机床长期不用，为了避免数控系统的损坏，也应对数控系统进行定期维护保养。应经常给数控系统通电或使数控机床运行温机程序。在空气湿度大的雨季应该天天通电，利用电器元件本身发热驱走数控柜内的潮气，以保证电子元器件的性能稳定可靠，而温机程序可使油膜均匀地覆盖在丝杠、导轨等部件上以达到保护目的。

7. 备用电路板的维护

印制电路板长期不用容易出现故障，因此对所购数控机床中的备用电路板，应定期装到数控系统中通电运行一段时间，以防止损坏。

三、机械部件的维护

数控机床的机械结构较传统机床的机械结构简单，但机械零部件精度却提高了，对于维护提出了更高要求。同时，由于数控机床还有刀库及换刀装置、液压和气动系统等，故使得机械部件维护的面更广，工作量更大。

1. 刀库及换刀机械手的维护

1）用手动方式往刀库上装刀时，要保证装到位，检查刀座上的锁紧是否可靠。

2）严禁把超重、超长的刀具装入刀库，防止机械手换刀时掉刀或刀具与工件、夹具等发生碰撞。

3）采用顺序选刀方式须注意刀具放置在刀库上的顺序是否正确，其他选刀方式也要注意所换刀具号是否与所需刀具一致，防止换错刀具导致事故发生。

4）注意保持刀具、刀柄和刀套的清洁。

5）经常检查刀库的回零位是否正确，检查机床主轴回换刀点位置是否到位，并及时调整，否则不能完成换刀动作。

6）开机时，应先使刀库和机械手空运行，检查各部分工作是否正常，特别是各行程开关和电磁阀能否正常动作，检查机械手液压系统的压力是否正常，刀具在机械手上锁紧是否可靠，发现不正常及时处理。

2. 滚珠丝杠副的维护

1）定期检查、调整丝杠螺母副的轴向间隙，保证反向传动精度和轴向刚度。

2）定期检查丝杠支撑与床身的连接是否松动以及支承轴承是否损坏，如有以上问题要及时紧固松动部位，更换支承轴承。

3）采用润滑脂的滚珠丝杠，每半年清洗一次丝杠上的旧油脂，更换新油脂。用润滑油润滑的滚珠丝杠，每天机床工作前加油一次。

4）注意避免硬质灰尘或切屑进入丝杠防护罩和工作过程中碰击防护罩，防护装置一旦有损坏要及时更换。

3. 主传动链的维护

熟悉数控机床主传动链的结构、性能和主轴调整方法，严禁超性能使用。

1）使用带传动的主轴系统，需定期调整主轴驱动带的松紧程度，防止因打滑造成的丢转现象。

2）注意观察主轴箱温度，检查主轴润滑恒温油箱，调节温度范围，防止各种杂质进人油箱，及时补充油量。每年更换一次润滑油，并清洗过滤器。

3）经常检查压缩空气气压，调整到标准要求值，足够的气压才能使主轴锥孔中的切屑和灰尘清理干净，保持主轴与刀柄连接部位的清洁。主轴刀具夹紧装置长时间使用后，会产生间隙，影响刀具的夹紧，需及时调整液压缸和活塞的位移量。

4）对采用液压系统平衡主轴箱重量的结构，需定期观察液压系统的压力，油压低于要求值时，要及时调整。

4. 液压系统维护

1）定期对油箱的油液进行取样化验，检查油液质量，定期过滤或更换油液。

2）定期检查冷却器和加热器的工作性能，控制液压系统中油液的温度在标准要求内。

3）定期检查更换密封件，防止液压系统泄漏。

4）定期检查清洗或更换液压件、滤芯，定期检查清洗油箱和管路。

5）严格执行日常检查制度，检查系统的泄露、噪声、振动、压力、温度等是否正常，将故障排除在萌芽状态。

5. 气动系统维护

1）选用合适的过滤器，清除压缩空气的杂质和水分。

2）注意检查系统中油雾器的供油量，保证空气中含有量的润滑油来润滑气动元件、防止生锈、磨损造成空气泄露和元件动作失灵。

3）定期检查更换密封件，保持系统的密封性。

4）注意调节工作压力，保证气动装置具有合适工作压力和运动速度。

5）定期检查、清洗或更换气动元件、滤芯。

四、故障分类

数控设备是技术密集型和知识密集型机电一体化产品，其技术先进、结构复杂，对于不同的数控系统虽然在结构和性能上有所区别，但在故障诊断的步骤和方法上还是有相似之处，因此了解数控装置和伺服系统故障诊断的步骤和方法是十分必要的。

数控系统常见的故障分类方法有以下几种：按数控机床发生故障的部件分类；按数控机床发生故障性质分类；按故障发生后有无报警显示分类；按故障发生原因分类。下面就对故障发生后有无报警显示这类故障作一介绍。

1. 有报警显示的故障

这类故障又可分为硬件报警显示和软件报警显示两种。

（1）硬件报警显示的故障　硬件报警显示通常是指各单元装置上的警示灯（一般由LED发光二极管或小型指示灯组成）的指示。在数控系统中有许多用以指示故障部位的警示灯，如控制操作面板、位置控制印制电路板、伺服控制单元、主轴单元、电源单元等部位常设有这类警示灯。一旦数控系统的这些警示灯指示故障状态后，借助相应部位上的警示灯均可大致分析判断出故障发生的部位与性质，这无疑给故障分析诊断带来极大方便。因此，维修人员日常维护和排除故障时应认真检查这些警示灯的状态是否正常。

（2）软件报警显示故障　软件报警显示通常是指 CRT 显示器上显示出来的报警号和报警信息。由于数控系统具有自诊断功能，一旦检测到故障，即按故障级别进行处理，同时在 CRT 上以报警号形式显示该故障信息。这类报警显示常见的有：存储器警示、过热警示、伺服系统警示、轴超程警示、程序出错警示、主轴警示、过载警示以及断线警示等，少则几十种，多则上千种，这无疑为故障判断和排除提供极大方便。

上述软件报警有来自 NC 的报警和来自 PLC 的报警。前者为数控部分的故障报警，可通过所显示的报警号，对照维修手册中有关 NC 故障报警及原因方面的内容，来确定可能产生该故障的原因。后者 PLC 报警显示由 PLC 的报警信息文本所提供，大多属于机床侧的故障报警，可通过所显示的报警号，对照维修手册中有关 PLC 故障报警信息、PLC 接口说明以及 PLC 程序等内容，检查 PLC 有关接口和内部继电器状态，确定该故障所产生的原因。通常，PLC 报警发生的可能性要比 NC 报警高得多。

2. 无报警显示的故障

这类故障发生时无任何硬件或软件的报警显示，因此分析诊断难度较大。例如：机床通电后，在手动方式或自动方式运行 X 轴时出现爬行现象，无任何报警显示。又如机床在自动方式运行时突然停止，而 CRT 显示器上无任何报警显示。还有在运行时机床某轴发出异常响声，一般也无报警显示。一些早期数控系统由于自诊断功能不强，尚未采用 PLC 控制器，无 PLC 报警信息文本，出现无报警显示的故障情况会更多一些。

对于无报警显示故障，通常要具体情况具体分析，要根据故障发生的前后变化状态进行分析。例如：上述 X 轴在运行时出现爬行现象，可首先判断是数控部分故障还是伺服部分故障。具体做法是：在手摇脉冲进给方式中，可均匀地旋转手摇脉冲发生器，同时分别观察比较 CRT 显示器上 Y 轴、Z 轴与 X 轴进给数字变化速率。通常，如数控部分正常，三个轴的上述变化速率应基本相同，从而可确定爬行故障是 X 轴的伺服部分或是机械传动所造成。

五、检测故障的原则

检测排除故障时应掌握以下原则：

1. 先外部后内部

数控机床是机械、液压、电气一体化的设备，故其故障的发生必然要从机械、液压、电气这三部分综合反映出来。数控机床的检修要求维修人员掌握先外部后内部的原则。即当数控机床发生故障后，维修人员应先采用望、闻、听、问等方法，由外向内逐一进行检查。比如：数控机床中，外部行程开关、按钮、液压气动元件以及印制电路板插头座、边缘插件与外部或相互之间的连接部位、电控柜插座或端子排这些机电设备之间的连接部位，因其接触不良造成信号传递失灵，是产生数控机床故障的重要因素。此外，由于工业环境中，温度、湿度变化较大，油污或粉尘对元件及电路板的污染，机械的振动等，对于信号传送通道的接插件都将产生严重影响。在检修中重视这些因素，首先检查这些部位就可以迅速排除较多的故障。另外，尽量避免随意地启封、拆卸。不适当地大拆大卸，往往会扩大故障，使机床丧失精度，降低性能。

2. 先机械后电气

数控机床是一种自动化程度高、技术复杂的先进机械加工设备，一般来讲，机械故障较易觉察，而数控系统故障的诊断则难度要大些。先机械后电气就是在数控机床的检修中，首先检查机械部分是否正常，行程开关是否灵活，气动、液压部分是否正常等。从实际经验来看，数控机床的故障中有很大部分是由于机械部分失灵引起的。所以，在故障检修之前，首先注意排除机械性的故障，这样往往可以达到事半功倍的效果。

3. 先静后动

维修人员本身要做到先静后动，不可盲目动手，应先询问机床操作人员故障发生的过程及状态，阅读机床使用说明书、图样资料，方可动手查找和处理故障。其次，对有故障的机床也要本着先静后动的原则，先在机床断电的静止状态，通过观察测试、分析，确认为非恶性循环故障，或非破坏性故障后，方可给机床通电。在运行工况下，进行动态的观察、检验和测试，查找故障。然而对恶性破坏性故障，必须先排除危险后，方可通电，在运行工况下进行动态诊断。

4. 先公用后专用

功能性的问题往往影响全局，而专用性问题只影响局部。如机床的几个进给轴都不能运动，这时应先检查和排除各轴公用的 CNC、PLC、电源、液压等公用部分的故障，然后再设法排除某轴的局部问题。又如电网或主电源故障是全局性的，因此一般应首先检查电源部分，看熔丝是否正常，直流电压输出是否正常。总之，只有先解决影响一大片的主要矛盾，局部的、次要的矛盾才有可能迎刃而解。

5. 先简单后复杂

当出现多种故障相互交织掩盖，一时无从下手时，应先解决容易的问题，后解决难度较大的问题。常常在解决简单故障的过程中，难度大的问题也可能变得容易了。或者在排除简易故障的过程中，对复杂故障的认识更为清楚，从而也有了解决办法。

6. 先一般后特殊

在排除某一故障时，要先考虑最常见的可能原因，然后再分析很少发生的特殊原因。

六、故障诊断的一般步骤

数控系统型号非常多，所产生的故障原因往往也比较复杂，这里介绍故障诊断的一般方法步骤，一旦故障发生，通常按以下步骤进行。

1. 调查现场，充分掌握信息

数控机床出现故障后，不要急于动手修理，首先应查看故障记录，向操作人员询问故障发生的全过程。在确认通电对系统和人员无危险的情况下，再通电检查。检查中应特别注意以下问题：

1）故障发生时的报警号和报警提示是什么？那些指示灯和发光管指示了什么报警？

2）如无报警，系统处于何种工作状态？系统的工作方式诊断结果是什么？

3）故障发生在哪个程序段？执行何种指令？故障发生前进行了何种操作？

4）故障发生在何种速度下？轴处于什么位置？与指令的误差值的误差量有多大？

5）以前是否发生过类似故障？现场有无异常现象？故障是否重复发生？

2. 分析故障原因

在进行现场调查，充分掌握了第一手信息的基础上再来分析故障原因。故障分析可采用归纳法和演绎法。归纳法是从故障原因出发搜索其功能联系，调查原因对结果的影响，即根据可能产生该故障的原因分析，看其最后是否与故障现象相符合来确定故障点。演绎法是从所发生的故障现象出发，对故障原因进行分割式的分析方法。即从故障现象开始，根据故障机理，列出多种可能产生该故障的原因，然后，对这些原因逐点进行分析，排除不正确的原因，最后确定故障点。

分析故障原因时应注意以下几点：

1）要在充分调查现场掌握第一手资料的基础上，把故障问题正确地列出来。

2）思路要开阔，无论是数控系统、强电部分，还是机、液、气等，都要将有可能引起故障的原因以及每一种可能解决的方法全部列出来，进行综合、判断和筛选。

3）在对故障进行深入分析的基础上，预测故障原因并拟订检查内容、步骤和方法。

七、常用的故障诊断技术

绝大部分数控系统都有诊断程序。所谓诊断程序就是对数控机床各部分包括数控系统本身进行状态或故障检测技术的软件。当数控机床发生故障时，可利用该诊断程序诊断出故障源所在范围或具体位置。数控系统故障诊断技术是当今数控系统的一项十分重要的技术，它是评价数控系统性能的一项十分重要的指标。随着微处理技术的快速发展，数控系统的自诊断能力越来越强。从原来简单的诊断，逐步向多功能和智能化方向发展。其报警种类，已由 10 ~ 20 种，增加到几千种。当数控系统一旦发生故障，借助系统的自诊断功能，往往可以迅速、准确地查到原因并确定故障部位。因此，对维修人员来说，熟悉和运用系统的自诊断功能是十分重要的。目前国内使用的各种数控系统的自诊断方法归纳起来大概分为三类。

1. 开机自诊断

数控系统通电后，系统内部自诊断软件对系统中最关键的硬件和控制软件，如数控装置中的 CPU、RAM、ROM 等芯片，EI、CRT、I/O 等模块、系统软件逐一进行检测，并将检测结果在 CRT 上显示出来。一旦检测不通过，即在 CRT 上显示报警信息或报警号，指出哪个部分发生了故障。只有当全部开机诊断项目都正常通过后，系统才进入正常运行准备状态。开机诊断通常在几十秒内完成，一般不超过 1min。上述开机诊断有些可将故障原因定位到电路板或模块上，有些甚至可定位到芯片上，如指出哪块 EPROM 出了故障，但不少情况仅将故障原因定位在某一范围内，维修人员需通过维修手册所指出的有关数种可能造成的原因及相应的排除方法中，找到真正的故障原因并加以排除。

2. 运行自诊断

运行自诊断是数控系统正常工作时，运行内部诊断程序，对系统本身、PLC、位置伺服单元与数控装置相连的其他外部装置进行测试、检查，并显示有关状态信息和故障信息。只要数控系统不断电，这种诊断就会反复进行，不会停止。

现代的数控系统具有丰富的运行诊断功能，CNC 系统的自诊断能力不仅能在 CRT 上显示故障报警信息，而且还能以多页的“诊断地址”和“诊断数据”的形式为用户提供各种机床状态信息。这些信息有：CNC 系统与机床之间的接口输入输出信号状态；CNC

与 PLC 之间输入输出信号状态；PLC 与机床之间输入输出信号状态；各轴位置的偏差值；MDI 面板、机床操作面板的状态信息等。常见的有：

（1）接口显示　为了区分故障发生在数控系统内部，还是发生在 PLC 或机床侧，有必要了解 CNC 和 PLC、或 CNC 和机床之间的接口状态以及 CNC 内部状态。通过这个诊断功能就能显示出接口信号是接通还是断开。

（2）内部状态显示　它又可分成许多部分：

1）由于外因造成不执行指令的状态显示：如 CNC 系统是否处于到位检查中；是否将进给速率设定为 0；是否处于机床锁定状态；是否处于等待速度到达信号接通；在螺纹切削时，是否处于等待主轴旋转信号；在主轴每转进给时，等待位置编码器的旋转等。

2）位状态显示：如系统是否处于急停状态或是处于外部复位信号接通等。

3）磁泡存储器异常状态显示。

4）位置偏差量的显示。

5）旋转变压器或感应同步器的频率检测结果显示，它可用于频率的调整。

6）伺服控制信息显示。

7）存储器内容显示等。

故障信息显示的内容一般有上百条，最多可达上千条。这许多信息大多以报警号和适当注释的形式出现。一般可分为几大类：①过热报警类；②系统报警类；③存储器报警类；④编程/设定类，这类故障均为操作、编程错误引起的软故障；⑤伺服类，即与伺服单元和伺服电动机有关的故障报警；⑥行程开关报警类；⑦印制电路板的连接故障类。

利用数控系统运行自诊断的状态信息检修数控机床，关键是要掌握所诊断的系统在正常工作下的状态信息，这些状态准确地反映了机床在工作过程中各部位信息。一旦发生故障，这些状态信息就要发生变化。通过这些变化，维修人员就能较为准确地定位故障起因，从而排除故障。它是维修人员排除故障的基本方法和手段。充分利用 CNC 系统提供的这些状态信息，就能迅速准确查明故障、排除故障。

3. 脱机诊断

当 CNC 系统出现故障或要判定系统是否真具有故障时，往往要停止加工和停机检查，这就叫脱机诊断。脱机诊断的主要目的是通过故障定位，力求把故障定位在尽可能小的范围内，例如缩小到某个模块，某个印制电路板上的某部分电路，某个芯片或器件，这种更为精确的故障定位，对于彻底修复故障系统是十分必要的。

离线诊断可以在现场，也可以在维修中心或 CNC 系统制造厂。

现代 CNC 系统脱机诊断用软件，一般多已与 CNC 控制软件一起存入 CNC 系统中，这样维修时更为方便。

八、故障诊断方法

由于数控系统所产生的故障千变万化，其原因往往比较复杂，而且目前国内所使用的数控系统，自诊断能力还不能对系统的所有部件进行测试，也不能将故障原因定位到具体的元器件上，往往是一个报警号指示众多故障原因，使维修人员难以下手。因此，要迅速诊断故障原因，及时排除故障，很有必要总结出一些行之有效的方法。

1. 观察检测法

数控机床出现故障观测检查法是维修的第一步，它利用人的手、眼、耳、鼻等感觉器官来寻找原因。这种维修方法在维修中是常用到的，也是首先使用的。“先外后内”的维修原则要求维修人员在故障诊断时应先采用望、闻、嗅、摸等方法，由外向内逐一进行检查。对于有些故障用这种检查方法，可以迅速准确地找出故障原因。

利用人体的视觉功能可观察设备内部器件或外部连接的形状变化。如电气方面，可观察线路元器件的连接是否松动，断线或铜箔断裂，继电器、接触器与各类开关的触点是否烧蚀或压力失常，发热元件的表面是否过热变色，电解电容的表面是否膨胀变形，保护器件是否脱落，耐压元器件是否有明显的击穿点以及炭刷接触表面与接触压力是否正常等。另外，对开机发生的火花、亮点等异常现象更应重点检查。机械方面，主要可观察传动链路组件是否存在间隙过大，固定锁紧装置是否松动，工作台导轨面、滚珠丝杠、齿轮及传动轴等表面的润滑状况是否正常，以及是否有其他的碰撞与变形现象。

2. 升温降温法

人为地将元器件温度升高（应注意元器件的温度参数）或降低，加速一些温度特性较差的元器件产生“病症”或使“病症”消除来寻找故障原因。

3. 敲击法

数控系统是由各种电路板和连接插座所组成，每块印制电路板上含有很多焊点，任何虚焊或接触不良都可能出现故障。若用绝缘物轻轻敲打有接触不良疑点的印制电路板、插件或元器件，如机器出现故障，则故障很可能就出现在敲击点的部位。

4. 对比法

本方法是以正确的电压、电平或波形与异常的相比较来寻找故障部位。有时可以将正常部分试验性地造成“故障”或报警（如断开连线，拔去组件），看其是否和相同部分产生的故障相似，以判断故障原因。

5. 原理分析法

原理分析法是排除故障的最基本的方法，当其他检查方法难以奏效时，可以从电路基本原理出发，一步一步地进行检查，最终查出故障原因。运用这种方法必须对电路基本原理有清楚的了解，掌握各个时刻点的逻辑电平和特征参数（如电压值、波形），然后用万用表、逻辑笔、示波器或逻辑分析仪对被测点进行测量，并与正常情况相比较，分析判断故障原因，再缩小范围，直至找出故障。

本章教学重点和难点

1. 数控机床的选型。
2. 加工中心的安装与调试方法。
3. 数控机床的验收方法。
4. 数控机床的日常维护方法。

复习思考题

1. 加工中心如何安装？
2. 数控机床如何选型？
3. 加工中心如何调试？
4. 自编一个数控加工中心试机程序。
5. 列举加工中心精度检测指标。

参考文献

［1］ 张振国．数控机床的结构与应用［M］．北京：机械工业出版社，1990.

［2］ 毕承恩，等．现代数控机床［M］．北京：机械工业出版社，1991.

［3］ 吴祖育，秦鹏飞．数控机床［M］．上海：上海科学技术出版社，2000.

［4］ 李佳．数控机床及应用［M］．北京：清华大学出版社，2001.

［5］ 王爱玲．现代数控机床［M］．北京：国防工业出版社，2003.

［6］ 龚仲华．数控技术［M］．北京：机械工业出版社，2004.

［7］ 沙杰．加工中心结构、调试与维护［M］．北京：机械工业出版社，2003.

［8］ 王宝成．数控机床与编程［M］．天津：天津大学出版社，2004.

［9］ 熊光华．数控机床［M］．北京：机械工业出版社，2001.

［10］ 周兰，常晓俊．现代数控加工设备［M］．北京：机械工业出版社，2005.

［11］ 蔡厚道．数控机床构造［M］．2 版．北京：北京理工大学出版社，2010.